개정2판
일본 철도의 역사와 발전

개정2판
일본 철도의 역사와 발전

개정2판 1쇄 인쇄일 2025년 10월 13일
개정2판 1쇄 발행일 2025년 10월 20일

지은이	이용상 외
펴낸이	최길주
펴낸곳	도서출판 BG북갤러리
등록일자	2003년 11월 5일(제318-2003-000130호)
주소	서울시 영등포구 국회대로72길 6, 405호(여의도동, 아크로폴리스)
전화	02)761-7005(代)
팩스	02)761-7995
홈페이지	http://www.bookgallery.co.kr
E-mail	cgjpower@hanmail.net

ⓒ 이용상 외, 2025

ISBN 978-89-6495-334-1　93300

* 저자와 협의에 의해 인지는 생략합니다.
* 잘못된 책은 바꾸어 드립니다.
* 책값은 뒤표지에 있습니다.

한국철도문화재단 연구총서 4

개정2판

일본 철도의 역사와 발전

이용상 외 지음

BG 북갤러리

개정2판 서문

일본 철도 150년을 분석하며

《일본 철도의 역사와 발전》이 초판으로 간행된 것은 2005년이며, 이후 2017년에 제1차 개정판이 출간되었고, 이번 2025년에는 제2차 개정판이 발간되기에 이르렀다. 거의 10년을 주기로 개정판이 간행된 셈이며, 제1차 개정판과 제2차 개정판 사이에는 전 세계적 팬데믹 사태인 코로나19가 있었다.

초판 발간 당시를 되돌아보면, 여러 교수님들과의 뜻깊은 협력이 있었다. 당시 초판은 한국철도기술연구원 연구총서로서 기획되었으며, 일본 오사카 간사이대학에서 '일본철도연구회'를 결성하여 본격적인 공동연구가 이루어졌다. 당시 철도사 분야의 권위자이신 하라다 가쓰마사(原田勝正) 교수와 연구팀을 총괄해 주신 아베 세이지(安部誠治) 교수 등 6명이 공동 집필에 참여하였다. 당시의 연구 분위기와 학문적 열정은 지금도 선명하게 기억되며, 참여하신 교수들로부터 많은 교훈을 얻을 수 있었다.

분야별 집필은 다음과 같다. 하라다 교수는 일본 철도의 역사 부문을, 사이토 다카히코(斎藤峻彦) 교수는 철도 민영화 과정과 그 결과를, 아베 교수는 일본 철도의 현황과 안전문제를, 쇼지 겐이치(正司健一) 교수는 사철의 현황과 특징을 각각 담당하였다. 필자는 일본의 교통정책, 신칸센을 중심으로 한 고속철도, 철도화물, 철도 제도 및 해외 진출 현황 등을 집필하였다. 특히 하라다 교수는 철도를 단지 교통수단으로서가 아니라 다양한 사회적 기능을 갖춘 시스템으로 보아야 하며, 동아시아적 시각에서 그 의미를 분석할 것을 강조하셨다.

안타깝게도 하라다 교수와 사이토 교수는 그 이후 작고하셨으며, 이 지면을 빌려 두 분의 학문적 업적에 경의를 표하고 깊은 감사를 드린다.

2017년 개정판에서는 간사이대학의 우쓰노미야(宇都宮) 교수가 지역 철도부문을, 요시다 유타카(吉田裕) 교수가 신칸센의 발전과정을 집필하였다.

이번 2025년 개정판에서는 오이가와 요시노부(老川慶喜) 교수가 철도사 부문을 새롭게 집필하였으며, 사이토 교수의 원고는 원본 그대로 수록하였다. 또한 아베 교수, 쇼지 교수, 우쓰노미야 교수, 요시다 교수 등 기존 필자들이 개정 원고를 제공하였고, 필자와 정병현 교수가 참여하였다.

일본 철도는 1872년 최초로 부설된 이래, 1964년 세계 최초의 고속철도인 신칸센 개통 이후 세계적인 철도시스템을 구축해왔다. 2022년에는 철도개통 150주년을 기념하여 《일본 철도 150년사》가 간행되었다. 2024년 현재 일본의 철도 영업거리는 27,114km, 철도사업자는 217개사에 이르고, 매년 1조 엔 이상의 설비 투자가 이루어지고 있다. 일본은 또한 19세기 말부터 1945년 종전 이전까지 제국주의 철도운영의 경험을 가지고 있다.

이 책은 일본 철도의 발전과정을 역사적 시점과 더불어 경영·경제·기술적 관점에서 분석한 연구 결과이다. 일본 철도는 메이지 유신 이후 중앙집권화와 근대화를 위한 핵심 수단으로 발전하였으며, 20세기 초에는 대륙침략의 수단으로 활용되기도 하였다. 이와 같은 역사적 전개 속에서 일본 철도는 지속적인 발전을 이루었으나, 동시에 구조적인 모순을 내포하고 있는 것도 사실이다. 특히 기존 협궤 노선으로 인해 표준궤 신칸센과의 상호운행이 불가능하다는 기술적 한계를 안고 있다.

전후 일본 철도의 경영형태는 국유에서 JR이라는 공기업 체제로 전환되었다. 1964년을 기점으로 적자가 본격화되었고, 1985년에는 영업 손실 2조 엔, 장기채무 18조 엔에 달하는 재무 위기를 겪었다. 이에 따라 1987년 일본국철은 여객 6개사와 화물 1개사로 분할되어 민영화되었으며, 현재까지 그 체제가 유지되고 있다. 현재 신칸센 중심의 고속철도는 흑자경영을 실현하고 있으나, 지역 철도의 침체라는 구조적인 과제를 안고 있다.

이러한 문제를 해결하기 위하여 일본은 최근 리니어 신칸센(Linear Shinkansen) 및 LRT(Light Rail Transit) 등 새로운 교통수단의 도입을 추진하고 있다. 초전도 리니어 신칸센은 도쿄~오사카 간 소요시간을 기존의 절반 이하인 67분으로 단축할 예정이며, 운영 주체인 JR도카이(東海)는 2027년 도쿄~나고야 구간, 2045년 나고야~오사카 구간 개통을 목표로 2014년부터 공사를 개시하였다. 다만, 지하 40m 이상의 대심도 터널, 해발 3,000m에 이르는 남알프스 산맥 통과 등 환경 및 기술적 난제가 여전히 상존하고 있다.

한편, 인구 감소에 따른 지역 활성화를 위하여 우쓰노미야 LRT가 2022년에 개통되어 성공적인 평가를 받고 있으며, 이를 전국적으로 확산하고자 하는 논의도 활발히 진행되고 있다.

일본 철도는 세계적으로도 독보적인 모델을 제시해왔다. 1964년 신칸센 개통 이후 단 한 건의 사망 사고도 발생하지 않은 안전성, 탁월한 정시성, 효율적인 운영 체계는 세계 철도계에 본보기가 되고 있다. 아울러 사철을 통한 다양한 수익사업과 관광열차의 발달은 물론, 전국 100여 개가 넘는 철도박물관과 철도 문헌, 연구자, 철도 팬 등 풍부한 철도 문화도 주목할 만하다.

이 개정2판에서는 일본 철도의 역사적 전개와 제도적 변화, 그에 따른 시사점 등을 정리하였다.

필자는 가능하다면 2035년경 제3차 개정판을 발간하고자 하는 바람을 갖고 있다. 학문의 진정한 계승은 30년을 주기로 완성된다는 생각에서이다.

끝으로, 이 연구서를 지난 20여 년간 지속적으로 지원해 주신 〈북갤러리〉 최길주 사장께도 깊은 감사를 드리며, 언제나 따뜻한 격려와 조언을 아끼지 않으신 아베 교수님과 철도박물관 배은선 관장께도 진심으로 감사드린다.

또한 이 책을 한국철도문화재단 연구총서로서 출간하는 데 협조해 주신 협력회원사와 같은 철도 연구의 길을 가는 동료, 후배, 제자들께도 깊은 감사의 인사를 전한다. 이 연구가 철도의 동아시아 비교연구에도 활용되기를 간절히 바란다.

2025년 7월 20일
주일 오후, 월평동 조용한 서재에서
대표 집필자 **이용상** 씀.

개정판 서문

일본 철도 140년을 이야기하였다

《일본 철도의 역사와 발전》 초판이 출간된 것이 2005년 9월이었다. 벌써 10년 이상의 시간이 흘렀다. 당시 필자는 일본 간사이대학에서의 연구 성과를 바탕으로 일본 최고의 철도 전문가들과 함께 이 책을 집필하였다.

분야별로는 와코대학의 하라다 가쓰마사(原田勝正) 선생님이 '일본 철도의 역사'를 집필해 주셨고, 긴키대학의 사이토 다카히코(斎藤峻彦) 선생님은 '철도 민영화 과정과 그 결과'를 상세하게 분석해 주셨다. 간사이대학의 아베 세이지(安部誠治) 선생님은 '일본 철도의 현황과 안전'에 대해 집필해 주셨다. 고베대학의 쇼지 겐이치(正司健一) 선생님은 일본 철도의 특징 중의 하나인 '사설 철도의 현황과 특징'을 담당해 주셨다. 필자는 '일본의 교통정책과 신칸센을 중심으로 한 고속철도, 화물수송 그리고 철도 관련 제도, 해외 진출 현황'을 맡았다.

전체적인 구성은 일본 철도의 발전과정과 교통정책의 변화, 철도 운영 및 계획, 관련 제도와 시설정비, 철도의 해외 진출과 일본을 통해 본 우리나라 철도의 발전 방향 순으로 나름대로 체계와 논리적인 일관성을 갖추려 노력하였다. 이 모든 것은 당시 1년여 간의 연구회를 거쳐 토론과 논의를 통해 출간할 수 있었다. 많은 시간이 흘렀지만 지금도 당시의 논의와 자료 수집은 필자에게 단단한 학문적 토양이 되었다.

이 책은 당시 필자가 근무하였던 한국철도기술연구원의 정책 총서로 출간되었다. 출간 후에 이 책은 체계적이며 종합적인 일본 철도를 설명한 저서로 평가받았다. 그 후 약 10년의 세월이 빠르게 흘렀다. 일본 철도에도 많은 변화가 있었다. 2005년에 홋카이도신칸센이 착공되어 2016년 3월에 개통되었다. 2006년에는 JR도카이여객철도주식회사의 정부 보유 주식이 매각되어 민간회사가 되었다. 2007년에는 일본 신칸센이 타이완 고속철도에 수출되어 타이완 고속철도가 개통되었다. 관광열차도 각지에서 개통되었는데 2013년 JR규슈주식회사에서 미토오카 에이지 선생님이 만든 나나쓰보시 관광열차가 개통되었다. 또 1964년에 개통된 도카이도신칸센이 2014년에 개통 50주년을 맞이하였고, 철도 문화를 대표하는 교토철도박물관이 2016년 4월 29일 개관하기도 했다.

이번 개정판의 구성은 초판과 더불어 지난 10년의 발자취를 통해 변화된 모습을 설명하려고 노력하였다.

먼저 개정판의 변화는 첫 번째, 제2장에 초판의 교통정책을 대신하여 철도정책을 추가하였다. 더불어 일본 철도 네트워크의 발전과 기능, 공공철도정책, 철도개혁으로 인한 화물 분리와 철도역의 르네상스 편을 새롭게 가필하였다. 두 번째로는 신칸센의 발전과 특징을 기술적인 측면과 함께 서술하면서 새롭게 집필하였다. 세 번째로는 초판에서 언급된 철도 안전과 철도화물, 사설 철도 등의 기존 내용을 대부분 수정하여 깊이 분석하고 대안을 제시하였다. 네 번째로는 제4장에 지역 철도를 신설하여 추가하였다. 지역 철도는 서민 철도의 역할 강화와 부활이라는 측면에서 매우 시사적이라고 하겠다. 아울러 새로운 교통정책 기본법의 제정과 경량전철의 활성화 사례를 구체적으로 소개하였다.

필진에도 변화가 있었다. 철도 역사를 써주신 와코대학의 하라다 가쓰마사(原田勝正) 선생님이 타계하셨지만, 옥고는 그대로 살렸다. 추가적으로 지역 철도는 간사이대학의 우쓰노미야(宇都宮) 교수가, 신칸센의 발전은 JR니시니혼철도연구소의 요시다(吉田) 박사님이 집필해 주셨다.

우리말 번역은 우송대학교의 정병현 교수와 같은 대학의 장우진 교수가 맡아서 해 주었다.

일본은 세계적으로도 '철도 대국'이다. 여객의 수송분담률은 세계 최고 수준이며, 고속철도를 최초로 개통하였으며, 모든 철도가 사철로 운영되는 나라이기도 하다. 대도시에서 도시철도의 분담률도 50% 이상을 기록하고 있어 철도가 삶의 일상에서 중요한 교통수단으로 자리매김하고 있다. 철도망은 28,000km이며, 207개의 철도사업자 그리고 자가용을 제외한 수송분담률에서 철도는 여객을 기준으로 78.7%를 차지하고 있다.

우리나라와 일본, 중국, 타이완 등의 동아시아는 철도가 발전하기 좋은 지역적인 특성을 가지고 있다. 철도는 대량 수송이 가능하여 인구와 경제력이 밀집된 지역 간 수송에서 큰 효용을 발휘하고 있다. 필자는 동아시아의 이러한 지역적인 특성을 반영한 철도 모델을 '철도의 동아시아 모델'이라고 명명하였다. 이러한 동아시아 모델의 대표적인 사례 중의 하나가 바로 일본이다. 향후 우리나라의 철도 발전에도 일본이 주는 시사점은 매우 크다고 하겠다.

이 자리를 빌려 함께 철도를 학문적으로 연구하고, 이를 응용하여 현실에 적응하는 많은 동학들에게 감사한 마음을 전하고자 한다. 1990년부터 시작한 철도 연구는 이제 어언 30년을 맞이하고 있다. 시간이 지날수록 필자의 연구에서 '철도는 무엇인가', '동아시아에서 철도는 어떤 의미를 가지고 발전해 왔으며 각각의 특징은 무엇인가' 등의 의문이 더해가고 있다. 앞으로 남은 시간 동안 동아시아 비교 철도 연구를 더욱 깊이 있게 하여 학제 간 연구로 더욱 발전시켜보고 싶은 소망이 있다.

2017년 7월
여름 햇살이 정겨운 연구실에서
집필진을 대표하여 **이용상**

차례

개정2판 서문   4

개정판 서문   8

제1장 :: 철도의 발전과정과 철도의 영향력   17

제1절 | 일본 철도의 발전과정과 흐름 _ 19
1. 초기 발달과 철도 국유화 _ 19
2. 철도 국유화로부터 제2차 세계대전까지 _ 21
3. 전후에서 현재까지 _ 24
4. 철도 발전의 특징 _ 27

제2절 | 일본 철도의 특성과 발달(1872년~민영화 이전) _ 30
1. 메이지 시대의 철도(개업에서 국유화까지) _ 30
2. 양 대전의 기간과 전시기의 철도(1907~1945) _ 44
3. 국철에서 JR로 _ 58

제3절 | 국철 경영의 변천과 분할 정책의 전개 과정 _ 74
1. 국철 경영과 분할 민영화 _ 74
2. 공공기업체·국철 탄생으로부터 경영 안정기(1950년~1960년대 후반) _ 75
3. 대규모의 근대화 투자와 적자경영의 시작(1960년대 후반) _ 77
4. 국철 이용의 감소현황과 경영 개선계획의 실패(1970년대 전반) _ 78
5. 국철 경영난의 가중과 기업조직의 붕괴(1970년대 후반) _ 81

6. 경영 파탄과 국철 민영화의 결단(1980년대) _ 83

7. JR 체제의 출발과 신체제의 지지기구(1986년 체제) _ 85

8. JR 체제의 정착과 혼슈(本州) 3개 회사의 완전 민영화
   (1990년대에서 21세기로) _ 87

9. 부의 유산으로부터의 탈피와 규제 완화의 시대 도래(2000년 이후) _ 89

10. 국철 운영난의 내부 요인 - 무엇을 고쳐야 했는가? _ 91

11. 국철 운영난의 외부 요인 - 누가 국철 경영 재건을 방해했는가? _ 95

제2장 :: 철도정책 99

제1절 | 철도 네트워크의 발전과 기능 _ 101

1. 초기 철도정책과 변화 _ 101

2. 철도망의 변화 _ 110

3. 철도정책과 철도의 기능 _ 115

4. 맺는말 _ 121

제2절 | 철도화물의 민영화와 분리 _ 123

1. 일본의 철도화물회사 분리 개요 _ 123

2. 철도화물 분리 시의 주요 쟁점 및 추진내용 _ 125

제3절 | 철도역의 르네상스 _ 133

1. 들어가며 _ 133

2. 역의 르네상스 _ 136

3. 변화 _ 142

4. 맺는말 _ 148

제3장 :: 철도 운영

제1절 | 철도사업에서의 사고방지와 안전확보 _ 153
1. 서론 _ 153
2. 일본의 철도사고 역사 _ 155
3. 일본의 철도사고 현황 _ 159
4. 철도안전의 3가지 과제 _ 164
5. 후쿠치야마선 사고와 운수안전행정의 전환 _ 165
6. 소결 _ 168

제2절 | 일본의 철도 여객수송과 철도사업 _ 170
1. 일본의 여객 철도 현황 _ 170
2. 도시·지역 철도 : 사철 경영을 중심으로 _ 180

제3절 | 고속철도 _ 202
1. 들어가면서 _ 202
2. 신칸센의 탄생 _ 206
3. 신칸센 네트워크의 확대 _ 209
4. 국철 분할 민영화 후의 신칸센 _ 211
5. 신칸센 각 노선의 개요와 새로운 기술에 대한 도전 _ 217
6. 신칸센 개통의 효과 _ 229
7. 신칸센의 안전 대책 등 _ 234
8. 소결 _ 238

제4절 | 화물철도의 변화와 발전 _ 240
1. 서론 _ 240
2. 화물철도의 개관 _ 244

3. 화물철도의 근대화와 수송체계의 개선 _ 254
4. 타 수송기관과의 경쟁 및 협동 수송 _ 260
5. 장래 화물철도의 역할 _ 264

제4장 :: 지역 및 해외 진출   269

제1절 | 지역 철도의 위기와 새로운 교통정책의 전개 방식 _ 271
1. 일본 지역 철도 형성 경위와 개관 _ 272
2. 새로운 교통정책의 모색 – 지역 공공교통법의 성립 _ 275
3. 교통정책 기본법의 경위 _ 277
4. 교통정책 기본법과 관련 법안 _ 280
5. 지역 철도의 새로운 움직임 _ 282

제2절 | 일본 철도의 해외 진출 _ 292
1. 일본 해외철도기술협력협회의 발전과정과 활동 _ 292
2. 해외철도기술협력협회의 활동 : 일본 철도의 대만 진출 _ 299

제5장 :: 일본 철도를 통해 본 한국 철도의 발전 방안   303

제1절 | 철도를 통해 본 동아시아의 교훈 _ 305

제2절 | 탄소 중립 실현을 위한 철도 역할 증대 _ 308

제3절 | 지속 가능형 교통체계 구축을 위한 철도 물류의 활성화 _ 311

제4절 | 지방자치단체의 역할과 책임 체계 구축 _ 316

제5절 | 미래철도 노선 및 제안 _ 322

에필로그 _ 근·현대 우리 철도와 과제   332
연표 _ 일본 철도의 주요 역사   340
참고문헌   344

철도의 발전과정과 철도의 영향력

제1절

일본 철도의 발전과정과 흐름

이용상(李容相)
(전 우송대학교 철도경영학과 교수 / 일본 아오야마가쿠인(青山学院)대학 객원교수)

1. 초기 발달과 철도 국유화

일본은 1868년 메이지(明治) 유신 이후 1872년에 철도를 부설하였다. 메이지 유신은 강제적 근대화이며, 위로부터의 근대화로 철도는 이러한 새로운 변화의 산물이었다. 당시 철도는 중앙집권과 부국강병을 위한 수단으로 부설되었다.

초기 일본 철도는 자금 부족으로 외자도입을 포함하여 정부에서 추진한 철도였으며, 외국자본만으로도 부족하여 민간의 사설 철도가 함께 건설되었다. 1881년 정부에서 보조하는 민간철도회사인 일본철도회사가 설립되어 철도건설이 적극적으로 추진되었다.

초기의 사철은 주식가격의 분할납부, 은행의 주식담보대출, 부분분할주식의 상장 등에 의해 자본이 축적되어 외국자본에 크게 의존하지 않고 철도자금을 조달할 수 있었다. 일본철도주식회사는 부의 이익보증을 조건으로 철도사업을 추진하였는데 산요(山陽)와 규슈(九州)철도 건설도 민간이 담당하였다.

1886년 이후 금리 인하와 수출급증으로 경기가 회복되었다. 경기회복의 영향으로 이른바 1885년~1892년까지 제1차 '철도 붐'이 일어나 철도건설이 급격하게 추진되었다. 그러나 1890년의 자본주의공황으로 '철도건설 붐'은 일단 주춤하였으나 1892년 철도부설법 제정 후 중소 철도 중심으로 철도가 다시 부설되어 1894년~1897년에 걸쳐 제2차 '철도건설 붐'이 일어났다. 그러나 1897년 다시 경제공황을 맞이하게 되었다.

　초기 철도발달의 특징은 외국에 대한 의존과 초기 산업화에 대한 철도의 기여이다. 차량은 전체를 외국으로부터 수입하였으며, 철도건설은 당시 산업화가 진전되지 않아 중공업 등의 발달에 영향을 미치지 못하였지만, 일본 철도는 초기 산업발달에 크게 기여하였다.

　19세기 말에 여러 번에 걸친 공황의 경험으로 철도건설의 안정적인 추진과 군사적 그리고 상업적인 목적으로 국유화의 논의가 시작되었는데 이는 어느 의미에서는 자본가계급의 이익과 국가 이익의 대립이었다. 당시 철도 국유화를 주장한 철도국장인 이노우에(井上)는 1891년 철도공채법안, 사설철도매수법안을 국회에 제출했으나 실패하였다. 그러나 1892년 다시 관련 법을 상정하여 철도부설법이 제정되어 정부 중심으로 철도건설이 추진되었으며 그 후 1900년 철도영업법이 제정되었다.

　당시 일본의 국유철도와 사유철도논쟁에서 국유철도가 우세하였는데 그 첫째 이유는 경제적인 이유이다. 철도는 근대화에 기여하고 있는데, 이를 급속하게 추진하기 위해서는 민간자본이 부족하고, 경제공황으로 민간이 이를 추진하기 어렵다는 이유와 수출입물량을 더욱 많이 수송하기 위해서는 운임 등이 싸야 하는 경제적인 이유도 작용하였다. 이에 따라 민간에서 국유화를 추진하는 건의문서를 제출하였는데 1901년 도쿄상공회의소 소장인 시부사와(渋沢)의 문서가 바로 그것이었다. 이는 산업발달과 자본의 대륙에의 투자, 예를 들면 미쓰비시(三菱) 자금의 조선의 소작 경영 의도 등이 그러한 예이다. 두 번째는 정치적인 이유로 군부에서 철도 국유화를 지원하였다. 군부는 1886년 청일전쟁에서 철도의 유용성

아카마쓰 린(赤松麟)의 '밤기차(夜汽車)'. 1901년

을 발견하였고, 철도는 경쟁에 의해서는 폐해가 발생하고 결국 멸망할 것이며, 선박과 철도의 통합운영에 의한 효율이 높아질 것이라고 주장하였다. 러일전쟁의 승리 후 조선과 중국을 연결하는 철도망의 필요성으로, 이른바 전후경영의 일환으로 철도 국유화가 추진되었다.

철도 국유화 이후 1906년 제국철도회계법이 제정되었고 철도 국유화에 의해 건전재정, 비공채 주의, 일반회계에서 독립한 독립회계제도가 성립되었다.

1907년 철도 작업국이 제국철도청으로 조직이 변경되었고, 1908년에 철도원으로 다시 변경되었다. 당시의 국유철도로 인하여 운임인하와 운임의 장거리 체감제가 도입되었는데, 예를 들면 1913년 만주와 조선의 철도연결을 통해 면직물에 대해 약 22%의 운임이 인하되어 수출이 촉진되었다.

2. 철도 국유화로부터 제2차 세계대전까지

국유화 이후 국유철도의 경영 규모가 확대되었다. 철도 국유화 이후 하나의 논쟁은 광궤와 협궤의 논쟁이었는데, 철도국장 이노우에(井上)는 군부에 의한 광궤 주장에 반대하였고, 이에 군부는 철도의 광궤론을 포기하였다.

국유화 직후 1907년~1908년에 경기공황이 있었고 1918년 쌀 파동, 1914년 ~1918년의 제1차 세계대전으로 어느 정도 경기가 활성화되어 중공업이 발전하는 계기가 되었다.

1910년에는 경편철도법(軽便鉄道法, 협궤보다도 작은 철도)이 공포되었고, 1911년 경편철도 보조법을 당시 집권 정당인 정우회에서 추진하였는데, 이는 지방철도의 부설을 위해 정당이 앞장서서 추진한 것이었다. 지방철도에 지역 상인과 지주층이 투자하여 지방철도가 확대되었다.

1911년에는 압록강 철교가 만들어져 만주철도와 연결되었고, 조선과 만주에 특약 운임을 적용해 저렴한 운임으로 화물 운송이 가능하게 하여 조선의 많은 물량이 반출되었다.

국유화 이후 사철도 발달하여 교통에서 자본주의 체제가 본격적으로 성립하기 시작하였다. 1912년에는 기관차의 국산화가 이루어졌다. 1914년의 철도건설 7개년계획이 수립되었는데 이는 제국철도회계법에 따른 연속적인 예산으로, 철도건설을 가능하게 하는 획기적인 조치였다.

1919년에는 지방철도법(사설철도법과 경편철도법은 폐지)이 공포됨으로써 정부가 지방철도에 투자하게 되었다. 이는 1922년 철도부설법의 개정을 통해 정부에서 지방철도에 대한 직접 투자였다. 이를 통해 신선 건설이 많아졌지만, 이용수요가 적은, 이른바 정치적인 철도가 대부분이었다. 이에 철도건설을 둘러싼 정치인과 철도 관료의 싸움이 치열하였으며, 결과적으로 철도망은 전국으로 확대되었다. 1921년에 국유철도건설규정이 제정되었다. 당시의 철도와 관련해서 주요한 사항이 정치였다. 당시는 정우회와 헌정회 등 2대 정당제로, 정우회는 지방선 건설, 헌정회는 도시 근교를 중심으로 철도개량을 주장하였다. 1918년 정우회의 내각이 성립되어 자당의 이익을 위해 건설우선(建主改從)을 주장하였다. 아울러 협궤를 주장하고(1920년 발표) 이를 강행하여 일본 내에는 협궤철도가 계속 부설되었는데, 이는 지금까지도 일본 철도의 하나의 문제점으로 남아있다.

1920년에는 도시교통에서 노면전차의 역할이 컸다. 당시 사철의 노선건설은 정우회와 민정당 양당의 정치공작과 신선 건설 시 지방철도 보조법에 따라 정부로부터 보조금을 받을 수 있었기 때문이었다.

1927년에 도쿄에 지하철이 도입되었는데 당시에 민간자본으로 건설하고 이익을 배당할 수 있었던 것은 당시에 감가상각이 제도화되지 않았기 때문에 가능하였다. 오사카(大阪) 지하철의 경우는 수익자부담으로 지하철이 건설되었다.

1차 세계대전 중에는 군사적 요청으로 군사적으로 우선한 열차가 편성되었다. 1차 세계대전 후 다시 '철도건설 붐'이 일어났고, 1919년에 국철은 전철화조사위원회를 설치하여 전국에 수천km의 전철화를 추진하였으나, 1930년에 철도망의 확장추진으로 전철화는 주춤했으며 급구배의 완화와 터널 건설에 힘을 기울였다.

당시에 철도노조 문제도 또 하나의 큰 쟁점으로 1919년에 정부 보조금과 재계의 기부금으로 협조회(노사관계)가 창설되었다. 1930년에 노조(좌익)의 활동이 활발하게 전개되었다.

1차 세계대전 후인 1920년 이후 경기가 악화되었으며 1923년에는 관동대지진으로 철도가 큰 피해를 보았다. 1927년 금융공황과 1929년 뉴욕의 경제공황(1930년~1932년)을 계기로 정부의 통제정책이 효력이 시작하였다. 공황의 영향으로 농업생산물의 가격 폭락 등에 따라 화물량 감소, 여객 수송량도 저하하였다.

그러나 도시화의 추진으로 도시권 수송인 사철이나 정기권 수송은 감소하지 않았다.

한편, 철도조직은 1908년 조직 개편된 철도원이 1920년에 철도성으로 승격되었으며, 1928년 칙령 267호에 의해 철도성 관제가 개정되었는데 철도성의 권한 강화로 철도대신이 자동차 등 육상 운송을 총괄하게 되었다.

1931년에 만주사변의 발발하였고, 같은 해 '자동차 교통사업법'으로 정기자동차노선 면허는 철도대신의 면허가 필요하게 되었으며, 해외철도관장 등 철도교통은 국가의 교통행정을 담당하게 되었다(교통통제).

그 후 경기불황으로 사철의 수입 감소 등이 있었고, 합병 등이 있었지만 1937

년 중일전쟁으로 해소되었다. 당시에 자동차 교통은 1925년 공황 전후에 급증하였고, 버스의 증가도 사철에 영향을 미쳤다. 아울러 트럭의 증가로 철도화물이 타격을 받았다.

또한 국철의 도시권 수송의 참가로 사철업계는 큰 타격을 입었고, 이에 사철은 경영을 다각화하는 쪽으로 경영전략을 수정하였다. 즉 버스와의 통합과 터미널에 백화점을 만들어 수요를 유발하였다. 그 후 경쟁 격화로 교통통제 문제가 대두되었다.

수송량 추이를 보면 1929년에서 1932년까지 4년간 수송실적이 저하하였으며, 그 후 1933년부터 다시 수송량이 증가하였는데 그 이유는 군비증강과 경기회복에서 기인하였다. 1937년 중일전쟁으로 수송량이 다시 증가하였는데, 이러한 수송량의 증가에 따라 탄환 열차 계획이 수립되었다.

1938년에는 '육상교통사업조정법'(버스와 사철을 대상으로 합병이 가능)이 제정되었다.

조정법은 당시의 상황을 반영한 매우 일본적인 성격을 가지고 있는데, 그 실시에 대해서는 소비자의 교통수단 선택의 폭을 제한하였고, 공정경쟁을 저해했다는 비판을 받고 있다. 또한 동아시아 국제철도건설과 전시상황과도 무관하지 않은 것으로 평가받고 있다. 1941년~1945년에는 2차 세계대전으로 철도수송량이 증가하였다.

3. 전후에서 현재까지

전후의 교통정책은 자원을 합리적이고 효율적이며 공평하게 배분하는 목표로 추진되었다. 경제성장 과정을 시기적으로 살펴보면 부흥 5개년계획(1948~1952년), 고도성장기(1955년~1965년) 그리고 1960년의 국민소득증가계획수립, 1965년까지 기술혁신, 1965년 이후 경제 안정기를 겪었다. 전후에는 전전의 군사 우선의 집권적인 통제시스템에서 경쟁적인 시장원리를 기본으로 하는 교통정책으로 변화하였다.

이와 같이 전후 경제성장으로 철도에 의한 여객과 물동량의 증가로 1955년 국철 상임이사회에서 도카이도 본선의 수송량 증가의 필요성이 제기되었다. 1957년 정부는 운수성에 '국유철도 간선 조사회'를 설치하였고, 1958년 '국유철도 간선 조사회'에서 신칸센의 필요성을 제기하였다. 신칸센은 세계 철도 부흥의 계기가 되었고, 도시 간 고속철도의 효시였다. 1970년에는 '전국 신칸센 정비촉진법'이 제정되어 전국의 주요 도시 간의 신칸센 건설을 추진하였으나, 자금조달의 문제로 정치적인 성격을 띠고 추진되었다.

도시교통의 경우는 사회 인프라의 정비가 늦어 도시의 혼잡이 격화하였고, 도시에서 노면전차의 철거, 버스의 정체와 개인교통수단의 증가 등 여러 가지 문제가 발생하였다. 1955년에 도시교통심의회를 통해 도쿄에 10개 노선 257km의 지하철 건설계획을 수립하였다.

사철은 1965년 이후 공급량이 수요보다 증가하여 혼잡이 완화되었다. 이는 1957년부터 수송량증강계획이 시행되었기 때문이다. 사철의 보조제도로는 철도건설·운수시설정비지원기구에 의한 사철건설에 있어 장기·저리자금과 할부신용대부, 신도시 철도건설에 대한 보조, 개발융자제도 등이 있다. 1970년 후반부터는 사철의 경우 신형 차량으로 대체(에너지 절약형)되었다.

한편, 지방철도는 전전에 지방철도보조법이 큰 역할을 하였으나, 전후 지방철도 궤도 정비법으로 개정되었는데 보조액은 많지 않았다. 1960년대 후반부터 개인 자동차의 급증, 오일쇼크에도 불구하고 자동차 제조사는 연비개량, 소량 차를 개발하여 오일쇼크 이후에도 견고한 위치를 견지하여 지방의 공공교통수단이 어려움을 겪게 되었다. 이에 대한 지방철도에 대한 대책은 1953년에 선별경영개선계획을 수립하였으나 수요 감소로 실패하였다. 1968년에 83개선 2,590km의 폐지(국철 자문위원회)를 계획했으나 이 또한 정치가들에 의해 좌절되었다. 1970년부터 간선과 지방 교통선의 구분경리가 시작되어 국철 적자의 3분의 1이 지방 교통선에서 발생하는 것을 확인할 수 있었다.

그간 1949년 국유철도법에 따라 일본국유철도(공기업)로 경영체계가 바뀌어 기업성과 공공성을 동시에 추구하는 체제로 변화하였다. 1955년에 국철 전철화 조사위원회에서 향후 10년간 3,300km를 전철화한다는 계획을 수립하고 집행하였다. 이러한 수송량증강계획은 1차 5개년계획(1957년~1961년)에서 복선화, 급구배 구간의 해소, 선로의 중량화, 2차 5개년계획(1961년~1965년), 3차 5개년계획(1965년~1971년)이 추진되었는데, 과잉투자와 이에 따른 차입금의 증가로 경영은 어려움을 겪게 되었고, 자동차의 발달에 따른 수요 감소로 국철은 경영재건을 위해 여러 가지 계획을 수립하고 집행하였다.

앞에서 추진한 3차 계획은 '국철 재정재건촉진특별법'으로 흡수되어 새로운 계획으로 변경되었다. 이러한 재정재건계획은 1차 계획(1969년~1972년), 2차 계획(1973년~1975년), 3차 계획(1976년~1979년), 4차 계획(1980년~1985년)이 추진되었는데, 4차 계획에는 지방 적자선 폐지, 야드 화물의 폐지 등 축소경영을 지향하는 내용을 담고 있었다. 이러한 계획은 주로 투자계획에 머물렀으며, 경비절감이나 서비스 향상 등에 중점을 두지 않아 소기의 목적을 달성하지 못했다(항공기, 자동차가 발달했음에도 불구하고 철도의 비용이 줄지 않았다). 이러한 문제점을 직시하기 시작한 것은 4차 계획으로 시기적으로 매우 늦은 감이 있다. 1980년에는 '일본국유철도경영 재건촉진 특별조치법'(국철 재건법)이 만들어져 국철 재정 파탄을 타개하려 하였으나, 실패하고 국철 개혁이 본격화되었다.

이와 같은 철도경영이 대폭 악화한 것은 오일쇼크 이후이다. 민간기업은 오일쇼크 이후 감량경영 등으로 대처하였으나, 국철은 그러하지 못했다. 그 후 국철 개혁은 본격적으로 추진되어 1980년 '임시행정조사회'가 설치되었다. 기업은 증세 없는 재정 재건을 요구(법인세 인상 반대)하였고, 1983년 '국철 재건감리위원회 설치법'이 제정되었다. 국철 개혁과정에서 국철은 민영화와 분할을 반대하였는데 정치권도 함께 개입되어 있었다. 1985년에 국철은 처음으로 경영개혁을 위한 기본방침을 처음으로 발표(분할에는 반대)하였다. 1985년 '국철 감리위원회'는 국철 개혁에 대한 의견을 제시하였다. 이러한 과정을 겪으면서 1987년 국철은 지역별로 분할 민영화되었다. 국철 개혁의 문제점으로는 장기채무, 잉여인력, 경영이 좋지 않은 3개사 등의 문제가 거론되고 있다.

4. 철도 발전의 특징

철도 투자액의 추이를 보면 1868년~1912년에는 7.3억 엔이 투자되었고, 그 후 계속해서 확대되었다. 1965년에는 3,287억 엔의 철도 투자가 이루어졌다.

〈표 1-1〉 철도 투자 추이(1868년~1965년)

(단위 : 억 엔)

연도 내용	1868~1912	1912~1926	1926~1945	1945~1955	1956	1960	1965
투자액	7.3	1.7	52	3,152	580	1,108	3,287

*자료 : 운수성(運輸省)의 《운수경제통계요람(運輸經濟統計要覽)》(1969)을 참조하여 작성

1970년 이후 철도에 대한 투자가 증가하다가 1980년대 중반에 감소하였다. 그러다가 민영화 이후 다시 증가하는 추세를 보인다.

〈표 1-2〉 철도 투자 추이(1970년~2024년)

(단위 : 억 엔)

	1970	1975	1980	1985	1990	1995	2000	2002	2005	2010	2024
국철(JR)	3,687	7,067	10,070	4,268	5,283	5,799	5,123	5,817	5,736	9,619	7,529
철도건설공단	778	2,710	3,990	2,176	1,733	4,599	4,953	4,924	2,552	3,525	3,295
합계	4,465	9,777	14,060	6,444	7,016	10,398	10,076	10,741	8,288	13,144	10,824

*자료 : 국토교통성의 《숫자로 보는 철도(数字をみる鉄道)》(각 연도)를 참조하여 작성

철도 투자액을 보면 국가투자액의 경우 2024년에 3,295억 엔, 2025년에 3,513억 엔이었다. 2024년 민간회사인 JR 3사는 3,310억 엔, JR화물이 1,148억 엔 그리고 사철 16개사의 총투자액이 3,134억 엔 등을 합하면 7,529억 엔이다. 다른 기업을 합한다면 철도 관련 투자는 2010년 13,144억 엔과 비슷한 규모가

될 것이다. 참고로 2024년 일본 철도회사는 214개사에 이르고 있다.

한편, 철도 투자와 도로 투자와 비교해 보면 1945년 이전에는 철도 투자가 많다가 1945년 이후부터 도로에 대한 투자가 많아지기 시작하였다. 1950년대 미국의 교통정책의 영향으로 도로교통이 발달하기 시작하였으며, 경제성장기에 간선 위주 그 후 지방 위주로 과잉공급의 경향을 띠고 있다. 그간 도로보다 자동차의 증가율이 앞서갔으나 도로는 1970년대 이후 선행투자의 성격이 있었다.

일본의 도로건설제도는 1954년에 제1차 5개년계획 수립을 시작으로, 1958년에 '도로 정비 긴급조치법', '도로 정비 특별회계법', 1956년에 '도로 정비 특별조치법'을 마련하여 본격적으로 도로건설을 추진하였다. 현재는 휘발유세를 재원으로 하는 도로 특정 재원 제도(도로정비특별회계)가 주된 도로건설의 재원이 되고 있는데, 이는 재원을 도로에만 투자하는 문제점과 자동차의 이용자부담원칙으로 추진된 제도가 이미 자동차가 보편화되어 현재에는 의미가 없다는 비판을 함께 받고 있다. 아울러 도로의 사회적 비용이 계상되지 않고 지역별로 역차별이 되고 있으며, 주행세의 성격을 갖지 않고, 전국적으로 일원적인 요금제도로 내부보조에 따른 지방 네트워크를 연장하는 기능이 있다는 비판을 함께 받고 있다.

또한 지방자치단체의 경우는 지방공항이나 정비 신칸센 건설의 경우는 건설비의 3분의 1을 부담하고 있으나, 도로건설의 경우에는 지방 부담이 없어 지방에서 이를 적극적으로 추진하고 있다. 2000년의 도로정비특별회계의 세출예산은 4조 3,784억 엔에 이르고 있다.

일본 철도의 또 하나의 특징은 철도 애호가가 많다는 것이다. 일본에는 약 50~60만 명 정도로 추산되는 철도 애호가가 있으며, 이들은 철도 발전에 크게 작게 기여를 하였다. 그중 약 5~7만 명 정도의 애호가들은 철도와 관련된 책은 항상 구매하는, 이른바 독서 애독자층을 구성하고 있다.

일본 철도는 현재 많은 성장과 발전을 하였지만, 아울러 여러 문제점도 안고 있다. 이를 정리해 보면 다음과 같다.

1960년대부터 종합교통정책의 부재 가운데 철도 발전은 어려움을 겪고 있다.

1960년 국철 총재였던 소고 (十河) 총재가 종합교통체계 내에서 철도를 만들 것을 제안 했지만, 자동차 사회의 급격한 발달로 실패하였다. 종합교통 계획이 부재하였던 이유는 도 로건설에 따른 이권이었으며, 또한 정부의 구체적인 교통정 책의 부재에서 기인하였다.

초기 신바시역 앞 전경

두 번째로는 전쟁 전에 만들 어진 협궤궤간이 신칸센의 표준궤간과 상호운전이 불가능한데 열차운행에 있어 상호운전은 하드한 면에서 추진되었으나, 소프트한 면에서는 상호운전이 매우 늦 게 추진되었다.

세 번째로는 1970년대 이후 철도화물이 급격히 감소하는 현상을 보이고 있다.

네 번째로는 철도의 경우 전국 균일의 요금제도와 사업평가제도의 획일성, 신 칸센의 대부료조정(도카이도(東海道)신칸센은 비싸게 해서 이를 히가시혼(東日 本)여객철도와 니시니혼(西日本)여객철도에 대부)과 경영이 좋지 않은 회사에 경 영안정기금보조제도 등 일본의 산업정책에 있어서 특유의 협조주의적인 발상이 작용하고 있다.

마지막으로는 철도정비제도에서는 개발이익의 환원 제도가 정착되지 않고 있 으며, 환경평가 등도 적절하게 수행되고 있지 않다. 경영 면에서는 전쟁 전에 건 설된 지방선의 증가로 현재에도 이 지방선의 경영 문제는 계속되고 있으며, 교통 조정법의 영향 등으로 그간 철도사업에 많은 규제가 작용하였다는 것 등이다.

제2절

일본 철도의 특성과 발달
(1872년~민영화 이전)

오이가와 요시노부(老川慶喜)

(릿쿄대학 명예교수)

1. 메이지 시대의 철도(개업에서 국유화까지)

1) 창업기의 철도

철도의 탄생과 보급

철도는 최초의 산업 국가였던 영국에서 1825년에 탄생했다. 18세기 후반에서 19세기 초반의 산업 혁명 과정에서 기계를 통한 대량 생산이 보급되며 공장의 생산성이 크게 향상되었다. 대량 생산 방식이 정착되자 운송 분야에서도 기술혁신이 요구되었고, 1825년에 스톡턴~달링턴 철도가, 1830년에 리버풀~맨체스터 철도가 개업했다. 리버풀~맨체스터 철도에서는 성능과 안전성, 경제성이 우수한 증기기관차 로켓호가 시속 36마일(약 57.6km)로 운행하며 철도는 영업적으로도 성공을 거두었다.[1]

〈표 1-3〉은 각국의 철도 개업 연도를 연대별로 나타낸 것이다. 영국에서 출발

한 철도는 빠르게 유럽과 미국 등 여러 나라로 전파되었으며, 1830년대에는 프랑스, 미국, 벨기에, 독일, 캐나다, 러시아, 오스트리아, 이탈리아, 체코슬로바키아 등에서 철도가 개업했다. 일본에서는 영국에서 철도가 탄생한 지 약 반세기 후인 1872년 10월에 신바시~요코하마 간 철도가 개업했으며, 그 무렵에는 멕시코, 페루, 칠레, 브라질 등 남미 국가들과 이집트, 남아프리카공화국 등의 아프리카 국가에서도 철도가 개통되어 있었다. 아시아에서도 인도, 파키스탄, 인도네시아, 실론(현재의 스리랑카) 등에서 철도가 개통되었다. 이들 대부분은 서구 열강의 식민지 지배 수단으로 부설된 것이었다.

〈표 1-3〉 각국 철도개통 연도

연대	국가 명
1820~1829	영국
1830~1839	프랑스, 미국, 벨기에, 독일, 캐나, 러시아, 오스트리아, 네덜란드, 이탈리아, 체코
1840~1849	스위스, 폴란드, 헝거리, 유고슬라비아, 덴마크, 스페인
1850~1859	멕시코, 페루, 칠레, 인도, 브라질, 노르웨이, 호주, 이집트, 파나마, 포르투갈, 스웨덴, 터키, 아르헨티나
1860~1869	남아프리카, 파키스탄, 핀란드, 뉴질랜드, 인도네시아, 스리랑카, 불가리아, 루마니아, 그리스
1870~1879	일본, 중국, 미얀마
1880~1889	말레이시아
1890~1899	대만, 필리핀, 태국, 한국

*출처 : 일본국유철도 편(日本国有鉄道編)(1969), 《일본국유철도백년사(日本国有鉄道百年史)》 제1권, p.6
*비고 : 원자료는 The Railway Gazette, 'Directory of Railway Officials & Year Book, 1966~1967'

철도 정보의 도입과 개업

세계적으로 확산되던 철도에 대한 정보는 멀리 떨어진 동양의 섬나라 일본에도 전해졌다. 바타비아(현 자카르타)의 네덜란드령 인도 정부가 막부에 제출한 '별단풍설서(別段風説書)'에는 많은 철도 정보가 수록되어 있었다. 해외 출국이 금지되

---

1) 湯沢威(2014), 《鉄道の誕生 : イギリスから世界へ》, 創元社를 참조

어 있던 상황에서 미국 배에 구조되어 미국으로 간 나카하마 만지로(中浜万次郎) 와 하마다 히코조(浜田彦蔵)라는 두 명의 표류민은 철도 승차 체험을 전했다. 나가사키에 내항한 러시아 사절 푸탸틴(Putyatin)과 우라가(浦賀)에 내항한 미국 동인도 함대 사령관 페리는 증기기관차 모형을 가져왔다. 이 모형을 관찰한 사가번(佐賀藩)에서는 군비의 근대화를 목적으로 설치한 연구시설인 정련과(精錬方)에서 알코올을 연료로 하는 증기차 모형을 제작했다.

근대 일본의 형성에 큰 영향을 미친 후쿠자와 유키치(福沢諭吉)와 시부사와 에이이치(渋沢栄一)도 미국과 유럽 국가들을 여행하며 자신들의 체험을 바탕으로 철도의 사회경제적 중요성을 설파했다. 또한 조슈번(長州藩)에서 영국 런던대학에 유학했던, 이른바 조슈 5인 중 철도기술을 익혀 귀국하여 일본 철도건설을 추진한 이노우에 마사루(井上勝)와 같은 인물도 등장했다.[2]

한편, 사쓰마번사(薩摩藩士) 고다이 도모아츠(五代友厚)가 벨기에인 몽블랑과 공동 사업으로 교토~오사카 간 철도부설을 계획하는 등 1866년부터 1867년에 걸쳐 일본 내 외국인에 의한 철도부설 계획이 등장했다. 이들은 모두 외자도입 방식으로 실현되지 않았지만, 막부 노중(幕府老中, 에도시대에 장군 밑에서 정무 일반을 총괄하는 최고의 지위) 오가사와라 나가미치(小笠原長行)는 1868년 1월에 미국 공사관 직원 포트만이 신청한 도쿄~요코하마 간 철도부설 계획에 면허를 부여했다. 이 계획에서는 미국 측이 철도 부설권을 독점적으로 보유하고, 수익은 철도회사에 귀속되며 경영권도 기본적으로 미국 측에 있었다.

메이지 신정부 출범 후 포트만은 철도 부설권의 유효성을 주장했으나, 정부는 주일 영국 공사 파크스의 권고를 받아들이면서 '자국민의 합력을 통해' 철도를 부설한다는 '자국 관할 방침'을 고수하고 포트만의 주장을 거부했다.[3] 그리고 1869

---

2) 井上勝에 대해서는 老川慶喜(2013), 《井上勝 － 職掌は唯クロカネの道作に候》, ミネルヴァ書房을 참조.

3) 막부 말, 메이지 유신기의 철도부설에 대해서는 田中時彦(1963), 《明治維新の政局と鉄道建設》吉

년 12월 12일 조정회의에서 "간선은 동서 도쿄와 교토를 연결하고, 지선은 도쿄에서 요코하마에 이르며, 또 비와호 근처에서 쓰루가에 이르고, 별도로 한 노선은 교토에서 고베에 이른다."라는 철도부설 계획을 정식으로 결정했다.[4]

이미 1867년에 미국 태평양 우편선의 태평양 횡단 정기 항로가 개설되었고, 1869년 5월에는 아메리카대륙에서 센트럴퍼시픽철도와 유니언퍼시픽철도의 노선이 연결되어 대륙 횡단 철도가 개통되었다. 또한 1869년 11월에는 수에즈 운하가 개통되어 유럽, 북미, 아시아를 철도와 증기선으로 연결하는 글로벌 교통 네트워크가 형성되고 있었다. 일본은 이러한 시기에 철도부설 계획을 결정하고 자력으로 도쿄~요코하마 간 철도부설에 착수해 1872년 10월에 이 철도를 개업했다.[5]

관설 철도의 진전과 사철의 발흥

도쿄~요코하마 간의 개항장 노선에 이어 교토~오사카~고베 간, 교토~오쓰(京都~大津) 간 등의 관설 철도가 개업했다. 초기의 철도건설은 고용된 외국인에게 의존했지만, 교토~오쓰 간 철도는 1877년에 개설된 공기생 양성소(工技生養成所)에서 배출된 일본인 기술자의 손에 의해 건설되었다. 〈그림 1-1〉에서 볼 수 있듯이, 이를 계기로 고용된 외국인의 수는 급감했고 철도기술의 자립화가 진행되었다.

이렇게 관설 철도 건설이 진전되었으나, 메이지 정부가 철도의 관설 관영을 확고한 방침으로 삼고 있던 것은 아니었으며, 1881년 11월에는 일본철도라는 사설철도회사가 설립되었다. 일본철도의 자본금은 2천만 엔, 부설 구간은 도쿄~아오

....

川弘文館
4) 鉄道省篇(1920), 《日本鉄道史》上篇, p.47
5) 小風秀雅(2012. 09.), '十九世紀における交通革命と日本の開国・開港', 《交通史研究》 제78호, pp.4-5

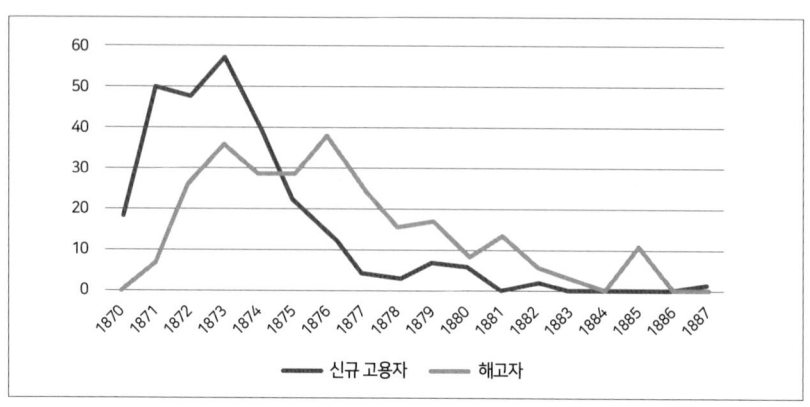

〈그림 1-1〉 고용외국인(철도 관계)의 신규 고용자 수와 해고자 수 추이(단위 : 인)

모리(東京~青森) 간으로, 이와쿠라 도모미(岩倉具視) 등의 화족층(왕실의 신하)이 주창 발기인으로 1881년 11월에 특허를 받았다. 제15 국립은행을 중심으로 하는 화족층의 많은 출자를 받아 관유지의 무상 제공, 민유지 매수의 대행, 철도 용지의 국세 면제, 개업까지의 자금에 대한 연 8%의 이자 지급, 개업 후 연 8%의 배당 보증 등 두터운 정부의 보호조치가 있었고, 건설 공사와 영업도 정부에 의해 대행되었다.

1880년 전반기 마쓰카타(松方) 디플레이션이 수습되자 사설 철도 출원이 급증해, 1886년도에서 1892년도까지의 출원 총수는 53개사에 달했다. 사설 철도 출원은 '일종의 유행물'이 되었고, '철도 열풍의 시대'를 맞았다. 철도국 장관 이노우에 마사루는 사설 철도의 발흥을 환영하면서도 이러한 상황에 대해 위기감을 느꼈다. 철도를 '유리 무손(有利無損)'으로 믿고 단순한 '투기의 도구'로 여기는 졸속한 계획으로 설립된 철도회사의 경영이 실패하면 철도사업 전체가 위험시되어 쇠퇴할 것을 우려한 것이다. 이노우에는 투기 그 자체보다는 그것으로 인해 철도회사의 신용이 실추되어 철도사업이 쇠퇴할 것을 두려워했다.[6]

....

6) 逓信省鉄道局編, 《明治二十年度鉄道局年報》, pp.41-42

이노우에는 사설 철도의 난립으로 철도망이 소규모 철도회사에 의해 분단될 가능성에 대해서도 경고했다. 영업거리가 긴 소수의 대규모 철도에 의한 경영이 차량 및 영업비를 절약할 수 있어 가장 효율적이라고 생각했다. 독점의 폐해로 자주 운임 상승이 지적되지만, 서구에서는 소규모 철도회사가 합병해 대규모 철도회사가 된 후 운임이 하락한 사례가 있었다.[7]

2) 철도부설법 체제와 철도의 국유화

철도부설법의 성립

1889년 7월에 도카이도선이 전선 개통됨에 따라 1869년 12월 정부 회의에서 결정된 철도부설 계획은 일단락을 지었다. 이에 이노우에 마사루는 철도망의 추가 확장을 주장하며 1891년 7월에 《철도 정략에 관한 의논(鉄道政略二関スル議)》을 저술했다. "철도를 전국 주요 지역에 부설해 간선과 지선을 연결하여 그 이용을 완전하게 해야 한다."라는 내용이었다. 구체적으로는 3,550마일(5,712km)의 철도를 추가로 부설하여 홋카이도를 제외하고 총 5,200마일(8,366.8km)의 철도망을 완성하는 것이며, 비용은 약 3억 엔으로 예상되었다.[8]

이노우에는 이를 사설 철도에 맡기지 않고 관설 철도로 실현해야 한다며 사설철도의 매수를 주장했다. 그러나 그는 철도 국유주의에 완전히 경도된 것은 아니었으며, 산요철도와 규슈철도의 노선 연장이 지연되고 있어 자신의 구상대로 철도망을 실현하기 위해 정부가 사철을 매수할 필요가 있다고 판단했다.

1891년 12월 내무대신 시나가와 야지로(品川弥二郎)는 이노우에 마사루의 《철도 정략에 관한 의논》을 실행에 옮기기 위해 제2회 의회에 철도공채법안과 사설철도매수법안을 제출했다. 의회에서는 철도 확장에 대한 움직임이 높아지고 있

---

7) 逓信省鉄道局編,《明治二十一年度鉄道局年報》, p.41
8) 井上勝(1891), '鉄道政略二関スル議(鉄道省篇(1921)),《日本鉄道史》上篇, pp.916-939

었으나, 철도 확장에는 찬성하지만 사설 철도 매수에는 반대하는 의원이 많았다. 결국 사설철도매수법안은 12월 24일 본회의에서 부결되었고, 다음날 중의원이 해산되면서 철도공채법안도 심의 미완으로 폐기되었다.

정부는 제3회 의회에 새로운 철도 법안을 제출하는 것을 포기하고 법안의 향방을 의회 심의에 맡기기로 했다. 제3회 의회에서는 여러 철도 확장 법안이 의원 법안으로 제출되어 이를 심의하기 위해 위원회가 설치되고 철도부설 법안으로 정리되었다. 이 법안에서는 모든 철도를 국유화할 필요는 없다고 하였으며, 철도 확장에 대해서는 주오선(中央線), 호쿠리쿠선(北陸線), 호쿠에쓰선(北越線), 오우선(奧羽線)을 제1기 노선으로 정하고, 총액 5천만 엔의 공채를 10년 동안 모집해 부설하기로 했다. 하지만 본회의에서 마이즈루선(舞鶴線), 와카야마선(和歌山線), 산인산요(山陰山陽) 연락선의 세 노선이 추가되어 제1기 건설 예정선은 9노선, 모집 공채 총액은 6천만 엔으로 증가하였다.

철도부설법은 이노우에 마사루의 당초 구상과는 상당히 멀어졌지만, 1892년 6월에 성립되었고, 철도 착공 순서와 공채 모집액에 대해서는 철도회의에 자문한 뒤 제국의회에서 심의하기로 했다. 또한 제2조에서 향후 부설해야 할 예정선 23노선을 규정하였으며, 제7조에서 제1기 예정선으로 향후 12년 동안 6천만 엔의 예산으로 부설해야 할 긴급이 필요한 9노선을 정했다. 예정선에는 비교선이 설정되어 있었고, 정부가 추가 조사 후 제국의회의 동의를 얻어 결정한다고 되어 있어 연선 각지에서 철도 유치 운동이 활발하게 전개되었다. 철도부설법은 예정선 이외에도 부설할 철도가 있으면 제국의회의 동의를 거쳐 제1기 예정선에 지정할 수 있도록 하였으므로, 광범위한 지역에서 철도부설을 요구하는 진정서나 청원서가 중의원이나 귀족원 의장 또는 철도회의 의장에게 제출되었다.

철도 국유론의 대두

철도부설법이 공포된 후, 사설 철도는 관설 철도를 능가하는 속도로 노선을 연장했지만, 〈표 1-4〉에 보이는 바와 같이 여객과 화물수송을 담당하면서도 소규모

철도회사에 의한 분립 경영이라는 특징을 띠게 되었다. 1891년도에서 1900년도 사이에 니혼철도(日本鉄道), 산요철도(山陽鉄道), 규슈철도(九州鉄道), 홋카이도 탄광철도(北海道炭礦鉄道), 간사이철도(関西鉄道) 등의 5대 사철의 개업 거리는 1.9배 증가했다.

〈표 1-4〉 관설 및 사설 철도별 여객화물수송의 추이(1890년~1907년도)

(단위 : 인·톤·%)

연도	관설 철도					
	개업 거리 mile·chain	여객수송		화물수송	
		여객 수	증가율	화물 톤수	증가율
1890	550.49	11,265,383	-	671,361	-
1891	550.49	11,787,913	0.0%	806,511	20.1%
1892	550.49	12,873,547	9.2%	982,404	21.8%
1893	550.49	14,444,327	12.2%	1,076,689	9.6%
1894	580.69	14,883,986	3.0%	1,018,298	-5.4%
1895	593.22	18,764,387	26.1%	1,100,059	8.0%
1896	631.62	22,750,749	21.2%	1,266,119	15.1%
1897	661.65	27,922,577	22.7%	1,558,194	23.1%
1898	768.37	31,590,764	13.1%	1,793,896	15.1%
1899	832.72	28,663,683	-9.3%	2,391,471	33.3%
1900	949.69	31,944,856	11.4%	2,806,560	17.4%
1901	1,059.48	32,074,254	0.4%	2,659,602	-5.2%
1902	1,266.56	31,897,045	-0.6%	3,183,720	19.7%
1903	1,344.70	34,008,286	6.6%	3,492,622	9.7%
1904	1,461.38	28,828,711	-15.2%	3,677,453	5.3%
1905	1,531.58	31,026,964	7.6%	4,403,494	19.7%
1906	3,116.22	47.566,920	53.3%	7,620,528	73.1%
1907	4,452.67	101,115,739	112.6%	18,312,223	140.3%

연도	사설 철도					
	개업 거리 mile·chain	여객수송		화물수송	
		여객 수	증가율	화물 톤수	증가율
1890	848.43	11,575,247	-	888,645	-
1891	1,165.40	13,982,035	20.8%	1,269,498	42.9%
1892	1,320.26	15,590,168	11.5%	1,719,316	35.4%

연도	사설 철도				
	개업 거리	여객수송		화물수송	
	mile · chain	여객 수	증가율	화물 톤수	증가율
1893	1,367.77	18,090,836	16.0%	2,414,394	40.4%
1894	1,537.33	21,639,331	19.6%	3,265,404	35.2%
1895	1,679.75	30,451,190	40.7%	4,231,353	29.6%
1896	1,800.09	43,478,370	42.8%	5,579,112	31.9%
1897	2,282.37	57,175,600	31.5%	7,070,315	26.7%
1898	2,642.57	67,471,125	18.0%	8,122,230	14.9%
1899	2,802.49	73,452,259	8.9%	9,428,563	16.1%
1900	2,905.16	81,766,015	11.3%	11,594,960	23.0%
1901	2,966.48	79,136,954	-3.2%	11,750,150	1.3%
1902	3,010.52	78,121,456	-1.3%	12,938,951	10.1%
1903	3,140.36	79,861,798	2.2%	14,268,690	10.3%
1904	3,228.12	75,225,481	-5.8%	15,576,409	9.2%
1905	3,247.51	82,648,439	9.9%	17,126,570	10.0%
1906	1,691.57	78,228,468	-5.3%	17,124,614	0.0%
1907	449.62	39,890,322	-49.0%	5,203,383	-69.6%

*출처 : 철도원(鉄道院)(1909), 《명치사십년도철도국연보(明治四十年度鉄道局年報)》 부록, pp.73~75

한편, 5대 사철 외 사철의 개업 거리는 7.4배 증가했지만, 회사 수는 5.1배 증가하여 1개사당 개업 거리가 그다지 확대되지 않았다. 개업 거리가 50마일에 미치지 못하는 철도회사가 과반수를 차지하였고, 료자키철도(龍崎鉄道), 니시나리철도(西成鉄道), 사노철도(佐野鉄道)처럼 10마일에 못 미치는 철도도 있었다. 이러한 사설 철도와 함께 도카이도선, 호쿠리쿠선, 중앙서선, 신에쓰선(信越線), 시노노이선(篠ノ井線), 오우남선(奥羽南線), 오우북선(奥羽北線) 등의 관설 선이 혼재되어 있었다. 개업 거리가 짧은 철도는 영업 계수나 자본금 수익률 등의 경영지표도 양호하다고 할 수 없었다.

이와 같은 상황에서 1898년경부터 철도 수송의 통합을 위해 철도의 국유화를 요구하는 목소리가 재계, 관료계, 군부 등 각계에서 나오기 시작했다. 도쿄상업

회의소 회장 시부사와 에이이치(渋沢栄一)는 1898년 5월에 "사설 철도를 국유로 한다."는 건의(청원)를 내각총리대신 등에 제출하며, "철도는 국가의 최대 교통기관이며, 그것이 잘 연결되어 통일되고 질서 있는 운전을 할 수 있는지는 곧 국가의 흥망과 직결된다."라고 철도의 특성을 파악하고 '국유화의 필요성'을 강조했다.[9]

철도 국유화의 의의

러일전쟁 후인 1905년 12월 제1차 가쓰라 타로 내각(次桂太郎内閣)에서 '철도 국유법안', '철도 국유의 취지 개요', '매수가격에 관한 조서', '공채 상환에 관한 조서' 등, 이른바 철도 국유 관련 법안이 각의에서 결정되었다. 그 후 가쓰라 내각(桂内閣)이 히비야 방화 사건의 책임을 지고 총사직하면서 이 법안은 1906년 1월에 조직된 사이온지 긴모치 내각(西園寺公望内閣)에 인계되었다.

사이온지에 따르면, "우리나라의 철도 국유주의는 지금 막 시작된 것이 아니며, 도쿄~요코하마 간의 관설 철도를 부설할 때부터 국유주의를 채택해 왔다. 철도의 국유화는 '철도를 정부의 경영으로 통합'하여, '운송의 소통'과 '운반력의 증가'를 도모하고, '생산력의 발흥'을 가져오며, '설비의 정제', '영업비 및 비축품의 절약'으로 운송비 절감을 위한 것이었다."라고 했다.

철도국유법안은 중의원에서 1906년 3월 16일에 가결되었고, 귀족원에서는 3월 27일에 매수 대상 사철을 32개사에서 17개사로 줄이고, 국유화 시행 기간을 2년에서 10년으로 연장하는 등 대폭적인 수정이 이루어진 후 가결되었다. 수정안은 즉시 중의원에 회부되어 의회 사상 최초의 '난투 국회'라는 오점을 남기며 가결되었다.

철도국유법은 1906년 3월 31일에 공포되었고, 5월 24일에 임시 철도 국유준

---

9) 高城元監修・依田信太郎編(1966), 《東京商工会議所八十五年史》 上卷, pp.685-686

비국 관제가 시행되어 사철 17개사의 국유화 사업이 시작되었다. 국유화 기한은 철도국유법에서는 1906년부터 1915년까지로 정해졌으나, 1906년 7월에 '철도 국유의 실행은 신속히 하라는 의논'이 각의에서 결정되어 〈표 1-5〉에 보이는 바와 같이 홋카이도탄광(北海道炭礦), 니혼(日本), 산요(山陽), 간사이(関西), 규슈(九州)의 5대 사철과 고부(甲武), 이와고에쓰(岩越), 니시나리(西成), 홋카이도(北海道), 교토(京都), 한쓰루(阪鶴), 호쿠에쓰(北越), 소부(総武), 보소(房総), 나나오(七尾), 도쿠시마(德島), 산구(参宮)의 12개 철도가 1906년 10월부터 이듬해 1907년 7월까지 국유화되었다. 매수가격은 매수일의 건설비에 1902년도 하반기부터 1905년도 상반기까지의 영업 기간의 이익금 평균 비율을 곱하고, 그 값을 다시 20배로 한다는 방식으로 산정되었다.

〈표 1-5〉 국유화된 철도회사

(단위 : 천 엔)

철도 회사명	매수 연월일	건설비 (1906년 3월 31일)	건설비 (매수일)	매수가격	공채교부총액 A	불입자본금 B	A/B
北海道炭礦	1906. 10. 1	11,485	12,152	30,366	30,997	12,650	2.5
甲武	1906. 10. 1	3,819	4,895	14,214	14,600	2,665	5.5
日本	1906. 11. 1	53,678	55,058	137,609	142,524	58,200	2.5
岩越	1906. 11. 1	2,723	2,729	2,521	2,422	2,640	0.9
山陽	1906. 12. 1	36,263	38,129	78,525	76,639	36,100	2.1
西成	1906. 12. 1	1,753	1,751	1,705	1,847	1,650	1.1
九州	1907. 7. 1	51,073	56,324	113,751	118,508	50,300	2.4
北海道	1907. 7. 1	10,479	11,365	11,365	6,132	6,340	1.0
京都	1907. 8. 1	3,458	3,458	3,340	8,296	3,420	1.0
阪鶴	1907. 8. 1	6,379	6,933	6,928	4,284	4,000	1.1
北越	1907. 8. 1	7,156	7,307	7,747	3,722	3,700	1.0
総武	1907. 9. 1	5,304	6,154	12,853	12,406	5,760	2.2
房総	1907. 9. 1	2,055	2,216	2,135	960	1,040	0.9
七尾	1907. 9. 1	1,523	1,532	1,490	994	1,100	0.9
德島	1907. 9. 1	1,297	1,332	1,310	697	750	0.9
関西	1907. 10. 1	22,993	24,790	36,013	30,438	24,182	1.3

철도 회사명	매수 연월일	건설비 (1906년 3월 31일)	건설비 (매수일)	매수가격	공채교부총액 A	불입자본금 B	A/B
参宮	1907. 10. 1	1,861	2,772	5,497	5,729	3,099	1.9
合計	-	223,302	238,897	467,371	456,195	217,596	2.1

*출처 : 野田正穂·原田勝正·青木栄一·老川慶喜(1986)《日本の鉄道 成立と展開》, 일본경제평론사, pp.118~119

    철도 매수 공채의 발행액은 4억 5,620만 엔으로 납입 자본금 총액의 약 2.1배에 달했다. 1907년의 공·광·운수업의 자본 총액이 6억 2,200만 엔이었던 것을 보면 매수 공채가 얼마나 거액이었는지 알 수 있다. 매수 공채는 러일전쟁 후 일어나고 있던 중공업이나 전력업에 대한 재투자, 혹은 중국, 조선 등 대륙으로의 진출을 위한 자금원이 되었다. 예를 들어 홋카이도 탄광철도의 매수 공채는 직접 일본제강소와 와니시(輪西)제철소의 설립 자금이 되었고, 생명보험 회사의 전력 투자도 철도 매수 공채로 이루어졌다.[10]

    국유화 후의 관설 철도는 '제국철도' 또는 '국유철도'라 불리며 독점적인 육상 교통기관이 되었다. 미개업선을 포함해 3,004마일(약 4,833.4km)의 선로, 1,118대의 기관차, 3,067량의 객차, 20,884량의 화차, 48,409명의 직원이 있는 거대한 조직이 탄생한 것이다.

3) 식민지의 철도

대만 종관철도의 건설

    일본이 대만을 남북으로 가로지르는 종관철도의 부설에 착수한 것은 청일전쟁 종결 후인 1894년 4월에 체결된 시모노세키 강화 조약에 의해 대만과 펑후(澎湖)

----
10) 野田正穂·原田勝正·青木栄一·老川慶喜編(1986), 《日本の鉄道 成立と展開》, 日本経済評論社, pp.114-121

제도의 할양을 받은 후였다. 당초 시부사와 에이이치 등이 대만철도라는 사설 철도의 설립을 기도했으나, 자금조달이 잘되지 않아 좌절되었다.[11]

종관철도 부설을 서두르던 대만총독부는 1899년 10월에 대만 종관철도의 관설 방침을 확정하고, 1908년 4월에 지룽(基隆)~가오슝(高雄) 간을 전통시켰다. 이에 따라 대만의 화물 유동이 동서 방향에서 남북 방향으로 크게 변화하였으며 지룽과 가오슝 두 항구가 현저히 발전했다. 쌀, 설탕, 석탄 등이 주요 화물이 되어 대만을 제국 일본의 경제권에 편입시켰다.

조선반도의 철도건설

일본이 조선반도에서 철도부설을 시작한 것은 청일전쟁이 시작된 직후였다. 일본은 1894년 8월 조선 정부와 '조일 잠정합동조관(朝日暫定合同條款)'을 맺고 경성~부산 간 및 경성~인천 간 군용 철도의 부설을 허가받았다. 이듬해 11월에는 중국 동북부 구련성에 있던 제1군 사령관 야마가타 아리토모(山県有朋)가 부산에서 경성을 거쳐 의주에 이르는 철도부설을 천황에게 건의했다. 조선반도를 종단하는 이 철도를 야마가타 아리토모는 "동아 대륙에 이르는 대로로서, 훗날에는 중국을 횡단하여 바로 인도로 이어지는 도로가 될 것"으로 보았다.[12]

경성과 인천을 잇는 경인철도는 미국인 모스가 부설권을 얻어 착공하려 했으나, 시부사와 에이이치(渋沢栄一)가 경인철도인수조합(후의 경인철도합자회사)을 조직하여 이를 매수하고 1900년 7월에 전선 개통했다. 경부철도의 부설은 청일전쟁 중에는 진척되지 않았으나, 전쟁 후에는 다가올 러일전쟁에 대비해 서둘러야 한다는 분위기가 조성되어 1896년 7월에 도쿄에서 시부사와 에이이치, 다

---

11) 대만 철도건설에 대해서는 老川慶喜, '台湾縦貫鉄道をめぐる', '官設論'と'民設論', (老川慶喜・須永徳武・谷ケ城秀吉・立教大学経済学部編(2011)),《植民地台湾の経済と社会》, 日本経済評論社, pp.39-60

12) 山県有朋, '朝鮮政策上奏', 1894년 11월 7일, 大山梓編(1966),《山縣有朋意見書》原書房, p.224

케우치 쓰나(竹內綱) 등이 경부철도 발기인회를 개최했다. 그러나 명성황후 시해 후의 조선의 반일 감정 악화, 경부철도 부설에 대한 러시아의 반대 등으로 인해 한국 정부는 일본 측의 요청에 응하지 않았다. 경부철도의 설립이 인가된 것은 1901년 5월, 전선 개통은 1905년 1월이었다. 그 외에도 경성~의주 간 경의철도, 마산~삼랑진 간 마산선 등의 군용선 부설도 진행되었고, 1906년 4월에 경의철도가 전선 개통되면서 조선 종관철도가 완성되었다.

남만주철도의 설립

일본의 철도부설은 중국 동북부의 만주에까지 이르렀다. 일본은 러시아로부터 청국 내 철도 이권 일부를 할양받아 창춘 이남의 동청철도 남부 지선을 획득하고, 1906년 11월에 남만주철도주식회사를 설립했다. 반관반민의 국책 회사로, 다롄~창춘 간 및 펑톈~안둥 간의 철도업 외에 푸순, 옌타이의 탄광 채굴, 수운업, 전력업, 창고업, 만철 부속지 내 토지와 가옥 경영 등을 영업 내용으로 하였다. 만철 부속지에는 철도 용지뿐만 아니라 시가지도 포함되어 있었으며, 일본 정부가 외교권, 군사 경찰권, 일반 행정권을 장악하고 있어 철도 수비대가 주둔하고 있었다.

만철의 자본금은 2억 엔으로, 그중 절반은 일본 정부가 철도, 광산 등의 현물로 출자했다. 나머지 1억 엔은 1906년 9월에 모집을 시작했는데 발행 주식 수의 1,078배에 이르는 신청이 있었고, 이는 러일전쟁 후 기업 부흥의 계기가 되었다. 만철은 일청 합작이라는 명분을 내세웠지만, 청국인이 일본 정부에 항의하여 주식 모집에 응하지 않아 일본 정부가 독점적으로 지배하는 회사가 되었다. 정부는 총재, 부총재, 이사 임명권자이며 감독권자이기도 했다. 초대 총재로는 대만에서의 식민지 경영 실적을 인정받아 고토 신페이(後藤新平)가 취임했다.[13]

....

13) 高橋泰隆(1995), 《日本植民地鉄道史論 – 台湾, 朝鮮, 滿州, 華北, 華中鉄道の経営史的研究 –》, 日本経済評論社, pp.119-226를 참조

2. 양 대전의 기간과 전시기의 철도(1907~1945)

1) 국유철도의 '황금시대'

철도원(鉄道院) 설치와 광궤 개축 계획

　철도 국유화 이후인 1907년 4월 제국철도청이 새롭게 출범했다. 철도청은 체신성 내의 일부 부서였기 때문에 국유화 이후 거대해진 조직을 운영하기에는 충분하지 않았다. 또한 관설 철도와 국유화된 17개 사철에서 모인 직원들의 일체감을 도모하기 위해서도 강력한 조직이 필요했다. 이에 따라 1908년 12월 '내각'에 직속하며, '성(省)'에서 독립하여 보다 큰 권한을 가진 철도원이 설치되었고, 초대 총재로 만철(南滿洲鐵道)의 총재였던 고토 신페이가 임명되었다.

　고토는 '국철 대가족주의'를 주장하여 국철 직원들의 일체감을 높이는 한편,[14] '시모노세키에서 아오모리까지의 간선을 광궤로 개축'하는 것을 주장했다. 시모노세키~아오모리(下関~青森) 간 광궤 개축이 실현되면, '남만주에서 안평선, 한국 전역 및 간몬 연락선에서 아오모리에 이르는 구간에서 광궤 수송이 가능'하여 일본 국내와 대륙 간의 일관 수송이 가능해진다는 것이 그 이유였다.[15]

　1911년 1월 고토는 광궤철도 개축 준비위원회를 발족시켰다. 이 위원회는 같은 해 8월에 '광궤철도 개축 준비위원회 보고'를 작성하여 광궤 개축이 수송력 증대와 영업비용을 절감하고 일본 경제 발전에 기여할 것이므로, 우선 도쿄~시모노세키 간의 광궤 개축을 실시하고, 이후 혼슈(本州)선에서 전국 철도로 확대해야 한다고 밝혔다.[16] 그러나 1911년 8월에 제2차 사이온지 긴모치(西園寺公望) 내각이 성립된 이후 철도원 총재가 된 하라 다카시(原敬)는 광궤 개축에 부

---

14) 鶴見祐輔編(2005), 《正伝 後藤新平》 5, 藤原書店, pp.276-277
15) 後藤新平, '入閣後覚書書ノ一'(同上), pp.65-66
16) 広軌鉄道改築準備委員会編(1911), 《調査始末一班》, pp.53-59

정적이었다. 이후 가쓰라(桂)와 사이온지(西園寺)가 교대로 내각을 구성했으나, 1913년 2월 입헌정우회의 야마모토 곤노효에(山本權兵衛) 내각이 성립하면서 도코나미 다케지로(床次竹二郞)가 철도원 총재로 임명되어 광궤 개축은 중지되었다.

하지만 1914년 4월 제2차 오쿠마 시게노부(大隈重信) 내각이 성립하고 센고쿠 미쓰구(仙石貢)가 철도원 총재로 임명되자, 광궤 개축안이 다시 논의되었고, 1915년 9월 철도원 총재로 취임한 소에다 주이치(添田壽一)가 같은 해 11월 '국유철도 궤간에 관한 방침 결정'을 각의에 제출했으며, 1916년 4월 내각에 궤제조사회(軌制調査會)를 설치했다. 소에다(添田)는 협궤철도보다 광궤철도가 철도경영, 일반 경제, 군사, 재정 등 여러 측면에서 이익이 크다고 판단했다.

1916년 10월 데라우치 마사타케(寺內正毅)가 내각을 조직하자, 고토 신페이는 내무대신과 겸직하여 세 번째 철도원 총재로 취임했다. 고토는 광궤 개축이 기술적으로 큰 어려움이 없고, 재정적으로도 큰 부담이 되지 않는다는 시마 야스지로(島安次郞)의 의견을 받아들여 요코하마선 하라마치다(原町田)~하시모토(橋本) 간에 광궤철도의 실험 설비를 만들고 광궤 개축의 실험을 진행했다.

1918년 9월 쌀 소동의 책임을 지고 데라우치 총리가 사임하자, 입헌정우회의 하라 다카시(原敬)가 내각을 구성했다. 하라는 '4대 정강' 중 하나로 '교통기관의 정비'를 들며 지방 개발 중심의 교통정책을 추진했다. 그는 1910년 제26회 제국의회에 '전국 철도 완성 및 개선에 관한 건의'와 '항만 개선에 관한 건의'를 제출하고 공채 발행을 통해 재원을 마련하여 지방의 신선 건설을 적극적으로 추진하는, 이른바 '건주개종(建主改從)'의 철도정책을 추진했다.

하라는 "일본의 철도는 유럽이나 미국과 달리 장거리 화물 운반이 필요하지 않다. 따라서 철도와 함께 주요 항만을 개선하면 각 세력 범위 내에서 화물을 집산할 수 있으므로 갑작스럽게 광궤로 개선할 필요가 없다. 게다가 광궤에는 막대한 개선비가 소요되므로 오히려 각지로 연장하는 편이 낫다고 생각한다."라고 말하며, 지방선 건설을 우선하고 협궤철도의 수송력을 보강하기 위해 항만 개선도 주장했다.[17] 이러한 하라 다카시의 철도정책은 1922년 4월에 성립한 '개정 철도부설법'으로 결실을 보았다.

철도수송량의 증가와 철도성의 성립

1차 세계대전기의 경제 발전으로 인해 국유철도의 개업 선로와 여객과 화물수송량은 매우 증가하였고, 사설 철도와 궤도의 감독 업무도 확대되고 있었다. 철도원의 직원 수나 예산 규모도 각 성(省)을 상회하게 되었다. 이러한 상황에서 적극적인 철도정책을 내세운 하라 다카시(原敬) 정우회 내각 하에서 철도원은 1920년 5월에 조직이 변경되어 철도성으로 승격되었다.

철도성 하에서 국유철도의 수송량은 〈표 1-6〉에서 볼 수 있듯이 여객과 화물수송 모두 크게 증가하여 '국유철도의 황금시대'가 도래했다. 1920년도 여객 수송량은 약 4억 582만 명이었으나, 1928년도에는 약 8억 4,730만 명으로 약 2.1배 증가했다. 특히 주목할 점은 정기 여객이 비정기 여객보다 증가율이 높았다는 것이다. 정기 여객 수는 1920년 약 1억 1,143만 명에서 1928년 약 3억 8,336만 명으로 3.4배 증가했지만, 비정기 여객은 약 2억 9,439만 명에서 약 4억 6,394만 명으로 1.6배 증가에 그쳤다. 이는 중화학 공업화의 진전에 따라 도쿄와 오사카 등의 대도시에 기업이 집중하면서 통근 수송의 비중이 커진 결과로 보인다.

화물수송량도 매우 증가했다. 1920년 화물수송량은 5,752만 9,000톤이었으나, 1928년에는 7,976만 3,000톤으로 1.4배 증가했다. 게이힌(京浜), 쥬쿄(中京), 한신(阪神), 기타큐슈 등의 공업지대로 석탄 등의 연료와 원자재를 운송했고, 공업지대에서 전국 각지의 시장으로 운송했다. 또한 공업지대에 인접한 도쿄, 요코하마, 나고야, 오사카, 고베, 후쿠오카 등의 도시들은 많은 인구를 지닌 대소비지였기 때문에 쌀을 비롯한 식료품과 생활필수품이 철도로 운송되었다. 자동차

....

17) 原奎一郎編(2000), 《原敬日記》第3卷, 1910년 2월 24일 내용, p.9

수송이 미발달했던 당시 국유철도는 연안 해운과 함께 이러한 화물의 중요한 수송 수단이었다.

<표 1-6> 국유철도의 여객·화물수송량 추이(1910~1945)

연도	여객수송						화물수송	
	정기 외		정기		합계		톤수	증가율 (%)
	인 (천인)	증가율 (%)	인 (천인)	증가율 (%)	인 (천인)	증가율 (%)	천톤	
1910					138,630	─	25,890	─
1911					151,078	9.0%	29,806	15.1%
1912					160,712	6.4%	33,058	10.9%
1913					167,773	4.4%	36,930	11.7%
1914					166,092	-1.0%	35,837	-3.0%
1915					172,290	3.7%	36,373	1.5%
1916					197,043	14.4%	42,774	17.6%
1917					245,234	24.5%	49,533	15.8%
1918					288,062	17.5%	54,167	9.4%
1919					357,882	24.2%	60,899	12.4%
1920					405,820	13.4%	57,529	-5.5%
1921	312,071	─	142,465	─	454,536	12.0%	58,312	1.4%
1922	338,409	8.4%	171,400	20.3%	509,809	12.2%	65,096	11.6%
1923	373,436	10.4%	203,036	18.5%	576,472	13.1%	65,819	1.1%
1924	393,245	5.3%	242,210	19.3%	635,454	10.2%	71,178	8.1%
1925	402,272	2.3%	274,813	13.5%	677,086	6.6%	73,090	2.7%
1926	420,933	4.6%	314,774	14.5%	735,706	8.7%	74,780	2.3%
1927	440,407	4.6%	349,542	11.0%	789,949	7.4%	78,622	5.1%
1928	463,945	5.3%	383,356	9.7%	847,300	7.3%	79,763	1.5%
1929	460,724	-0.7%	402,215	4.9%	862,939	1.8%	77,225	-3.2%
1930	418,561	-9.2%	405,592	0.8%	824,153	-4.5%	64,087	-17.0%
1931	386,267	-7.7%	400,955	-1.1%	787,222	-4.5%	60,591	-5.5%
1932	368,305	-4.7%	412,844	3.0%	781,150	-0.8%	61,733	1.9%
1933	393,911	7.0%	447,405	8.4%	841,315	7.7%	71,971	16.6%
1934	417,464	6.0%	496,100	10.9%	913,565	8.6%	77,478	7.7%
1935	437,953	4.9%	547,088	10.3%	985,041	7.8%	81,039	4.6%

연도	여객수송						화물수송	
	정기 외		정기		합계		톤수	증가율 (%)
	인 (천인)	증가율 (%)	인 (천인)	증가율 (%)	인 (천인)	증가율 (%)	천톤	
1936	465,358	6.3%	593,273	8.4%	1,058,631	7.5%	89,342	10.2%
1937	515,773	10.8%	640,493	8.0%	1,156,266	9.2%	89,170	-0.2%
1938	602,329	16.8%	742,177	15.9%	1,344,505	16.3%	109,588	22.9%
1939	737,946	22.5%	875,260	17.9%	1,613,206	20.0%	122,767	12.0%
1940	862,654	16.9%	1,015,679	16.0%	1,878,333	16.4%	137,006	11.6%
1941	984,519	14.1%	1,187,700	16.9%	2,172,219	15.6%	141,696	3.4%
1942	1,025,960	4.2%	1,253,880	5.6%	2,279,840	5.0%	147,617	4.2%
1943	1,232,871	20.2%	1,415,229	12.9%	2,648,100	16.2%	166,136	12.5%
1944	1,231,936	-0.1%	1,875,454	32.5%	3,107,391	17.3%	150,497	-9.4%
1945	1,146,924	-6.9%	1,826,170	-2.6%	2,973,094	-4.3%	75,997	-49.5%

*출처 : (재)運輸経済研究センタ近代日本輸送史研究会編(1979), 《근대일본수송사 – 논고(近代日本輸送史 – 論考·연표·통계)》, 成山堂, pp.430-431, pp.436-437

간선 수송력의 증강

철도 국유화 이후 철도 회계의 일반회계에서의 독립이 이루어지면서 철도 건설비와 개선비의 재원이 확보되었지만, 확보된 재원을 건설비와 개량비 각각에 어떻게 분배할지가 문제였다. 정우회 소속의 하라 내각이나 다나카 기이치(田中義一) 내각은 전국 각지에 철도를 건설해 지역 산업의 발전과 지역 개발을 도모해야 한다고 생각했다. 반면, 헌정회(나중의 민정당) 소속의 가토 다카아키(加藤高明) 내각이나 하마구치 오사치(浜口雄幸) 내각은, 산업발전을 위해서는 지방선을 건설하는 것보다 수송력이 한계에 다다른 간선의 개선이 더 시급하다고 보았다.

1907년도 건설비는 1억 5,000만 엔, 개량비는 3,400만 엔이었으나, 1910년도에는 이 비율이 역전되어 건설비는 9,400만 엔, 개량비는 1억 1,400만 엔이 되었다.[18] 이후에도 〈표 1-7〉에서 볼 수 있듯이 간선 수송량이 증가함에 따라 개선

---

18) 日本国有鉄道編(1971),《日本国有鉄道百年史》第7巻, p.53

비가 건설비를 웃돌게 되었으며, '건주개종'을 내세운 하라 내각조차 급증하는 수송수요에 대응하기 위해 간선 개선에 나서야 했다.

〈표 1-7〉 건설비·개량비 추이

연도	건설비(a) (엔)	개량비(b) (엔)	a+b (엔)	a/a+b (%)	b/a+b (%)
1920	59,027,245	108,167,265	167,194,510	35.3%	64.7%
1921	58,297,204	124,831,152	183,128,356	31.8%	68.2%
1922	68,044,798	138,512,731	206,557,529	32.9%	67.1%
1923	64,496,320	121,013,097	185,509,417	53.3%	65.2%
1924	57,291,734	132,640,787	189,932,521	30.2%	69.8%
1925	44,772,191	150,200,402	194,972,593	23.0%	77.0%
1926	47,953,430	83,621,651	131,575,081	36.4%	63.6%
1927	49,216,913	80,911,372	130,128,285	37.8%	62.2%
1928	51,824,496	71,852,739	123,677,235	41.9%	58.1%
1929	68,906,647	60,944,551	129,851,198	53.1%	46.9%
1930	41,715,774	29,783,237	71,499,011	58.3%	41.7%
1931	37,706,907	28,429,451	66,136,358	57.0%	43.0%
1932	47,743,369	24,561,141	72,304,510	66.0%	34.0%
1933	53,130,133	25,788,580	78,918,713	67.3%	32.7%
1934	47,794,115	34,618,347	82,412,462	58.0%	42.0%
1935	43,197,238	37,297,266	80,494,504	53.7%	46.3%
1936	43,922,922	40,092,982	84,015,904	52.3%	47.7%

*출처 : 일본국유철도편(日本国有鉄道編)(1971), 《일본국유철도백년사(日本国有鉄道百年史)》 제7권, p.55
*주 : 原資料는 鉄道省編, 〈철도성연보(鉄道省年報)〉 각 연도

메이지 시대의 철도건설에서는 공사비와 공사 기간을 절약하기 위해 터널의 수와 길이를 최소한으로 하려는 경향이 강했다. 이 때문에 급경사 구간이 많았으며, 도카이도 본선이나 산요 본선과 같은 간선에도 25‰ 이상의 급경사 구간이 적지 않았다. 고즈(国府津)~누마즈(沼津) 구간의 '하코네 고에(箱根越え, 60.4km)'의 산북과 누마즈 사이에는 25‰의 급경사 구간이 연속되었으나, 1934년 3월에 단

나(丹那)터널이 굴착되었다.[19] 또한 간선의 복선화도 수송력 증강의 중요한 수단이었다. 도카이도 본선에서는 1913년에 전선 복선화가 이루어졌고, 산요 본선에서도 1930년에 이와쿠니(岩国)~니지카하마(虹ヶ浜, 현재의 히카리) 간을 제외한 전선 복선화가 실현되었다.

여객수송의 증대에는 열차 속도의 향상, 전체적인 도달 시간의 단축, 열차운행 횟수의 증가 등이 필요했으며, 이를 위해 선로의 개선과 차량의 성능 향상 등이 끊임없이 계획되고 실행되어야 했다. 1923년 7월 도카이도 본선과 산요 본선 및 관련 노선에서 대규모 다이어 개정이 이루어졌으며, 열차 도달 시간의 단축이 이루어졌다. 특급 열차는 1등·2등 객차에만 있었으나, 도쿄~시모노세키 간에서는 3등 객차에도 설정되었다. 간토 대지진 후의 복구공사가 완료된 1926년 8월의 다이어 개정에서는 도카이도 본선의 특급 열차 출발·도착 시간이 1시간 늦춰졌고, 도쿄~오사카 간 급행열차는 주·야간으로 두 편성이 운영되었다. 대폭적인 열차 증발과 속도 향상은 도카이도 본선과 산요 본선에서 시작되어 점차 전국의 간선 철도로 확대되었다.

한편, 지방 지선에서는 내연기관이나 증기기관을 탑재하여 자주 운전할 수 있는 기동차(동차)가 채택되었다. 수송량이 많지 않은 구간에서는 단독 운전이 가능한 기동차가 경제적으로 유리하다고 생각되었으며, 당시 성장하고 있던 자동차에 대응하는 수송 수단이라는 의미도 있었다.

차량 간의 연결을 담당하는 자동 연결기와 공기 제동기의 설치도 수송력 증강을 위해 중요했다. 자동 연결기의 설치로 기관차의 견인력을 최대한 활용할 수 있게 되었으며, 공기 제동기는 열차의 대형화와 대단위 화물열차 운행에 대응하기 위해 사용되었다.

---

19) 鉄道省熱海線建設事務所編(1934), 《熱海線建設要覧》, pp.7-8

2) 도시화 · 교외화의 진전과 사철 경영

교외화와 신 중간층

러일전쟁 후부터 1910년대 중반에 걸쳐 도쿄와 오사카 등의 대도시권에서는 도시화와 교외화가 진전되었다. 이에 따라 시내와 교외를 연결하는 근교 사철이 발전하며, 통근 · 통학이라는 새로운 형태의 교통 수요가 발생했다.

제1차 세계대전 전인 1913년 당시 도쿄의 시내 인구는 약 205만 명, 교외 인구는 약 77만 명이었으며, 그 비율은 시내 인구가 약 73%, 교외 인구가 약 27%였다. 하지만 간토 대지진 직전인 1922년에는 시내 인구 약 247만 8천 명, 교외 인구 약 143만 2천 명이 되었고, 그 비율은 시내 인구 약 63%, 교외 인구 약 37%로 나타났다. 1923년 9월 간토 대지진이 발생한 후에는 시내 인구 약 152만 7천 명(약 47%), 교외 인구 약 171만 6천 명(약 53%)으로 교외 인구가 시내 인구를 초과하게 되었다.[20]

도쿄와 오사카 등 대도시 교외에는 관료, 변호사, 의사, 은행원, 상사 직원 등 중화학 공업화와 도시화가 진전되는 가운데 등장한, 대학이나 전문학교를 졸업한 고학력 화이트칼라 계층, 즉 '신 중간층'이 거주하게 되었다. 이들과 그 가족은 교외 사철의 연선에 거주하며 도쿄나 오사카 시내에 있는 직장이나 학교로 철도를 이용해 매일 통근 · 통학했다.

교외 사철의 발전

1928년 기준으로 도쿄권 및 오사카권의 근교 사철을 보면, 도쿄권에는 13개 회사, 영업거리 466마일(약 749.9km), 자본금 2억 1,365만 엔, 건설비 1억 6,202만 엔, 승객 수 2억 4,139만 명, 운임 수입 2,121만 엔이었다.

---

20) 東京市編(1928),《東京市郊外に於ける交通機関の発達と人口の増加》, 東京市, p.10

한편, 오사카권에는 7개 회사, 373마일(약 600.2km), 3억 3,615만 엔, 1억 9,664만 엔, 3억 1,999만 명, 3,819만 엔이었다. 회사 수와 영업거리에서는 도쿄권이 오사카권보다 많았으나, 자본금, 건설비, 승객 수 및 운임 수입은 오사카권이 도쿄권을 상회했다.

1912년부터 1928년까지의 각 지표의 증가율을 살펴보면, 영업거리는 도쿄권이 16배, 오사카권이 2.6배, 자본금은 도쿄권이 26.1배, 오사카권이 8.8배, 건설비는 도쿄권이 50.5배, 오사카권이 5.9배, 승객 수는 도쿄권이 21.2배, 오사카권이 6.2배, 운임 수입은 도쿄권이 25.2배, 오사카권이 8.9배였다. 모든 지표에서 도쿄권이 오사카권을 크게 웃돌았다. 이는 오사카권의 근교 사철이 도쿄권보다 시기적으로 더 일찍 창설되고 발전했음을 의미한다. 도쿄권에서 교외 사철이 본격적인 발전을 시작한 것은, 도부 철도 등을 제외하면 간토 대지진 이후 교외화가 진전되는 과정에서였다. 반면, 오사카권에서는 이미 메이지 시대에 난카이(南海)철도, 오사카철도, 한신전기(阪神電気)철도, 미노아리마전기(箕面有馬電気)궤도(후의 한신급행전철), 게이한전기(京阪電気)철도가 개업해 있었다. 따라서 간토 대지진 이후에는 오사카권 교외 사철의 성장력이 상대적으로 둔화되었다.[21]

미노아리마(箕面有馬)전기궤도의 연선 개발

이와 같은 상황에서 연선 개발을 겸업으로 위치시키는 독특한 사철 경영 스타일이 확립되었다. 미노아리마전기궤도는 오사카의 우메다에서 이케다를 거쳐 다카라즈카(宝塚)에 이르는 노선과 이시바시에서 미노공원(현 미노)에 이르는 노선을 1910년 3월에 개업한 사철로, 이후 한신급행전철(현 한큐전철)로 개명되었다. 이 철도의 탄생은 일본 철도사에 획기적인 의미를 지녔다.

....

21) 中西健一(1979),《日本私有鉄道史研究 増補版》, ミネルヴァ書房, pp.251-253

미노아리마전기궤도의 자본금은 550만 엔(11만 주)이었지만, 러일전쟁 후 불황의 영향으로 납입이 생각대로 진행되지 않아 설립이 위태로웠다. 게이한전차(교토~오사카 간), 고베 시내 전차(고베 시내), 효고(兵庫)전차(고베~아카시 간), 나라전차(오사카~나라 간)라면 모르지만, 아리마온천(개업한 곳은 다카라즈카까지)이나 미노공원에 전차를 부설해도 전망이 없다는 것이 당시 일반적인 견해였다.

미노아리마전기궤도의 설립 업무를 맡은 고바야시 이치조(小林一三)는 특정한 구상을 하고 있었다. 연선에는 주택지로 적합한 토지가 있으며, 게다가 지가가 저렴하다. 평당 1엔으로 50만 평을 매입하고 철도가 개통된 후 평당 2엔 50전의 이익을 얻어 전매하며, 반기마다 5만 평을 팔면 12만 5,000엔의 이익이 발생한다. 따라서 당초부터 주택지 경영을 하면, 설령 전차 운행으로 이익을 내지 못하더라도 수익을 창출하여 주주를 안심시킬 수 있다는 것이다.

고바야시는 미노아리마전기궤도가 개업하기까지 3년 동안 주택지 개발을 목적으로 연선의 25만 평의 토지를 매입했다. 그리고 주택지의 임대와 분양, 더 나아가 주택을 건설하여 임대할 뿐만 아니라, 10년간 월부로 판매하기도 했다. 1910년 6월 이케다 무로마치(池田室町)에서 2만 7,000평의 토지와 주택 분양을 한 것을 시작으로, 이후 도요나카, 사쿠라이, 오카모토, 센리야마 등지에서도 분양을 실시했다. 이케다 무로마치(池田室町)에서 분양된 주택은 1구역 100평, 2층 건물 56실의 문화 주택으로 일본식과 서양식 두 종류가 있었으며, 가격은 약 2,500엔이었다. 고바야시는 '가장 유망한 전차', '주택지 안내' 등의 팸플릿을 제작하여 배포하고, '매연이 자욱한 비위생적인 오사카 시내의 생활'과 '미노아리마전철 연선의 건강한 교외 생활'을 대조적으로 묘사하며, '어떠한 토지를 선택해야 하는가, 어떠한 가옥에 거주해야 하는가?'라고 물었다.

미노아리마전기궤도 개업 후 고바야시는 연선에서 미노동물원, 다카라즈카신온천, 한큐백화점 등을 운영하였다. 특히 다카라즈카신온천에서는 소녀 가극(이후의 다카라즈카 가극단)을 상연했다. 즉 전철 경영과 오락 시설, 더 나아가 터미널 백화점 경영을 결합한 매우 독창적인 경영을 전개한 것이다. 1936년 한큐전철의 경영 조직은 총무부, 조사부, 영업부, 기술부 외에도 토지 경영부, 교영부(식당, 약국 등), 다카라즈카 경영부, 백화점부로 구성되어 있었다. 이러한 한큐전철의 다각 경영은 일본의 대형 사철의 경영 모델로 자리 잡았다.[22]

3) 대공황 · 전시 하의 철도

철도 수송의 정체와 자동차 사업의 진출

국유철도는 〈표 1-6〉에서 볼 수 있듯이 1920년대 후반 이후 금융 공황과 쇼와(昭和) 공황에 직면하여 여객과 화물수송량이 감소했다. 1920~1930년도의 국철 여객수송 인원의 추이를 보면, 1920년대 전반에는 전년도 대비 10% 이상의 높은 증가율을 보였으나, 1925년 이후 10% 이하로 감소했고, 1929년에는 1.8%에 그쳤으며, 쇼와 공황기인 1930~1933년에는 마이너스를 기록했다. 화물수송량의 증가율은 여객수송 인원보다 낮고, 연도별로 증감이 컸다. 국유철도는 1929~1931년에 전년도 대비 마이너스를 기록했고, 화물수송량도 쇼와 공황기에는 크게 떨어졌다.

철도 수송의 정체는 무엇보다도 1929년 세계 대공황에서 비롯된 쇼와 공황으로 인해 발생했지만, 그것만이 원인은 아니었다. 이 시기의 철도 수송은 자동차 수송의 대두라는 육운 시장의 구조적인 변화에도 큰 영향을 받았고, 철도는 유일한 독점적 육상 수송 기관으로서의 지위가 위협받기에 이르렀다.[23]

철도성 운수국 편 〈자동차에 관한 조사 보고〉(제2집)에 따르면, 일본의 자동차 대수는 간토 대지진 전인 1922년에는 승용차 13,483대, 화물차 1,383대였

---

22) 老川慶喜(2017), 《小林一三 – 都市型第三次産業の先駆的創造者》, PHP研究所, pp.55-60, pp.228-247
23) 老川慶喜(2016), 《日本鉄道史 大正・昭和戦前篇》, pp.163-167을 참조

으나, 지진 이후인 1924년에는 각각 18,951대, 8,282대로 증가했다. 승용차의 증가율은 40.6%였으나, 화물차는 6배 가까이 증가했다. 자동차 대수는 이후로도 계속 증가해 1926년에는 승용차 27,973대, 화물차 12,097대, 합계 40,070대에 달했다.

1926년 중에 국유철도와 병행하여 수송한 승합자동차의 여객 수는 528만 6,415명으로, 국유철도 여객수송 인원의 1.7%에 불과했다. 따라서 승합자동차의 대부분은 국유철도를 보완하는 것이었으며, 국유철도로부터 여객을 빼앗는 것은 아니었다. 하지만 지역 차이가 커서 모지 철도국에서는 승합자동차가 국유철도 여객의 9.4%를 빼앗았다.

또한 국유철도의 승객이 얼마나 승합자동차로 이동했는지 거리에 따라 살펴보면, 5km까지는 20%, 10km까지는 16%, 20km까지는 12%, 30km까지는 6%, 50km까지는 4%, 80km까지는 1%로, 평균적으로는 12%로 추정되며, 운임 수입의 감소율은 4%였다. 20km 이내에서는 승합자동차 사업이 국철 여객수송에 상당한 영향을 미쳤다.

국유철도에서 화물차로 전환된 화물수송량은 73만 1,201톤으로, 25마일 이내의 소형 화물 발송 톤수의 42.9%를 차지했다. 화물수송에서는 4할 이상이 국유철도와 경쟁하고 있었으나, 특히 도쿄 철도국과 나고야 철도국 관내에서의 경쟁이 치열했다. 그러나 전체적으로 보면, 트럭 수송은 국철 화물수송에 큰 영향을 미치지 않았으며, 수송 톤수로는 약 1%, 감소액으로는 0.6%에 불과했다.

중일전쟁의 발발과 군사 수송

1930년대 국철은 공황으로 인한 경영 악화, 자동차라는 경쟁 교통수단의 등장에 대응하기 위해 기술 혁신과 서비스 개선에 나서면서, 대량 고속 수송 수단으로서의 철도 특성을 더욱 발휘하려 했다. 우선 1930년 10월에는 도쿄발 고베행 특별 급행열차 '쓰바메(燕)'가 운행을 시작했다. 정차역은 요코하마, 고즈, 나고야, 교토, 오사카의 5개 역으로, 기존 특급 열차보다 2시간 40분이나 단축되어 9시간

만에 연결했다. 철도의 속도 시대가 막을 올린 것이다.

1934년 12월 단나터널이 개통되어 도카이도선이 아타미(熱海)를 경유하게 되자, 고즈(国府津)~누마즈(沼津) 간이 11.8km 단축되고, 경사도 완만해졌다. 전철화 구간도 누마즈까지 연장되어 쓰바메는 도쿄~누마즈 구간을 EF53형 전기기관차가 견인하게 되었다. 그 결과 쓰바메의 속도는 더 향상되어 도쿄~오사카 간 소요 시간이 8시간 20분에서 8시간으로 단축되었고, 고베까지는 8시간 37분 만에 주파하게 되었다.

1937년은 철도 개업 65주년이 되는 해였다. 이해 7월 1일 국철은 열차운행 시각을 개정하여 도카이도 본선의 특급 열차를 하루 5회 왕복(임시 열차 1편 포함)으로 증편했으며, 급행열차와 구간 열차 서비스는 전시기 최고 수준에 도달했다. 이는 쇼와 초기 공황에서의 회복을 반영한 것이었다.

그러나 그로부터 6일 후인 7월 7일 베이징 외곽의 루거우차오(盧溝橋)에서 중일 양군이 충돌하면서 중일전쟁이 발발하자 상황은 급변했다. 전쟁 발발 후 6개월 만에 17개 사단, 50만 명의 병력이 동원되며 러일전쟁의 규모를 초과했다. 국철은 이 동원 수송에 종사할 수밖에 없었고, 열차 다이어 수정이 불가피해졌다. 사전에 준비해둔 군용 열차만으로는 대응할 수 없었다. 정부는 1938년 4월 전쟁 수행을 위해 국가총동원법을 공포하고, 철도는 총력전 체제 구축을 위한 중요한 군사 수송 수단으로 자리 잡았다.

중일전쟁 발발 이후부터 1941년 미일전쟁을 거치면서 국철의 여객과 화물수송은 크게 증가했다(〈표 1-6〉 참조). 1936년도 국철의 화물수송량은 8,900만 톤이었으나, 1941년도에는 1억 4,200만 톤, 1943년도에는 1억 6,600만 톤으로 1.87배 증가했다. 특히 군용 화물의 증가가 두드러졌는데, 1936년도에는 55만 8,000톤이었던 군용 화물은 1943년도에는 2,425만 2,000톤으로 급증했다.

국철의 여객수송 증가도 두드러져 1936년도에는 10억 5,900만 명이었으나, 1941년도에는 21억 7,200만 명으로 늘었고, 1944년도에는 31억 명을 넘었다. 이 중에는 군사 관련자 수송, 피란 및 식량 구입을 위한 수송 등 전시기에 특유한 수송도 포함되어 있었다.

한편, 열차운행 거리(열차 킬로미터)를 살펴보면, 여객수송의 열차 킬로미터는 1936년도 7,100만 km, 1941년도 1억 300만 km, 1942년도 1억 3,800만 km로 큰 증가세를 보이지 않았다. 오히려 1943년도에는 1억 3,100만 km, 1944년도에는 1억 1,000만 km, 1945년도에는 8,800만 km로 단축되었다. 여객수송 수요가 증가하는데도 열차 킬로미터가 단축된 이유는, 전시하에서 화물수송 중심주의가 채택되어 장거리 여객수송이 억제되었기 때문이었다.

수송력 증강에서 수송 통제로

1941년 1월 철도차관 스즈키 세이슈(鈴木淸秀)를 위원장으로 하는 교통시설 장기 정비 계획 위원회가 설치되었다. 이 위원회는 전력 증강을 위한 화물수송의 강화를 목적으로 하여 화차 및 화물 열차용 기관차의 신조(新造), 조차장의 확충, 군사 자원 및 생산력 증강과 직접 관련된 신선 건설, 간선 수송력 확충을 위한 선로 · 정거장의 개선, 철도성 운영의 항로 강화, 수륙 연계 시설의 정비 등 수송상의 병목을 해소하고, 방공 시설의 정비 등에 중점을 두었다.

그러나 화물수송력 확충은 수송 수요 증가를 따라가지 못했다. 전시 경제가 본격화되면서 자재와 자원이 극도로 부족했으며, 아시아 대륙의 점령지에 차량과 선로, 자재 등을 제공해야 했기 때문이다.

중일전쟁이 장기화되자, 육운에 대한 국가 · 군사적 요구가 강해졌고, 1940년 2월 국가총동원법에 따라 육운 통제령이 공포되었다. 철도대신은 1941년 8월에 육운 통제령을 발동하여 화물 자동차 수송의 총동원 체제를 확립하고, 도쿄, 요코하마, 나고야, 오사카, 고베, 후쿠오카의 6대 도시와 가와사키 시내 역의 소운송업자에게 동업 이외의 업무를 하지 말라고 명령했다. 또한 50km 이상의 운송과 소매업자가 고객에게 직접 운송하는 것을 금지하며, 운송의 우선순위를 ① 군수품 · 군 관련 자재, ② 천재지변 · 사변으로 긴급을 요하는 것, ③ 쌀 · 곡류 · 생선 식품 · 숯, ④ 광석 · 석탄, ⑤ 철도 · 궤도 · 선박으로 역이나 항만에 도착한 화물,

⑥ 국민 생활에 필수적인 것으로 정했다.

가솔린 소비 규제도 강화되어 군사 우선이 되었으며, 자동차는 목탄이나 장작을 연료로 사용하는 대체 연료 차량으로 전환하는 것이 장려되었다. 해운업도 육군과 해군의 동원과 연료 부족으로 인해 수송 용량 부족에 시달렸다. 1941년 11월에는 육운 통제령이 개정되어 국철을 비롯한 육상 운송 기관은 광범위한 국가 관리 아래 놓였고, 불필요한 운송을 금지하고, 긴급 운송의 확보와 운송의 계획화를 철저히 하게 했다.

3. 국철에서 JR로

1) '국민의 철도'를 지향하여

패전 직후의 철도

1945년 8월 14일 일본은 포츠담 선언을 수락하여 1931년 만주사변 이후 약 15년에 걸친 긴 전쟁에 종지부를 찍었으며, 국민은 그 소식을 다음 날인 15일 정오에 천황의 방송을 통해 알게 되었다. 패전은 제국 일본의 근간을 지탱해온 국유철도의 운영 방식에도 큰 변화를 요구했다.

전쟁으로 인한 피해와 전후 극심한 자재 부족 속에서 국유철도의 열차운행은 최악의 상황에 처해 있었다. 노후화된 레일과 썩어가는 침목의 교체도 원활하지 않아 철도의 수송력은 전전(戰前)의 10분의 1 이하로 떨어졌다. 이러한 상황에서 국철은 연합군 수송, 피란민의 귀환, 옛 식민지에서 돌아오는 귀환자, 전쟁터에서 복귀하는 군인 등의 수송을 담당해야 했다. 게다가 1946년 남해도 지진(규모 8.0), 1947년 캐슬린 태풍, 1948년 후쿠이 지진(규모 7.1) 등의 자연재해로 인한 피해도 잇따랐다.

철도 수송이 혼란스러운 상황에서 운전 사고가 빈발했다. 전전의 1940년도 운전 사고는 8,052건이었으나, 전후 1945년도에는 3만 8,563건, 1946년도에는 4만 6,578건으로 급격히 증가했다. 1945년 8월 22일에는 히사쓰선(肥薩線) 마코시(真幸)~요시마쓰(吉松) 간의 제2 야마노가미터널에서 대형 사고가 발생해 50명 이상의 사상자가 나왔다. 또한 그로부터 이틀 후인 8월 24일에는 하치코선(八高線) 고미야(小宮)~하이지마(拝島) 간 다마가와(多摩川) 교량에서 정면충돌 사고가 발생해 적어도 105명이 사망하고, 67명이 중경상을 입었다고 한다.

일본국유철도의 탄생

패전 직후부터 국철의 경영 형태를 근본적으로 개혁하려는 움직임이 나타났고, 미쓰비시경제연구소 등에서 국철을 민간에 불하해 민영 사업으로 운영해야 한다는 주장이 제기되었다. 국철은 군수산업과 비교할 때 전쟁으로 인한 피해가 적었기 때문에 재계는 국철의 민간 불하에 긍정적이었다. 그러나 국철의 사업과 자산의 민간 불하는 일본 경제에 중대한 영향을 미치므로, 정부는 쉽게 찬성할 수 없었다. 또한 국철 당국은 관청적 경영의 장점을 살리면서도 민간 기업의 특색을 가미한 경영 방식을 실현하기 위해 노력해야 한다고 생각했다.[24]

그 후, 1948년 7월에는 신 운수성 설치법 제정 작업이 시작되었고, 국유철도의 경영 형태에 대한 논의가 집중되었다. 그즈음 연합군 최고사령관 맥아더는 아시다 히토시(芦田均) 총리에게 국가공무원법 개정에 관한 서한(맥아더 서한)을 보내 국철, 소금, 장뇌, 담배의 전매 등 정부 사업을 공기업체로 개편할 것을 지시했다.[25]

국철 당국은 법안 초안을 작성하며, ① 내각이 사업 관청으로서 '철도총청'을 설치하는 A안, ② 운수대신의 감독 아래 특별 법인인 '국유철도청'을 설치하는 B안, ③ 특별한 관리 기관을 갖춘 '국유철도공사'를 설치하는 C안을 제시하며, A안이

---

24) 日本国有鉄道編(1951),《日本陸運十年史》, pp.818-819
25) 同上, p.823

나 B안이 실현 가능하다고 보았다. 그러나 총사령부 민간운수국(CTS)은 국유철도의 공공성과 기업성의 양립을 위해 C안을 실현해야 한다고 주장했다.[26]

이렇게 해서 1948년 9월에 '일본국유철도 설립에 관한 방침(국유철도 기구 개혁 요강 시안)'이 결정되었고, 같은 해 12월에 일본국유철도법이 성립되었다. 국유철도 개혁 요강 시안은 ① 효율적 운영의 확보, ② 독립 채산성의 확보, ③ 행정과 기업 경영의 분리, ④ 정치적 영향의 배제를 목표로 했으나, 실제로 실현된 것은 ③뿐이었다. 따라서 1949년 6월 1일에 설립된 일본국유철도(JNR, Japanese National Railways)는 관청 색이 강한 공공기업체가 되었다. 그럼에도 불구하고, 오사카에 본사를 둔 5대 사철 중 하나인 게이한전기철도의 사장 오타가키 시로(太田垣士郎)는 1949년 9월 임시 주주총회에서 "종래 국철이 오히려 사철을 보호하는 입장에 있었던 철도가, 올해 6월 1일부터 공공기업체로 출범하여 독립채산제를 채택한 이익 지향적 경영 방침을 취하면서 새로운 사철의 강력한 경쟁자로 등장했다. 운전 시간의 단축, 차량 신조, 홍보 서비스의 향상 등, 어느 것 하나 사철에 위협이 되지 않는 것이 없다."라고 말했다.[27] 대형 사철의 경영자에게 독립채산제, 이익 지향적 경영 방침을 취하는 공공기업체가 된 국철은 큰 위협으로 다가왔다.

2) 고도 경제성장과 철도

수송 구조의 변화

이렇게 해서 '제국의 철도'는 공공기업체로서의 일본국유철도로 거듭나 '국민

---

26) 同上, pp.824-830, 국유철도에 대해서는 原田勝正(1984), 《日本の国鉄》岩波新書, pp.143-148을 참조.

27) 京阪電気鉄道株式会社経営統括室経営政策担当(2011), 《京阪百年のあゆみ》, 京阪電気鉄道株式会社, P.220

의 철도'로서 전후 일본의 부흥과 경제 발전을 뒷받침하게 되었다. 1955년부터 1973년 제1차 석유 위기까지 일본 경제는 고도성장을 이루어 연평균 약 10%의 실질 경제성장률을 달성했다. 미국, 서독, 영국, 프랑스, 이탈리아 등의 서방 국가들도 높은 성장률을 기록했지만, 일본에는 미치지 못했다. 일본은 연평균 경제 성장률이 명목상 15.1%, 실질적으로도 10.4%에 달했으며, 1968년에는 서독을 제치고 자본주의 국가들 가운데 미국에 이어 세계 2위의 경제 대국이 되었다.[28]

고도 경제성장 속에서 화객 수송의 구조는 크게 변했다. 〈표 1-8〉은 1950년도부터 1975년도까지 수송기관별 화물수송량(톤·킬로)과 수송분담률을 보여준다. 고도 경제성장이 시작되는 1955년 철도화물 수송량은 4조 3,254억 톤·킬로, 수송분담률은 52.9%였다. 내항 해운은 2조 9,000억 톤·킬로, 수송분담률은 35.5%, 자동차의 수송분담률은 11.6%에 지나지 않았다.

그러나 1960년 내항 해운 6조 3,600억 톤·킬로, 철도 5조 4,515억 톤·킬로, 수송분담률도 45.8%를 기록했다. 1970년도에는 철도화물 수송량이 자동차에도 추월당하여 수송분담률이 18.0%로 떨어졌다. 즉 철도의 화물수송분담률은 고도 경제성장이 시작될 무렵에는 가장 컸으나, 고도 경제성장 과정에서 내항 해운과 자동차에 뒤처지게 된 것이다.

〈표 1-8〉 수송기관별 국내 화물수송 톤·킬로 추이(1950~1975년)

(단위 : 억 톤·킬로)

연도	철도				자동차			
	국철	민철	합계	분담률	영업용	자가용	합계	분담률
1950	33,309	515	33,824	61.7%	2,400	3,000	5,400	9.8%
1951	39,883	659	40,542	62.1%	2,600	3,500	6,100	9.3%
1952	39,251	628	39,879	62.7%	2,500	4,000	6,500	10.2%
1953	40,993	670	41,663	61.6%	3,100	5,300	8,400	12.4%
1954	39,894	678	40,572	59.3%	3,200	5,700	8,900	13.0%
1955	42,564	690	43,254	52.9%	3,700	5,800	9,500	11.6%

---

28) 宮本又郎·阿部武司·宇田川勝·沢井実·橘川武郎(2023),《日本経営史》第3版, 有斐閣, P.286

연도	철도				자동차			
	국철	민철	합계	분담률	영업용	자가용	합계	분담률
1956	46,923	740	47,663	51.7%	4,500	6,400	11,000	11.9%
1957	48,216	777	48,993	48.5%	5,500	7,700	13,200	13.1%
1958	45,291	711	46,002	46.4%	6,300	9,100	15,300	15.4%
1959	49,668	809	50,477	42.1%	7,900	10,500	18,300	15.3%
1960	53,592	923	54,515	39.2%	9,638	11,163	20,801	15.0%
1961	57,536	933	58,469	37.4%	11,720	14,852	26,572	17.0%
1962	56,285	948	57,233	35.4%	14,091	18,338	32,427	20.1%
1963	59,155	965	60,124	33.2%	18,541	23,490	42,031	23.2%
1964	58,881	1,012	59,893	32.5%	20,222	26,993	47,215	25.6%
1965	56,408	890	57,299	30.7%	22,385	26,006	48,392	26.0%
1966	54,956	938	55,894	26.7%	30,602	34,310	64,912	31.0%
1967	58,547	999	59,546	24.4%	37,189	43,904	81,093	33.2%
1968	56,964	965	59,929	22.2%	46,972	54,480	101,452	37.5%
1969	60,167	965	61,133	21.4%	88,135	61,730	119,864	42.0%
1970	62,435	988	63,423	18.1%	67,330	68,586	135,916	38.8%
1971	61,250	997	62,247	17.2%	72,050	70,618	142,668	39.4%
1972	58,561	963	59,524	15.3%	76,515	77,095	153,610	39.5%
1973	57,405	932	58,337	14.3%	73,367	67,612	140,979	34.6%
1974	51,575	869	52,444	14.0%	72,044	58,726	130,770	34.8%
1975	46,577	770	47,347	13.1%	69,247	60,455	129,701	36.0%

연도	내항 해운		정기항공		총계
		분담률		분담률	
1950	15,600	28.5%	-	-	54,824
1951	18,600	28.5%	0	-	65,242
1952	17,200	27.1%	0	-	63,579
1953	17,600	26.0%	0	-	67,663
1954	19,000	27.7%	1	0.0%	68,473
1955	29,000	35.5%	1	0.0%	81,755
1956	33,500	36.3%	1	0.0%	92,164
1957	38,900	38.5%	1	0.0%	101,094
1958	37,800	38.1%	2	0.0%	99,104
1959	51,000	42.6%	3	0.0%	119,780
1960	63,600	45.8%	4	0.0%	138,920

연도	내항 해운		정기항공		총계
		분담률		분담률	
1961	71,100	45.5%	7	0.0%	156,148
1962	71,900	44.5%	9	0.0%	161,571
1963	78,818	43.5%	11	0.0%	180,984
1964	77,143	41.9%	16	0.0%	184,251
1965	80,635	43.3%	18	0.0%	186,344
1966	88,664	42.3%	26	0.0%	209,496
1967	103,641	42.4%	34	0.0%	244,314
1968	108,777	40.3%	42	0.0%	270,200
1969	104,023	36.5%	54	0.0%	285,074
1970	151,243	43.1%	74	0.0%	350,656
1971	157,026	43.4%	81	0.0%	362,022
1972	175,873	45.2%	116	0.0%	389,123
1973	207,648	51.0%	150	0.0%	407,114
1974	192,406	51.2%	140	0.0%	375,760
1975	183,579	50.9%	152	0.0%	360,779

*출처 : (재)運輸経済研究センタ近代日本輸送史研究会編(1979),《근대일본수송사 – 논고近代日本輸送史 – 論考·연표·통계》, 成山堂, pp.528~529

철도의 수송 품목도 크게 변했다. 〈표 1-9〉는 국철의 주요 화물 품목별 수송량 추이를 보여주고 있는데, 1955년도에는 석탄이 가장 많아 3억 3,874만 톤에 달했다. 석탄 다음은 목재류, 시멘트, 석회석, 화학 비료, 쌀, 광유(석유) 순이었다. 그러나 고도 경제성장 속에서 석탄, 목재류, 쌀의 수송량은 점차 감소하고, 석회석, 시멘트, 광유, 화학 비료의 수송량이 증가했다.

〈표 1-9〉 국내 주요품목별 화물수송 톤수

(단위 : 천 톤)

연도	쌀	과일류	수산물	목재류	석탄	석회석	자갈	소금	철재	시멘트	화학비료	기계	석유
1950	2,414	1,346	1,459	12,258	28,314	3,177	4,034	657	2,399	3,060	3,585		938
1955	2,999	960	1,963	14,045	33,874	5,755	4,581	879	2,923	6,930	5,327	902	2,280
1960	3,921	1,645	2,548	13,166	40,633	9,700	4,270	886	5,308	11,451	6,833	1,467	4,483
1965	4,549	1,737	2,550	11,897	33,106	10,668	3,224	970	4,117	14,507	6,981	661	8,821

연도	쌀	과일류	수산물	목재류	석탄	석회석	자갈	소금	철재	시멘트	화학 비료	기계	석유
1970	4,961	1,366	1,643	8,469	18,696	13,311	2,765	1,201	5,801	16,394	8,533	702	15,139
1975	3,716	647	482	2,934	6,716	16,782	1,261	1,175	3,498	14,213	6,295	246	15,631

*출처 : (재)運輸経済研究センタ近代日本輸送史研究会編(1979), 《근대일본수송사 – 논고(近代日本輸送史 – 論考·연표·통계)》, 成山堂, pp.536~537

〈표 1-10〉은 철도, 자동차, 여객선, 항공의 수송기관별 국내 수송 인·킬로와 수송분담률의 변화를 보여준다. 1955년도 철도의 여객수송 인·킬로는 1,361억 인·킬로였고, 수송분담률은 82.1%였다. 철도 다음으로는 자동차가 있었으나, 275억 인·킬로로 수송분담률은 16.6%에 불과했다. 여객선과 항공의 여객수송 분담률은 없었다.

그러나 고도 경제성장 과정에서 이러한 여객수송 구조는 크게 변화했다. 철도의 여객수송 인·킬로는 증가하고 있지만, 자동차에 의한 여객수송의 증가가 두드러져, 일본국유철도 감사위원회는 1959년도 보고서에서 "자동차와 항공기의 놀라운 발전으로 국철의 수송 독점성이 점차 상실되고 있으며, 이제는 수세에 몰리고 있다."고 지적했다.[29] 1970년도에는 철도와 자동차의 수송분담률이 비등해졌고, 1975년도에는 자동차가 50.8%, 철도가 45.6%로 역전되었다. 즉 여객수송 인·킬로도 화물수송 톤·킬로와 마찬가지로, 고도 경제성장기에는 철도의 수송분담률이 하락하고, 자동차의 수송분담률이 상승한 것이다.

〈표 1-10〉 수송기관별 국내 여객 수송 인·킬로 추이

(단위 : 백만 인·킬로)

연도	철도				자동차			
	국철	민철	합계	분담률	버스	승용차	합계	분담률
1950	69,106	36,464	105,570	0.895648	8,300	700	9,000	7.6%
1951	79,040	39,424	118,464	0.881586	11,300	1,300	12,600	9.4%
1952	80,480	39,647	120,127	0.867995	13,700	1,800	15,500	11.2%

29) 日本国有鉄道監査委員会編(1960), 《昭和34年度日本国有鉄道監査報告書》, p.1

연도	철도				자동차			
	국철	민철	합계	분담률	버스	승용차	합계	분담률
1953	83,554	41,492	125,046	0.84903	17,300	2,500	19,800	13.4%
1954	87,038	42,512	129,550	0.831344	20,800	3,300	24,100	15.5%
1955	91,239	44,873	136,112	0.820822	23,300	4,200	27,500	16.6%
1956	98,082	47,289	145,371	0.803386	27,600	5,700	33,300	18.4%
1957	101,244	50,873	152,117	0.788363	31,300	7,200	38,500	20.0%
1958	106,208	53,396	159,604	0.777915	34,300	8,400	42,700	20.8%
1959	114,189	56,114	170,303	0.769728	39,200	8,800	48,000	21.7%
1960	123,983	60,357	184,340	0.757961	43,998	11,533	55,531	22.8%
1961	131,753	65,261	197,014	0.74017	49,236	15,957	65,193	24.5%
1962	141,192	69,762	210,954	0.728699	54,399	19,622	74,021	25.6%
1963	152,710	74,739	227,449	0.706682	62,873	26,492	89,365	27.8%
1964	164,176	77,679	241,855	0.680126	76,039	31,921	107,960	30.4%
1965	174,014	81,370	255,384	0.667704	80,134	40,622	120,756	31.6%
1966	175,758	82,987	258,745	0.640969	83,933	54,595	138,528	34.3%
1967	184,313	86,145	270,458	0.610835	90,476	74,111	164,588	37.2%
1968	184,807	88,908	273,715	0.568051	95,314	103,612	198,925	41.3%
1969	181,520	93,804	275,324	0.520645	100,192	141,869	242,059	45.8%
1970	189,726	99,090	288,816	0.491875	102,894	181,335	284,229	48.4%
1971	190,321	99,719	290,040	0.46944	100,843	211,635	312,477	50.6%
1972	107,829	102,469	300,298	0.463288	108,211	220,346	328,557	50.7%
1973	208,097	104,831	312,928	0.464446	111,713	225,732	337,446	50.1%
1974	215,564	108,460	324,024	0.467307	115,776	228,400	344,176	49.6%
1975	215,289	108,511	323,800	0.455769	110,063	250,804	360,867	50.8%

연도	여객선		정기항공		총계
		분담률		분담률	
1950	3,300	2.8%	—	—	117,870
1951	3,300	2.5%	12	0.0%	134,376
1952	2,700	2.0%	69	0.0%	138,396
1953	2,300	1.6%	135	0.1%	147,281
1954	2,000	1.3%	182	0.1%	155,832
1955	2,000	1.2%	212	0.1%	165,824
1956	2,000	1.1%	277	0.2%	180,948
1957	2,000	1.0%	336	0.2%	192,953

연도	여객선	분담률	정기항공	분담률	총계
1958	2,500	1.2%	365	0.2%	205,169
1959	2,500	1.1%	448	0.2%	221,251
1960	2,600	1.1%	734	0.3%	243,205
1961	2,800	1.1%	1,167	0.4%	266,174
1962	2,900	1.0%	1,619	0.6%	289,494
1963	3,000	0.9%	2,041	0.6%	321,855
1964	3,070	0.9%	2,718	0.8%	355,603
1965	3,402	0.9%	2,939	0.8%	382,481
1966	3,522	0.9%	2,883	0.7%	403,678
1967	3,811	0.9%	3,911	0.9%	442,768
1968	4,099	0.9%	5,110	1.1%	481,849
1969	4,439	0.8%	6,991	1.3%	528,813
1970	4,818	0.8%	9,314	1.6%	587,173
1971	5,026	0.8%	10,299	1.7%	617,842
1972	6,670	1.0%	12,663	2.0%	648,188
1973	7,359	1.1%	16,033	2.4%	673,766
1974	7,450	1.1%	17,636	2.5%	693,386
1975	6,642	0.9%	19,138	2.7%	710,447

*출처 : (재)運輸経済研究センタ近代日本輸送史硏究会編(1979), 《근대일본수송사 – 논고近代日本輸送史 – 論考·연표·통계》, 成山堂, pp.522~532

국철의 장기계획

국철은 고도 경제성장기에 세 차례의 장기계획을 실시하여 간선 철도의 현대화와 수송력 증강에 힘썼다. 1955년 12월 정부가 '경제 자립 5개년 계획'을 수립함에 따라, 1957년도부터 수송력 강화를 목표로 한 제1차 5개년 계획이 시작되었다. 총투자액은 5,986억 엔으로 노후 자산의 교체, 수송력 증강, 전철·전차·디젤화 등 동력의 현대화를 목적으로 하였으며, 재원은 1957년 4월 운임 개정을 통해 확보할 예정이었다. 그러나 제1차 5개년 계획의 진행률은 자금 부족으로 인해 예정보다 늦어져 3년이 경과한 1960년 3월 말에 이르러 겨우 소기의 절반에 도

달한 데 그쳤다.[30]

제2차 5개년 계획은 도카이도신칸센 건설을 비롯해 전국 주요 간선의 복선화, 전철·전차·디젤화 등을 통해 간선 수송력 증강과 수송의 현대화를 목표로 하며, 8,000억 엔의 투자를 예상했다.[31] 그러나 1960년 7월 이케다 하야토 내각이 성립하고 연이율 9% 경제성장을 목표로 한 국민 소득 배증 계획이 발표되자, 미나미 요시오(南好雄) 운수상은 소고 신지(十河信二) 국철 총재에게 제2차 5개년 계획을 국민 소득 배증 계획에 맞추어 조정할 것을 지시했다.

제2차 5개년 계획에서는 도카이도신칸센 건설이 거의 예정대로 진행되었으나, 기존선의 수송력 증강과 현대화는 지지부진했다. 이에 계획은 크게 수정되어 총 투자액은 1조 3,491억 엔에 달했다. 그러나 진행률을 보면 도카이도신칸센 공사는 100%였으나, 그 외 일반 개량 공사는 62%에 그쳐 전체적으로는 66%에 불과했다. 그 결과 국철의 수송력은 점점 더 압박을 받게 되었다.

국철 감사위원회는 1963년도 감사 보고서에서 제2차 5개년 계획을 1964년도에 종료하고, "1965년도부터 치밀한 다이어의 근본적인 해소에 중점을 두는 새로운 구상에 따른 제3차 장기계획을 긴급히 실시해야 한다."고 제안했다.[32] 각의와 일본국유철도 기본 문제 검토회를 거쳐 1965년도부터 1972년도까지 7년간 제3차 장기계획이 실행되었다. 7년 동안 총 2조 9,720억 엔이라는 거액을 투자해 ① 간선 수송력 증강, ② 통근 대책, ③ 안전 대책을 실시하려 했으나, 경제 발전 속도가 빨라 충분한 목적을 달성할 수는 없었다.

도카이도신칸센의 개업

1964년 10월 1일 도쿄~신오사카 간 515.4km를 3시간 10분(개업 당시에는 4

---

30) 同前, p.1
31) '国鉄新五カ年計画と資金問題', 《運輸と経済》, 1960년 10월
32) 日本国有鉄道監査委員会(1964), 《昭和38年度日本国有鉄道監査報告書》, pp.3-4

시간) 만에 연결하는 도카이도신칸센이 개업했다. 제18회 도쿄 올림픽 개막식 9일 전의 일이었다. 도카이도신칸센의 개업은 고속철도시대를 여는 획기적인 사건이었다. 서방에서는 항공기와 자동차에 밀려 철도가 쇠퇴하고 있다고 했으나, 독일, 영국, 이탈리아 등 서유럽 국가들은 도카이도신칸센의 개업에 자극받아 고속철도 연구에 착수하게 되었다. 고속철도는 '느리지만, 세계적으로 확산'되기 시작했다.[33]

이후 국철은 1967년 3월에 산요신칸센 신오사카~오카야마 간 161km의 건설에 착공해 1972년 3월에 개업했다. 또한 국철은 '히카리(光)는 서쪽으로'라는 캠페인을 펼치며 1975년 3월에는 산요신칸센을 기타큐슈의 하카타까지 연장했다. 이로써 도카이도신칸센과 산요신칸센이 연결되어 도쿄~하카타 간 1,069km를 6시간 56분에 잇게 되었다.

이 기간 동안 1970년 5월에 전국 신칸센 정비법이 공포되었다. 이 법은 '고속수송 체계의 형성이 국토의 종합적이며 보편적인 개발에 기여하는 역할의 중요성을 감안하여 신칸센 철도망에 의한 전국적 철도망의 정비를 도모하고, 국민 경제의 발전과 국민 생활 영역의 확대 및 지역 진흥에 기여하는 것'을 목적으로 하고 있었다.

3) 국철에서 JR로

국철 재정의 악화와 경영 재건책

아이러니하게도 국철은 도카이도신칸센이 개업하여 고속철도시대의 막을 연 1964년도에 영업 손익으로 323억 엔, 사업 순손익으로 300억 엔의 적자

---

33) クリスチャン・ウォルマー 著(北川玲訳),《鉄道の歴史 - 鉄道誕生から磁気浮上式鉄道まで》, 創元社, pp.364-371. 老川慶喜, '東海道新幹線の開業 - 十河信二と国鉄経営 -', 老川慶喜編(2009),《東京オリンピックの社会経済史》, 日本経済評論社, pp.189-217

를 기록했다. 그 이후 국철의 누적 적자는 눈덩이처럼 불어나 재정은 악화 일로를 걸었다. 1964년도부터는 매년 적자를 기록했고, 1970년대 중반에는 매년 8,000~9,000억 엔의 적자를 내며 막대한 누적 적자에 시달리게 되었다.

국철의 지출 중 가장 큰 비중을 차지한 것은 인건비였다. 1961년도 인건비 총액은 2,462억 엔으로, 영업 수입 5,054억 엔의 48%에 달했다. 게다가 인건비는 해마다 증가해 1952년도부터 1961년도까지 9년 동안 2.6배로 늘었다. 인건비 비율이 높은 것은 각국 철도사업에 공통된 현상이지만, 인건비가 5할 가까이 차지하는 것은 역시 비정상적이었다.

게다가 철도가 수송기관으로서의 독점성을 잃어가는 가운데 운임 인상의 효과에도 한계가 보이기 시작했다. 운임 인상으로 인해 승객 이탈이 가속화되며, 오히려 수입이 줄어들 가능성도 있었다. 국철은 1965년~1975년의 제3차 장기 계획을 수립해 그 이후에도 막대한 투자를 이어갔지만, 자금이 고갈되어 대부분을 외부 자금에 의존할 수밖에 없었다. 1960년대에 외부 자금이 증가하기 시작했고, 1978년도에는 마침내 1조 엔을 넘어섰다.

이러한 상황에서 국철은 5차례에 걸쳐 경영 재건을 시도했다. 먼저 도시 간 여객 수송, 중장거리 대량 화물수송, 대도시 통근 통학 수송 분야에서 역할을 해야 한다며 1969년도부터 1978년도까지 10년간을 '국철 재정 재건 기간'으로 정하고, 전반기에 감가상각 전 적자의 발생을 막고, 후반기에는 점차 흑자로 전환한다는 계획을 세웠다. 1973년 9월에는 '국철 재정재건촉진 특별조치법'이 개정되었고, 1974년 3월에는 '국철 재정재건에 관한 기본 방침'이 각의에서 결정되었다. 이 계획은 직원 11만 명을 감축하고 1982년도까지 흑자를 내는 것을 목표로 했다. 하지만 석유 위기 이후 물가 상승 속에서 운임이 동결되면서 1975년도에는 영업 손익과 사업 손익 모두 9,000억 엔을 초과하는 적자를 기록했고, 누적 적자도 3조 엔을 넘었다.

1975년 12월에는 '일본국유철도 재건 대책 요강'이 각의에서 승인되어 2년 동안 수지 균형을 회복한다고 하였다. 이에 누적 적자 중 2조 5,000억 엔을 일시적으로 보류하고, 1980년도까지 5만 명의 직원을 감축하는 등의 대책이 강구되었다. 그러나 국철은 대폭적인 운임 인상을 단행한 결과, 수송량이 줄어들며 계획대로 수익을 올리지 못했다.

1977년 1월에는 '일본국유철도 재건 대책 요강'의 일부를 수정하고, 새롭게 '일본국유철도의 재건 기본 방침'이 각의에서 승인되어 1977년도에 국철의 수지 균형을 맞추는 목표가 설정되었다. 그러나 1977년 12월에는 재건 방침이 다시 각의에서 승인되어 수지 균형은 1980년대로 넘어갔다. 동시에 운임법이 개정되어 국철 운임이 법정제에서 운수성의 허가제로 전환되었다.

이렇듯 국철의 경영 재건 계획은 어느 것도 목표를 달성하지 못했다. 이들 계획은 설비 투자에 중점을 두고 수송량을 늘려 수익을 증대시키려는 것이었지만, 국철의 수송분담률 하락과 경영 경직화가 진행되는 상황에서 수송량 증가 자체를 실현하기 어려웠다. 이에 정부는 1979년 12월 '일본국유철도 재건에 관하여'를 각의에서 승인하여, ① 1985년도까지 직원 7만 4,000명을 감축하고, ② 적자 로컬선 약 400km를 분리, 버스로 전환하는 방침을 결정해 1980년 2월 '일본국유철도 경영 재건 특별 조치 법안(국철 재건법)'을 국회에 제출했다.

국철의 분할 민영화

1981년 3월 나카소네 야스히로(中曽根康弘) 내각은 전 경단련 회장 도코 도시오(土光敏夫)를 회장으로 관·재계·학계·언론계의 유력자 21명을 전문위원으로 하는 제2차 임시 행정 조사회(제2 임조)를 발족시켰다. 제2 임조에서는 재정 위기를 타개하기 위해 '증세 없는 재정 재건'과 '3공사(국철·전매공사·전전공사)의 민영화'가 제안되었고, 국철 개혁은 제2 임조가 추진하는 행정 개혁의 일환이자 핵심 과제로 자리매김하게 되었다.

제2 임조는 국철의 경영을 개선하기 위해 ① 경영자가 경영책임을 자각하고 기업의식에 철저해져 난국 돌파에 나설 것, ② 직장 규율을 확립해 직원 개개인이 경영 상황을 인식하고 생산성을 높일 것, ③ 정치나 지역 주민의 요구 등 외부 간

섭을 배제하는 것이 중요하다고 보고, 국철의 분할·민영화를 제안했다.

1985년에는 전전공사와 전매공사가 민영화되었고, 국철도 일본국유철도 재건관리위원회에 의해 분할·민영화 방침이 정해졌다. 나카소네 총리는 1983년 6월 스미토모전기공업 회장 가메이 마사오(亀井正夫)를 위원장으로 하는 일본국유철도 재건관리위원회를 발족시켰다. 재건관리위원회는 2년 동안 130회가 넘는 심의를 거쳐 1985년 7월 26일 최종 보고서 '국철 개혁에 관한 의견 – 철도의 미래를 열기 위해'를 발표해 제2 임조의 국철 분할 민영화 구상을 구체화했다. 재건관리위원회는 국철 경영 악화의 최대 원인은 '공사라는 자주성이 결여된 제도하에서 전국 일원화된 거대 조직으로 운영되고 있는 현행 경영 형태 그 자체'라고 보았다. 따라서 기존 제도를 전제로 한 과거의 대처 방식으로는 국철 사업의 재생이 불가능하다고 했다. 전국 일원화된 거대 조직으로서의 공사라는 경영 형태 자체를 근본적으로 개혁함으로써 비로소 국철 사업의 재생이 가능하다고 했다.

그러나 국철은 '1985년도까지 일반 영업 손익에서 최대한 많은 이익을 내고, 1985년도에 간선 손익에서 수지 균형을 달성한다.'는 1981년도부터 추진해온 경영 개선계획의 목표를 충실히 달성했다. '2명의 연령이 합계 88세 이상인 부부가 이용이 가능한 블루문 패스' 등의 기획 상품 판매, '미도리 창구'의 확대, '65세 이상이면 가입이 가능한 지파크 클럽' 설립 등 증수책을 적극적으로 추진하고, 직원들이 증수에 나서도록 '플러스 10 캠페인'을 전개한 덕분에 화물 수입은 감소했지만, 여객 수입과 관련 사업 수입이 크게 증가했다. 〈마이니치신문〉은 1986년 8월 28일 사설에서 이 문제를 다루며, 국철 개혁의 필요성을 인정하면서도 "정부가 제출한 관련 법안 같은 개혁만이 유일한 길인지, 가을 임시 국회에서 철저한 논의를 바란다."라고 밝혔다.[34]

---

34) '国鉄監査報告の意義を問う', 《毎日新聞》, 1986년 8월 28일자

JR 체제의 출범

일본국유철도는 1987년 4월 1일 분할·민영화되어, 사업은 여객 철도 6개사(JR홋카이도, JR히가시니혼, JR도카이, JR니시니혼, JR시코쿠, JR규슈)와 일본화물철도(JR화물), 신칸센 철도 보유 기구, 철도 정보 시스템, 철도 통신, 철도종합기술연구소(JR 총연)의 11개 법인으로 승계되었다. JR 체제는 2017년에 출범 30주년을 맞이했으며, 〈주간 다이아몬드〉(3월 25일 발간)는 말기의 국철과 JR 각사의 경영을 비교해 '민영화 30년의 공과'를 검토했다. 이에 따르면, 매출액은 3조 2,000억 엔에서 6조 8,000억 엔으로 증가했고, 단 연도 손익은 1조 8,000억 엔 적자에서 1조 1,000억 엔 흑자로 개선되었으며, 부채는 37조 1,000억 엔에서 6조 5,000억 엔으로 크게 줄었다. 한때 27만 7,000명이었던 직원은 13만 명의 직원으로 줄어들어 생산성은 1,155엔에서 3,739엔으로 약 3.2배 증가했다. 그리고 1986년~1997년도에는 평균 약 6,000억 엔의 보조금을 국가와 지방자치단체로부터 받았으나, 2013년도에는 약 4,100억 엔을 납세할 정도로 변모했다.[35]

이렇게 보면, 국가 재정에 큰 부담을 주던 국철이 JR이라는 생산성이 높은 우량기업으로 거듭난 것처럼 보인다.

그러나 문제는 국철의 분할 민영화로 일본의 철도가 진정으로 재생되었는지에 있다. 먼저 JR 6사의 영업거리를 살펴보자. JR 체제가 출범한 직후인 1988년의 영업거리는 2만 935.9km였으나, 2014년도에는 2만 22km로 913.9km 정도 줄어들었다. 영업거리를 가장 많이 줄인 곳은 JR홋카이도로 720.6km가 감소했으며, 다음으로 JR니시니혼이 199.4km 줄어들었다. 이 기간 동안 호쿠리쿠신칸센, 규슈신칸센, 도호쿠신칸센, 홋카이도신칸센의 개업이나 연장이 있었으나, 재래선의 영업거리는 1만 770km로 축소되었다.

다음으로 JR 6사의 수송 인·킬로를 살펴보면, 1990년대 중반까지 증가세를

---

35) '民營化30年の功罪', 《週刊ダイヤモンド》, 2017년 3월 25일, pp.44-45

보였다. 1991년도 판 《운수백서》는 이를 JR 6사가 "국철 개혁의 취지에 부합하는 영업 노력과 경영의 활성화를 통해 열차 증발과 스피드업 등을 이룬 결과"로 평가했다. 그러나 수송 인·킬로는 분할 민영화 이전인 1980년대 초반부터 증가하고 있었으므로, 경기 확장의 순풍을 타고 수송실적이 늘어난 것으로 보는 편이 타당할 것이다. 실제로 1990년대 중반부터 경기가 하락세로 접어들자, JR 6사의 수송 인·킬로는 증가세가 둔화하였다.

마지막으로, 자동차, 철도, JR, 항공, 여객선의 수송분담률을 보자. 철도의 수송분담률은 30% 전후, JR의 분담률은 20% 안팎으로 유지되었으며, JR 체제에서 철도의 수송분담률이 특히 높아진 것은 아니다. 이처럼 볼 때, JR 체제의 출범으로 일본의 철도가 재생되었다고는 할 수 없다.

적자의 국철이 JR이라는 우량 기업으로 화려하게 변신한 것처럼 보이나, 수송시장에서 철도의 지위는 전혀 높아지지 않았다. 게다가 JR 6사가 모두 우량 기업이 된 것도 아니다. 이익을 내고 있는 것은 JR히가시혼, JR도카이, JR니시니혼의 3사뿐이며, JR홋카이도, JR시코쿠, JR규슈는 적자를 내고 있다. 혼슈 3사와 3개 섬 회사의 경영 격차는 오히려 두드러졌다. 이러한 현실을 직시할 때 JR 체제도 '국민의 철도'를 목표로 재검토해야 할 시기가 도래한 것이다.

제3절

국철 경영의 변천과 분할 정책의 전개 과정

사이토 다카히코(斎藤峻彦)

(긴키대학 명예교수)

1. 국철 경영과 분할 민영화

1987년 4월에 실시된 일본국유철도(이하 국철)의 분할 민영화에 의해 국철은 115년의 역사를 마감하였다. 국철 개혁 이전에 연간 2조 엔 규모에 달하는 영업 손실은 국철 해체 후에는 영업 흑자로 전환하였다. 새롭게 출범한 JR그룹 체제하에서 JR 여객회사는 독립된 철도기업으로서 경영 노력을 기울여 이제는 사철이 무색할 정도의 효율적인 철도 경영을 실현하고 있다. 이 회사는 전통적인 사철형의 경영방식을 도입해 적극적인 부대 사업 전개와 그룹 기업 형성에도 성과를 거두고 있다. 일본의 국철 민영화 정책이 성공을 거둔 것은 항공 수송과의 경쟁에서 승리한 신칸센 수송의 성과와 함께 선진제국의 철도정책에 적지 않은 영향을 미쳤다.

이렇게 일본의 경제와 사회의 발전에 큰 발자취를 남긴 국철을 해체해 분할 민영화를 추진한 혁신적인 국철 개혁은 하루아침에 생긴 것이 아니다. 국철 개혁이

포크리프트에 의한 컨테이너 상하역 작업. 도쿄(東京, 1959년 이후)

결단되기까지는 우여곡절이 많았으며, 개혁에 반대하는 세력이나 개혁에 대한 여론의 저항도 강했다. 개혁의 결단이 좀 더 빨랐더라면 국철에 남겨진 장기채무는 상당히 줄어들었을 것이라는 의견도 있는데, 이는 결과론에 불과하다. 국철 운영의 어려움은 일본의 철도 발전사에 있어 중대한 사건이었을 뿐만 아니라 제2차 세계대전 후 일본 정부가 당면한 최대의 어려운 과제로 자리매김하고 있었다고 할 수 있다.

여기서는 국철 분할 민영화 정책에 초점을 맞추어 전후 JR 철도 수송과 철도 경영, 이를 둘러싼 철도정책이 걸어온 역사를 살펴보고자 한다.

2. 공공기업체 · 국철 탄생으로부터 경영 안정기(1950년~1960년대 후반)

1949년 이전의 국철은 행정관청 중 하나의 조직이었으며, 철도 수송은 관영으로 운영되었다. 종전 직후 연합국의 점령체제 아래에서 국철의 새로운 경영체제는 독립채산제를 전제로 한 공공기업체였다. 이는 국철 경영의 자주성을 부여하고, 또한 관영의 비효율성으로부터의 탈피를 목표로 하였다. 다만, 공공기업체라는 경영 형태의 선택은 점령군의 총사령국(특히 미국)의 의향이 강하게 반영된 것이다. 당시 일본은 전통적인 관료 통제가 강하였고, 패전 직후의 혼란기에 구미형의 공기업에 대한 사회의 이해가 약했다.

국철 115년의 역사 중 공공기업체로서의 국철의 역사는 38년에 불과하다. 관기업도 사기업도 아닌 공기업이라는 중간적인 경영 형태의 도입은 후에 국철 누적 부채 문제와 깊은 연관을 가지게 되었다. 전후 국철은 필요한 공적 부담을 하지 않고, 누적 부채의 증대를 장기간에 걸쳐 방치하는 무책임한 운영을 하였는데, 이러한 국철 운영은 결국 일본 국민의 여론에 수용되지 않았다.

패전 후 혼란기를 탈출한 국철 경영은 1950년대부터 1960년 전반까지 순조롭게 경영 안정기를 맞았다. 국철이 흑자경영을 달성한 것은 1950년, 1952년, 1957년~1963년의 9년간으로, 경영이 안정되어 있었다. 이는 1930년대의 국철 경영을 재현하는 것으로 보였다. 전후 철도를 중시하는 교통정책의 영향으로 1950년대~1960년대 일본의 도로 사정은 매우 열악하였다. 그 때문에 전후 국철은 용이하게 국내 수송에 있어서 독점적인 지위를 회복했다. 그뿐만 아니라 한국전쟁을 계기로 일본 경제가 급속히 회복하여 수송량이나 영업 수입이 증가하였고, 국철의 건전 경영도 조기에 실현되었다.

수송수요의 급증 현상은 국철 수송력의 현저한 공급 부족으로 인해, 특히 화물수송에는 대량 화물의 정체 현상을 초래하였다. 더욱이 1950년대부터 1960년 전반에 걸쳐 다수의 희생자가 포함된 중대 철도사고가 연이어 발생하였다. 이로 인해 국철은 대규모 수송력 증강이나 시설의 근대화를 목적으로 한 적극적인 설비 투자가 불가피해졌다. 국철은 1957년부터 대규모의 설비투자사업(제1차~제3차)에 착수하였으며, 1959년에는 신칸센 건설을 개시하였다. 1965년에 시작된 제3차 장기 계획은 예산 약 3조 엔 규모로 7년에 걸친 대규모의 설비투자계획이었다.

3. 대규모의 근대화 투자와 적자경영의 시작(1960년대 후반)

국철이 적자경영으로 전락한 것은 도카이도(東海道)신칸센이 개통한 1964년이었다. 1960년대 전반적인 국철 수송량은 지방 적자 노선을 제외하고는 대체로 순조롭게 증가하였다. 하지만 이후 발생한 적자의 원인은 국철 수송의 부진이라기보다 대규모 투자가 가지고 온 많은 액수의 차입금 때문이었다. 이와 함께 당시 일본 경제는 고도성장으로, 국내 수송량은 매년 지속해서 증가하였다. 하지만 자동차의 급격한 증가와 국내 항공 승객의 급증 등 교통에 있어서 경쟁 시대가 도래하였다. 이 무렵 일본 사회는 대학분쟁이 빈발하여 정세가 시끄러웠으나, 한편으로는 구미제국의 '황금의 60년대' 영향을 받아 낙관적인 미래론도 대두하였다. 1966년 전국을 신칸센 망으로 연결하려는 20년 후의 국철 비전이나 10년간 10조 엔을 투입하는 대규모 투자계획을 발표한 국철은 이듬해인 1967년 전국 간선 고속철도망과 수도권 통근 고속철도망계획(주요 통근 노선의 복선화)을 수립하였다.

낙관적인 장래 예측을 기초로 한 철도 수송의 장래에 관한 '장밋빛 꿈'을 그린 1960년대 후반의 국철은 모든 면에서 낙관적인 미래 예측만을 할 수는 없었다. 1968년 국철 자문위원회가 83개 노선 2,600km의 지방 노선을 버스 수송으로 전환하려고 하는 의견서를 정부에 제출한 것은, 간선의 이익에 의존하고 내부 보조를 근거로 한 지방 적자 노선을 운영하는 것이 이미 어려운 지경에 빠져있었다는 것을 보여주고 있다.

이렇게 당시 정부의 국철 정책은 경쟁 시대를 대비하여 국철 경영의 환경조건을 정리하는 것이었다. 하지만 지방 적자선의 버스 전환방침에 정치가 개입하여 이를 포기시켰을 뿐만 아니라, 1966년 공공요금 억제정책을 통하여 국철 운임 요금의 인상을 억제하는 등의 거시경제정책이 국철 경영에 공공연하게 개입하기 시작하였다. 국철의 설비 투자에 대하여 정부 지원은 실시되었지만, 지방선의 적자와 운임 억제에 대한 공적 보조정책은 전혀 시행되지 않았다. 당시의 국철에 대한 경제적 규제는 철도의 독점을 전제로 설계된 전통적인 자연 독점형 규제체계를 기본으로 하였으며, 총괄 원가주의에 기초한 국철 운임 규제는 엄격하였다. 이것은 전국 일률 운임과 등급제의 운임제(1등급, 2등급 등)를 전제로 하는 독점시대의 운임규제정책을 강하게 반영한 것이었다.

국철은 흑자경영으로의 복귀를 목표로 1969년 '국철 재정 재건 10개년 계획'을 수립하였다. 이 계획은 국철이 실시한 최초의 경영 재건계획으로, 낙관적인 장래 수요 예측과 함께 10만 명의 인원 삭감계획을 포함하는 등 다가오는 경쟁 시대를 준비하는 내용을 담고 있었다.

4. 국철 이용의 감소현황과 경영 개선계획의 실패(1970년대 전반)

1970년대 들어 일본의 교통은 본격적인 경쟁 시대를 맞이하였다. 더욱이 두 차례(1973년, 1978년)에 걸친 석유 위기가 일본을 직격해 일본 경제의 고도성장이 끝나는 등 국철 경영을 둘러싼 상황은 크게 악화하였다. 1971년도에 국철 화물수송량은 감소 기조로 들어섰고, 다음 해인 1972년의 국철 경영은 감가상각 이전에 적자라는 구조적인 적자경영에 빠지게 되었다. 1975년에는 산요(山陽)신칸센이 하카타(博多)까지의 전 구간을 개통했음에도 불구하고 국철 경영의 골격을 이루고 있는 여객수송량은 전후 처음으로 감소 기조로 전환되었다.

앞에서 서술한 1969년에 시작한 국철 재정재건계획은 당초의 예상을 넘어선 경영악화로 수정하게 되어 1973년 제2차 계획으로서 새롭게 시작되었다. 1975년에는 다시 같은 이유로 제3차 계획으로 수정되기도 했다. 이 3차 계획도 2년이 지난 1977년에는 5만 명의 직원 감소를 목표로 한 '국철 경영 개선계획'으로 변경되는 등 국철 경영의 병적 증상은 서서히 급성으로 나타나기 시작하였다. 이것은 〈표 1-11〉에 나타난 바와 같이 1970년대의 국철 영업 손실 1,549억 엔이 1975년에 9,235억 엔으로 급증한 현상으로 알 수 있다.

〈표 1-11〉 국철·JR의 수송량과 경영수지의 추이

연도	여객 (인·km) 백만	화물 (톤·km) 백만	영업 수입 (억 엔)	영업 경비 (억 엔)	영업 손익 (억 엔)	공적 부담 (억 엔)	이월 결손금 (억 엔)	장기부채 합계 (억 엔)
1949	69,665	29,875	1,117	1,152	-36	1949년 -1967년 140억 엔	-	
1950	69,106	33,309	1,432	1,401	31		-	
1955	91,239	42,564	2,630	2,814	-184		-	
1960	123,983	53,592	4,075	3,993	82			3,620
1965	174,014	56,408	6,341	7,571	-1,230			11,102
1970	189,726	62,435	11,457	13,006	-1,549	122	-5,654	26,037
1975	215,289	46,577	18,209	27,444	-9,235	2,679	-31,610	67,793
1980	193,143	36,960	29,637	39,643	-10,006	6,761	-11,788	90,770
1985	197,463	21,625	35,528	55,728	-20,201	6,011	-88,011	182,409
1986	198,299	20,145	36,051	53,052	-17,001	3,752	-101,621	197,451
이하 JR 7개사 합계						기금 수입	경상이익	
1987	204,677	20,026	35,531	32,083	3,448	933	1,518	국철 청산사 업단이 부채 일부 승계
1990	237,657	26,728	42,260	37,554	4,705	931	3,880	
1995	248,998	24,702	43,712	35,581	8,131	700	2,099	
2000	240,659	21,855	42,312	36,140	6,172	558	2,108	

*자료 : 이시카와 다쓰지로(石川達二郎), 《국철-기능과 재정의 구조(国鉄-機能と財政の構造)》, 1975년, 교통일본사(交通日本社)
《일본국유철도, 민영화에 이르는 15년(日本国有鉄道, 民営化に至る15年)》, 2000년, 성산당(成山堂)
《연감 일본의 철도(年鑑 日本の鉄道)》(각 연도), 철도저널사(鉄道ジャーナル社)
《운수경제통계요람(運輸経済統計要覧)》(각 연도)

    국철 경영과 국철 재정의 급격한 악화에도 불구하고 당시 국철을 둘러싼 내외의 상황은 문제해결의 방향과는 거리가 있었다. 국철노동조합의 대표적인 존재인 국철노동조합과 동력차노동조합의 노동운동은 정치적 이데올로기의 길을 걸었고, 대규모 파업은 연중행사처럼 반복되었다. 1974년 4월 파업은 6일간에 걸쳐 계속되어 국철 수송의 신뢰성을 크게 손상시켰다. 그뿐만 아니라 당시의 국철 직원의 연령 구성은 40세 이상이 60%를 점하는 고령화가 되어,[36] 국철 이용의 감

---

36) 1974년에는 국철 직원의 60%가 40세 이상, 45세 이상은 44%, 50세 이상은 16%를 점하였다.

소에 의한 노동생산성의 저하와 높은 수준의 임금지불액이 국철 경영의 큰 압박 요인이 되었다.

〈표 1-12〉는 국철·JR의 영업거리와 종업원 수의 추이를 나타낸 것인데, 이 통계는 이 시기에 지방 적자선의 폐지나 종업원의 감소가 좀처럼 진행되고 있지 않음을 나타내고 있다.

〈표 1-12〉 국철·JR의 영업거리와 종업원 수 추이

연도	여객 영업 km	종업원 수(명)	연도	여객 영업 km	종업원 수(명)
1949	19,765	490,727	1985	20,789	276,774
1950	19,786	473,473	1986	19,639	223,947
1955	20,093	442,512	JR		
1960	20,482	448,390	1987	21,189	164,671
1965	20,754	462,436	1990	19,840	169,163
1970	20,890	459,677	1995	20,013	165,813
1975	21,272	430,051	2000	20,051	147,150
1980	21,322	413,594			

*자료 : 《일본국유철도, 민영화에 이르는 15년》, 2000년, 성산당, 《연감 일본의 철도》(각 연도), 철도저널사

지방선의 승객 감소가 현저했던 이 시기에 정치 개입으로 인해 지방 적자선의 버스 전환정책의 추진은 쉽지 않았다. 국철이 계속해서 주장한 지방 적자선의 버스 전환방침은 1972년 정부가 지방 적자선의 폐지에 대해 '지방의 동의'가 필요하다는 조건을 붙임으로 인해 사실상 보류되었던 것이다. 정부는 더욱이 석유 위기 후의 높은 물가상승 - '광란 물가'라고 불리고 있다 - 에 대한 대항수단으로 국철 운임에 대하여 공공요금 억제책을 더욱 강화하여 여객운임은 1969년부터 1974년까지, 화물운임은 1966년부터 1974년까지 장기간에 걸쳐 그 인상이 동결되었다. 운임 인상이 가장 필요한 인플레이션기에 운임 인상이 불가능하게 되어 앞에서 언급한 영업 손실의 급증을 초래하였다.

1970년대 전반은 도래된 경쟁 시대에 대응하여 국철 운영이나 국철 정책을 크게 변화시켜야 했던 시기였다. 그러나 그 큰 전환점의 시기를 국철 자신이나 국

철 정책 관계자가 충분하게 자각하지 않았던 것이 후에 국철 해체로 연결되었다. 이 시기의 국철 문제를 포함한 정치나 학회 논의의 중심 테마는 '종합교통체계론'이었다. 국철의 수요를 재전환시키기 위해서 관념적인 수요조정론(모달 시프트론)이 논의의 주가 되어, 국철 적자를 줄이기 위한 구체적인 정책논의는 거의 없었다. 국철 정책을 둘러싼 당시의 논의와 실제로 경영난의 진행과 큰 격차가 있었다. 임금 문제, 지방 적자선 문제, 운임 억제정책에 대한 보조정책의 도입 등 국철 경영난에 대한 구체적인 대응이라는 어려운 문제가 모두 연기된 현상이라고 할 수 있었다.

5. 국철 경영난의 가중과 기업조직의 붕괴(1970년대 후반)

1970년대 후반 들어 국철 문제 운영난, 재정난은 심각한 상태를 보이기 시작하였다. 일본의 교통은 본격적인 경쟁 시대에 돌입하였고 여러 차례에 걸친 국철 재정 재건계획은 계속하여 파탄하였다(그때 계획을 부득이하게 수정하게 되었다는 것은 앞에서 설명하였다). 공공요금 억제책의 반동으로 1974년 이후 국철 운임은 거의 매년 인상되었지만, 운임 인상이 수입 증가로 연결되는 시대는 이미 과거의 것이 되고 말았다. 이에 1976년에 실시된 여객·화물운임의 50%를 넘는 운임 인상은 큰 수입 증가 효과를 가져오지 못하였고 오히려 여객이나 화물의 국철 이용을 감소시키고 말았다. 이 시기의 국철 경영 적자는 운임 인상의 효과로 인해 표면적으로는 소강상태에 머물렀지만, 국철의 장기채무 잔고는 계속 증가하였다. 1970년대 후반 5조 엔 전후였던 장기채무 잔고는 1979년에 10조 엔을 넘어버려 국철 경영을 근본부터 무너뜨리는 징조가 보이기 시작하였다(《표 1-11》 참조).

1974년의 제1차 석유 위기를 계기로 일본의 교통은 크게 변하였지만, 교통 경쟁 시대의 본격적인 도래가 사회에 느껴지게 된 것은 1970년대 후반 이후였다. 예를 들면 석유 위기를 계기로 국철 여객수송량은 1975년부터 연속해서 8년간에 걸쳐 감소 기조를 유지하게 되는데, 같은 시기에 자가용차의 수송실적은 역으로 계속 증가하였다. 1975년의 국철 파업은 파업권 획득을 둘러싸고 실시된 사상 최장의 8일간에 걸친 노동쟁의였으나, 화물열차의 전면 운행정지로 인해 국민 생활에 대한 영향은 크지 않았다. 이는 이미 트럭 수송이 국민의 소비생활을 지탱하고 있었기 때문이었다. 이로 인해 정치적인 이데올로기를 내건 파업을 상투적으로 수반한 국철 노동운동은 투쟁방법에서 근본적인 수정을 하지 않으면 안 되었다.

1970년대 후반은 국철 문제를 둘러싼 각종 움직임이 표면화되었다. 국철은 1975년 국철의 현상을 호소하는 – 대폭적인 운임 인상에 대해 국민들의 이해를 구하는 – 광고를 주요 신문에 게재하였다. 그리고 정부의 국철 정책도 시기는 늦었지만 경쟁 원리나 구체적인 시책을 중시하게 되었다. 경영 부진이 계속되자 화물수송에 관해서도 정부는 드디어 국철 화물수송의 패배를 인정하고, 1976년부터 화물수송의 대규모 축소·합리화를 진행하는 방침으로 정책을 전환하였다. 1976년 정부는 3조 엔이 넘는 이월결손금 가운데 2조 5,404억 엔분을 특별계정으로 넘기고 장기채무의 지불을 연기하였다.

1977년대 말에는 국철운임법 개정안이 가결되었다. 이로 인해 국철 운임은 법정제 – 개정에는 국회의 의결을 요한다 – 로부터 사철 운임에 준하는 인가제로 변경되었고 국철 운임 개정에 대한 정치 개입의 여지를 축소했다. 1979년에는 지방 적자선 약 5,000km를 버스로 전환하기 위한 논의가 정부에 의해 개시되었다. 이러한 일련의 움직임의 영향을 받은 국철은 1977년 '국철 경영 개선계획'을 수립하고 1980년까지 종업원 5만 명을 감축시켜 35만 명 체제를 실시하고, 화물수송의 축소·합리화를 진행함과 동시에 화물수송에 있어서 등급제 운임의 철폐와 고속직행 수송으로의 전환 등을 꾀하는 계획을 발표하였다. 공사비 부담금 등 국철에 대한 공적 조성도 1976년부터 소폭으로 증액되었으나, 적자액의 축소에는 '언 발에 오줌 누기'라는 아주 작은 효과밖에 가져오지 못하였다.

6. 경영 파탄과 국철 민영화의 결단(1980년대)

1980년 들어 국철 경영이 파탄에 가깝다는 것은 일반인도 쉽게 알 수 있는 일이었다. 1980년의 영업 손실은 1조 엔대를 넘었고, 같은 해 정부는 장기채무에 관한 두 번째의 해결 보류(2조 8,220억 엔)를 취하였다. 그리고 1981년에는 장기채무 잔고가 단기간에 10조 엔에 이르게 되었다. 그 후 1985년의 영업 손실은 2조 엔대로, 장기채무 잔고는 18조 엔 - 연기분을 합하면 23.5조 엔 - 을 넘게 되어, 말하자면 일종의 파국적인 상황에 이르고 말았다.

1982년 5월 임시행정조사회 제4부회는 국철의 분할 민영화를 제언하고 9월에 정부가 국철 재건에 관한 비상사태를 선언하는 등 국철 개혁을 둘러싼 움직임이 급속하게 분주해졌다. 당초 국철 분할 민영화에 대해서 신중한 자세를 취하였던 언론은 1982년부터 국철 직원의 도덕적 해이를 지탄하는 캠페인 기사를 연일 게재하였다. 이러한 언론의 기사는 체제 옹호파의 국철 직원들에게 충격을 주었을 뿐만 아니라 국철 문제의 심각한 상황에 대하여 사회의 관심을 높이는 효과를 가져왔다. 1981년에는 특정지방교통선(지방 적자선)의 폐지계획이 확정되었고(실제로는 1983년부터), 1983년에는 경영 부진이 한도에 다다른 야드계 화물수송의 폐지를 예정보다 앞당겨 실시하는 등 국철 자신에 의한 근대화를 분주하게 진행하였다. 하지만 이러한 노력은 경영 파탄이 가속되는 재정 상황을 막는 효과는 거두지 못하였다. 1983년 8월 국철 재건감리위원회는 정부와 국철 쌍방에 대하여 조직의 재편, 신규 설비 투자의 중지, 지역 격차 운임의 도입 등을 요구하는 긴급 제언을 하였다.

1984년 5월 국철 당국은 종업원 35만 명 체제를 목표로 한 국철 경영 개선계획(1981년 개시)의 목표를 32만 명으로 수정하고, 수지 예측을 비관적으로(당초보다 적은 규모) 수정하는 등 계획의 수정안을 운수대신에게 제출했다. 그러나 재건감리위원회는 이것을 경영 개선계획의 사실상의 좌절로 평가하고, 이제는 경영 형태의 변경을 수반하지 않는 국철 개혁은 있을 수 없다고 단언하였다. 그리고

8월에 국철 분할 민영화의 방침을 명확히 제시한 제2차 긴급 제언을 하였으며, 10월에는 운수성이 이것을 찬성하는 입장을 표명하였다. 국철은 1986년 1월 민영·비분할을 내용으로 하는 '경영개혁을 위한 기본 방침'을 재건감리위원회에 제출하였다. 그 내용은 현재 상황을 제대로 파악하지 못하는 것으로 평가되어 재건감리위원회와 운수성뿐만 아니라 국민이나 언론의 비판을 받는 결과가 되었다.

1984년에는 그동안의 국철 여객운임의 전국 일률운임제도가 폐지되고 간선, 지방 교통선, 대도시권(2종류)으로 나누어진 운임제도가 실시되었다. 현장에서는 영업 개선이나 경비 절감 노력이 계속되어 분할 민영화 직전 국철의 영업성적은 그 이전에 비해 개선되었으며, 1986년의 여객 수입은 1980년에 비해 35% 증가하였다. 수요동향에 맞게 수송체제의 정비도 급속하게 진전되어 여객열차는 1982년 11월 열차 다이어 개정 전의 18,607회가 1986년 11월 개정 시점 때 21,651회로 16% 이상 증가하였고, 화물열차는 같은 시기에 3,744회에서 846회로 5분의 1 가까이 감소하였다. 이처럼 '민영화'의 의미가 현장에 서서히 침투하기 시작하였던 것이다.

1984년 이후의 이자채무비용은 1조 엔을 넘었고, 국철이 보유하고 있는 거액의 장기차입금은 최후까지 국철의 경영수지와 재정을 파탄시키는 요인으로 작용하였다. 1985년도의 영업 손실은 2조 엔, 장기채무 잔고는 18.2조 엔, 연기분을 합하면 누적 장기채무는 실제로 23.5조 엔을 각각 넘어 철도 적자는 어느 항목을 보더라도 천문학적인 수준으로 늘었으며, 1986년도에는 25.4조 엔이 되었다.

1985년 6월 분할 민영화에 소극적이었던 국철 총재가 경질되고, 개혁에 적극적인 새로운 총재가 취임하였다. 이는 당시 나카소네(中曾根) 내각의 국철 개혁에 대한 리더십이 발휘되는 모습이었다. 7월에는 재건감리위원회의 최종 답신이 제출되었고 개혁에 적극적인 새로운 총재의 국철 내부에 '재건실시추진본부'가 설치되었다. 최종 답신에 의해 분할 민영화의 실현을 향한 기초가 만들어지기 시작한 것이다. 이듬해인 1986년에는 그룹의 편성과 새로운 회사조직 체제가 결정되었고, 11월에는 국철 개혁 관련 8개 법안이 가결·성립되었다. 결국 국철은 1987

년 3월 31일을 기해 폐지되었다.

7. JR 체제의 출발과 신체제의 지지기구(1986년 체제)

1987년 4월 JR그룹(여객 6개사, 화물 1개사)이 출범하였다. 구 국철의 여객수송부문은 JR홋카이도(北海道), JR히가시니혼(東日本), JR도카이(東海), JR니시니혼(西日本), JR시코쿠(四.), JR규슈(九州)의 6개 회사로 분할되었고, 화물수송부문은 일본화물철도주식회사(JR화물)가 전국을 하나의 체제로 운영하게 되었다.

〈표 1-13〉 영업거리와 종업원 수의 각 기업별 내역(2000년)

기업명	영업거리(km)	종업원 수(명)	기업명	영업거리(km)	종업원 수(명)
JR홋카이도	2,499.8	9,705	JR시코쿠	855.8	2,537
JR히가시니혼	7,538.1	60,832	JR규슈	2,101.1	8,401
JR도카이	1,983.5	20,915	JR화물	9,606.4	9,486
JR니시니혼	5,078	38,107			

*자료 : 《연감 일본의 철도》(각 연도), 철도저널사

또한 신칸센철도보유기구가 신칸센 4선의 시설을 보유하고 혼슈(本州) 3개사(JR히가시니혼, JR도카이, JR니시니혼)에 임대하는 방식으로, 그리고 JR화물은 여객 6개 회사가 보유하는 노선을 임대하여 화물수송을 수행하는 방식이 도입되었다. 쌍방 모두 상하 분리방식의 도입이었다. 새로운 체제하에서 발족한 것은 JR 그룹 7개사 등 전부 11개 회사였는데, 이와는 별도로 국철청산사업단이 국철 과거 채무의 처리(국철 용지의 매각, 주식매각 등)와 구 국철 잉여인원의 재취업 등의 문제를 취급하는 조직으로 설립되었다.

신체제의 출범과 함께 철도사업에 적용된 새로운 법 제도로 국철 관련 일련의 법률은 폐지되었다. 1986년 제정된 철도사업법은 1919년 제정된 지방철도법(국

철 이외의 철도사업에 적용)에 기초한 신법이며, 이것이 JR, 사철, 공영 등의 모든 철도사업에 적용되었다. 이 법은 철도사업을 제1종~제3종으로 구분하고 철도의 상하 분리방식에 대응하는 법 제도를 각각 규정하고 있다. 즉 도로의 부설을 원칙으로 하며 궤도사업에 적용된 궤도법(1921년 제정)은 철도사업으로 통합되지 않고 그대로 남아있게 되었다.

JR그룹 7개 회사에 대한 운영 원칙은 혼슈(本州) 3개사의 자립 채산 원칙, 3개 섬 회사(北海道, 四国, 九州)의 수지 균형 원칙, JR화물의 회피 가능 비용 원칙의 3종류로 나누어졌다. 수송 시장 환경이 좋지 않은 3개의 섬 회사에 대해서는 1.3조 엔의 경영안정기금이 준비되어 기금의 운용 이익에 의해 3개 회사의 영업 손실을 보전하고 수지 균형을 실현하는 원칙이 도입되었다. JR화물의 회피 가능 비용 원칙은, 여객 6개사에 지불하는 선로 사용료는 회피 가능 비용 규칙이 설정되어 영업 수입으로 선로 사용료와 영업비를 조달하면 된다는 등 JR그룹 7개 회사 중 부담이 가장 적은(선로 사용료를 가능하면 싸게 하여 운영 부담을 줄임) 운영 원칙을 나타내고 있다.

국철 분할 민영화에 수반하여 새로운 체제로의 이행이 가져온 채무액 합계는 결국 37.1조 엔으로, 그 내역을 보면 ① 국철 장기채무 25.4조 엔, ② 철도건설공단·본사공단(本四公.) 채무 5.1억 엔(조에쓰(上越)신칸센 건설비 1.8조 엔, 세이칸(青函)터널 건설비 1.1조 엔, 세토오하시(瀬戸大橋) 건설비 부담 0.6조 엔 등), ③ 경영안정기금 1.3조 엔, ④ 고용대책비 0.3조 엔, ⑤ 연금 부담 등 5.0조 엔이다. 또한 37.1조 엔의 분담 책임은 ① 청산사업단 할당분 25.5조 엔(국철 용지의 매각 수입 7.7조 엔, JR주식 매각 수입 1.2조 엔, 신칸센 보유기구에 대한 채권 2.9조 엔, 국민 부담 13.7조 엔), ② 신칸센 보유기구의 자산 승계분 5.7조 엔(그 중 2.9조 엔은 청산사업단이 지불), ③ JR혼슈(本州) 3개 회사의 분담분 5.9조 엔 등 같이 3개로 분할되었다.

8. JR 체제의 정착과 혼슈(本州) 3개 회사의 완전 민영화(1990년대에서 21세기로)

새로운 체제로 출범한 1987년의 JR그룹 7개 회사의 경영성적 합계는 흑자로 좋은 출발을 보였다. JR그룹 전체의 흑자기조는 그 후에도 계속되어 2004년 현재까지 이르고 있다. 당초 흑자 계상은 국철 개혁정책이 만든 공정대로의 결과라는 평가도 있지만 국철 시대 말기에 당시 연간 2조 엔이 넘었던 거액의 영업 손실이 해소된 성과는 대단한 것이다.

자립 채산을 운영원칙으로 하는 혼슈(本州) 3개 회사가 첫해부터 흑자경영을 실현해 그 후에도 건전 경영이 계속되었다는 것은 국철 개혁의 성공을 인상 깊게 하는 결과를 가져왔다. 특히 혼슈 3사의 경우 민영화 전에는 매년 반복되어 온 운임 인상이, 민영화 후에는 18년에 걸쳐 실시되지 않았으며(소비세 관련의 운임 개정을 제외) 지금까지 좋은 경영성적을 유지하고 있다.

3개 섬 회사(北海道, 四国, 九州)의 경우 새로운 체제의 발족 직후 JR홋카이도가 경영 적자가 되는 등 불안정한 현상을 보였지만, 경영안정기금 운용 수익의 투입으로 인해 영업 손실을 보전하여 경상이익을 실현하는 등 점차 정착되었다. 대량 고밀도 운송시장의 혜택을 입지 못하는 3개 섬 회사의 경우 일본 경제의 버블 현상이 붕괴된 1990년대에 흑자경영 달성이 곤란한 사태에 직면하게 되어 1996년에 운임 개정을 실시하였다(운임 인상률은 각 회사마다 다르다). JR화물의 경영은 그룹 가운데에서도 가장 어려웠는데 회피 가능 비용 원칙이라는 운영원칙에도 불구하고, 거품경제가 붕괴된 1990년에는 영업수익이 감소하였고, 흑자경영 달성은 어렵게 되었다.[37]

국철 분할 직후라는 얄궂은 운명이었지만 1988년 봄 세이칸(青函)터널해협선

---

37) JR화물은 1987년~1992년도의 5년에 걸쳐 흑자경영을 계속하였지만, 1993년~1997년에는 적자를 기록하였다. 그 후 경비절감 효과가 발휘되어 2000년도 이후에는 흑자를 계속 기록하고 있다.

과 세토오하시(瀬戸大橋)가 완성되어 일본열도는 철도로 연결되었다. 홋카이도, 혼슈, 시코쿠, 규슈를 연결하는 JR그룹의 상호 직통체계가 완성된 것이다.

또한 다음 해인 1989년에는 7년간에 걸쳐 추진되어 온 특정지방교통선의 폐지가 마무리되었다. 폐지된 83개 노선 3,158km의 지방선 중 38개 노선은 제3섹터사업 등으로 양도되어 지방철도로서 다시 출발하였다. JR 발족 직후부터 표면화된 철도정책 초점의 하나는 신칸센 리스 방식을 둘러싼 문제였다. 혼슈 3개 회사는 신칸센 자산을 보유하고 있지 않고 감가상각비의 비계상으로 기업 내부에 자산 축적이 불가능한 점을 들어 문제를 제기하였다. 이에 정부 측은 신칸센 매각 수입을 이용한 국철 채무를 상환하거나 철도 정비에 저리로 융자하는 기금제도를 만드는 것을 기획하였다. 1991년에는 신칸센 4개 노선(東海, 山陽, 東北, 上越)이 혼슈 3개 회사에 매각되어 그 매각 수입 9.2조 엔을 이용, 철도정비기금이 설립되었다.[38]

국철 시대에 규제로 제한되었던 부대 사업의 전개와 그룹 전개 등 사철업과 같은 다각적인 사업 전개가 JR 각 회사에 의해 급속하게 전개된 것은 국철 민영화가 가져온 큰 변화였다. JR 각 회사는 주식 공개를 통한 민영화(민유화)가 실시되기 이전에 경영 면에서 사기업화로 적극적으로 변화하였다. 현재 여행업, 호텔업, 역 빌딩업, 터미널을 이용한 대규모의 소매업, 부동산업, 정보산업 등 여러 분야에 진출한 JR여객회사의 그룹 회사 수는 2004년을 기준으로 JR히가시니혼의 경우 100개 회사 이상, JR니시니혼의 경우 60개 회사 이상, JR도카이의 경우 약 30개 회사의 규모까지 확대되어 있다.

그런데 JR 본사 3개 회사가 소유 면에서 민영화(민유화)를 개시한 것은 JR히가

---

[38] 철도정비기금은 1997년에 선박정비공단과 합병하여 '운수시설정비사업단'으로 조직을 개편하였고, 더욱이 2003년에는 일본철도건설공단과 합병하여 독립행정법인인 '철도건설 시설정비지원기구'로 다시 개편되었다. 즉 국철청산사업단도 현재까지 국철청산사업본부로서 이 기구에 속하여 있다.

시니혼의 주식이 상장된 1993년이다. 이 회사의 공개주식 매출 가격이 38만 엔이었는데, 시장에서는 60만 엔으로 자리매김한 것이다. 1996년에는 JR니시니혼의 주식 상장이, 1997년에는 JR도카이의 주식 상장이 각각 실시되었다. 그리고 JR히가시니혼의 완전 민영화는 2002년 6월에, JR니시니혼의 완전 민영화는 3월에 달성되었다.

9. 부의 유산으로부터의 탈피와 규제 완화의 시대 도래(2000년 이후)

JR여객회사의 순조로운 경영이 국철 개혁의 밝은 부분이라면 국철의 과거 채무와 잉여인원 문제는 어두운 부분이라고 할 수 있을 것이다. 과거의 채무는 거액의 차입금에서 발생한 것으로, 경제 버블기에 구 국철 용지를 고가로 매각하는 것을 정부가 제한하여(토지 가격의 상승을 더욱 유도할 가능성이 있었음) 채무 삭감의 절호의 기회를 놓쳤다. 뿐만 아니라 철도정비기금도 정비 신칸센 등 대규모 투자에 대한 자금융자로 인해 국철 채무의 감액은 별로 진척되지 않았다.

1997년 채무 잔고가 28조 1,000억 엔에 달하자 정부는 JR회사 JR여객 7개사에 대하여 국철 과거 채무 3,600억 엔의 추가 부담을 요구하는 방침을 결정했다. 이 추가 부담 안을 둘러싼 JR 각사와 정부가 대립하여 1999년 JR도카이·JR히가시니혼이 반액으로 압축된 추가 부담을 받아들이기까지 1년 이상이 소요되었다. 국철 개혁과 관련한 여러 가지 정책 국면 중에서 가장 해결이 늦은 것이 바로 국철의 과거 채무 문제였다.

국철 시대에 심각하게 대립한 노사분쟁이나 노노(노동조합 간) 분쟁이 함께 관련된 잉여인원 문제는 조합 간의 이데올로기의 대립 문제가 많이 포함되어 있어 재고용에 관한 판단을 사법부의 판단에 맡기는 경우도 발생하였다. 분쟁의 대부분은 JR 측의 승소로 결말이 났으며, 일본 사회에 있어서 사회주의 이데올로기의 후퇴 현상과 분쟁 당사자들의 고령화로 인해 문제는 많이 잠잠해졌다.

이상과 같이 일본 정부가 실시한 전후 최대급의 개혁정책이라고 불리는 국철 개혁은 ① 관료적 경영으로부터의 해방, ② 정치적 개입으로부터의 해방, ③ 과거 채무로부터의 해방을 내걸고 국철 해체라는 가장 강력한 정책수단을 사용하며 실시되었다.

또한 이는 JR그룹의 흑자 전환이라는 큰 성과를 거두었기 때문에 1990년대 이후 여러 외국의 철도정책에 직·간접적인 영향을 미쳤다. JR여객회사의 운영을 상하 분리방식이 아닌 상하 일체 방식으로 추진한 점에 큰 특색이 있다. 상하 일체 방식의 선택은 일본 철도 여객수송이 대량 고밀도 수송의 환경에 있다는 것을 반영하고 있으나, 다만 상하 일체적 운영 하에서 독립채산을 달성하는 것이 곤란한 3개 섬 회사(北海道, 四国, 九州)나 JR화물회사의 경우는 채산 달성을 위해서 독자의 규칙이 적용되는 점에 유의해야 한다.

21세기를 맞이하여 일본의 교통정책은 본격적으로 규제 완화의 시대를 맞이하였다. 2000년 3월 철도 여객사업에 관한 진입 규제의 완화(면허제로부터 허가제), 운임 요금 규제의 완화(허가제로부터 상한 인가제와 사전 신고제), 퇴출 규제의 완화(허가제로부터 사전 신고제로)가 실시되었고, 철도화물사업에 대해서도

다카야마(高山)와 나고야(名古屋)를 연결하는 JR도카이(東海) 특급열차, 시라카와구치(白川口)역

2003년 4월 거의 같은 내용의 규제 완화가 실시되었다. 수급조정 규제라고 불리는 수량 규제형(자연 독점형) 진입 규제의 철폐는 교통산업 전체에 걸쳐 실시되었으며, 운임과 요금 및 퇴출 규제도 이전에 비교해서 대폭 완화되었다.

규제 완화에 의해 JR여객회사는 국내 항공 수송이나 고속버스 수송과 유연한 경쟁전략을 수립하는 것이 가능하게 되었다. 그러나 한편으로 대도시권의 통근 수송에 관해서는 병행하여 운영되는 사철노선과의 수요 획득 경쟁이 격화되어 사철기업의 승객 감소를 유발하는 등 도시교통 정책상의 새로운 문제를 가져왔다.

10. 국철 운영난의 내부 요인 – 무엇을 고쳐야 했는가?

국철은 1872년 창설 이래 일본 사회의 근대화나 일본 경제의 발전에 큰 발자취를 남겼다. 하지만 제2차 세계대전 후 국철이 흑자를 달성한 것은 앞에서 서술한 바와 같이 단기간에 불과하며, 심각한 경영 상황과 천문학적인 수치의 누적 채무를 발생한 채 1987년 국철은 해산되었다.

그 경위와 국철 개혁을 둘러싼 정책적인 논점은 이상에서 살펴보았는데, 여기서는 마지막으로 '국철이 왜 경영난에 빠지게 되어 돌이킬 수 없는 상태로 되었는가?'에 대한 원인과 이유를 조명해 보고자 한다.

국철 경영난과 재정난에는 몇 가지 원인과 요인이 지적되고 있는데, 이는 외적 요인과 내적 요인으로 나눌 수 있다(물론 양자 간에는 상호 작용이 있다).

그동안 ① 인건비 문제, ② 지방선 문제, ③ 화물수송의 부진, ④ 차입금의 의존 등 4가지가 지적되어 왔다.

① 인건비 문제는 국철 직원의 임금 수준이 사철 등에 비해 높은 것이 원인이 아니었다. 국철 운영난이 진행된 시기의 국철 직원의 평균 연령이 매우 높았다는 것과 수송의 국철 이용 감소로 인해 업무량이 줄었다는 것이 노동생산성 감소의 핵심이었다.

〈표 1-14〉는 국철과 민철 사이에 노동생산성 격차가 얼마나 큰가를 보여주는 자료이다. 자료는 양자의 격차가 크다는 것을 보여주고 있을 뿐만 아니라 국철 개혁 후의 격차가 급격하게 축소되고 있음을 보여주고 있다.

〈표 1-14〉 국철과 민철의 직원 1인당 생산성의 추이

연도	국철(JR)			민철(사철, 공영철도 등)		
	수송량 인·톤·km(억)	직원 수 (천명)	직원 1인당 인·톤·km(만)	수송량 인·톤·km(억)	직원 수 (천명)	직원 1인당 인·톤·km(만)
1970	2,518	460	547	1,001	115	870
1975	2,616	430	608	1,093	106	1,031
1980	2,298	414	555	1,221	101	1,209
1985	2,189	277	790	1,331	100	1,331
1990	2,644	193	1,370	1,503	103	1,459

*자료 : 가쿠모토 료헤이(角本良平), 《철도와 자동차-21세기를 향한 제언(鉄道と自動車-21世紀への提言)》, 1994, p.92

〈표 1-15〉 국철 경영에 있어서 지방선과 간선의 격차(1985년도)

구분	영업거리 (km)	수송량 (억 인·톤·km)	수입 (억 엔)	경비 (억 엔)	손실 (억 엔)	평균 수송밀도 (인·일·km)	인·톤 ·km당 손실 (엔)
지방선	9,545 (42%)	85 (4%)	1,980 (5%)	8,028 (15%)	6,048 (34%)	2,303	71.13
간선	13,410 (58%)	2,113 (96%)	34,907 (95%)	46,753 (85%)	11,846 (66%)	39,983	5.61

*자료 : 《일본국유철도감사보고서(日本国有鉄道監査報告書)》(1985년도)

② 지방선은 1983년 이전에는 국철 영업거리의 거의 반을 차지하였고, 간선으로서 내부 보조에 의해 유지되어 왔다. 1983년부터 지방선의 폐지가 급격하게 진행되었지만, 〈표 1-15〉의 자료에서 알 수 있듯이 지방선은 영업거리가 장거리임에도 불구하고 국철 수송량의 4%를 차지하는 것에 불과한데 국철 적자의 34%의 원인을 차지하고 있다.

정부는 1976년부터 지방선에 대한 공적 보조를 개시했지만, 보조액은 손실액 수준에 크게 못 미쳤다.[4]

지방선의 많은 부분은 원래 적자 발생이 불가피한 노선으로 국철 경영난이 진

행된 단계에서 폐지의 자유를 국철에 부여하든가, 아니면 존속을 전제로 하는 경우 적자 보전을 위해 공적 보조가 행해질 필요가 있었다. 1968년 이래 국철이 세 번에 걸쳐 제안한 지방 적자선의 폐지계획은 정치시스템 주도로 저지되었다. 그럼에도 불구하고 충분한 적자 보전을 위한 조치를 강구하지 않은 책임은 정부 측에 있었다.

③ 화물수송의 부진은 손실 발생액의 크기에서 보면 가장 큰 적자 요인이었다. 전후의 국철 화물수송은 수송력 부족을 원인으로 하는 대량의 체화 발생 → 대규모 설비 투자 때문에 수송력 부족의 경감 → 경쟁 시대의 도래(화주의 국철 이용 감소) → 화물수송 근대화의 지체(야드 수송방식의 고집, 파업에 대한 신뢰성 감소) → 국철 화물수송의 붕괴하는 과정을 거쳤다.

④ 1960년대 후반에 국내 화물수송(톤 · km 기준)의 30% 이상을 담당하는 해운에 이어 제2의 수송을 분담한 국철 화물수송이 1985년도에는 겨우 5% 수준에 머물렀다. 이 원인은 일본의 산업구조에 있어서 공업구조의 변화(중후하고 장대한 형으로부터 경박단소로)라는 외부적인 요인과 관계가 있지만, 그것 이상으로 국철 자신이 수송서비스의 고품질화의 중요성을 낮게 평가하였고, 또한 매년 반복된 파업에 의한 화물열차의 운휴가 주요 화물운송을 트럭으로의 전환을 가속했다.

국철은 직송 운송방식과 비교하여 품질이 열악(화물수송의 대부분이 도착일시가 불분명)하여 비용이 4배에 가깝게 드는 야드계 수송방식을 장기에 걸쳐서 계속하였다. 〈표 1-16〉의 자료에서 알 수 있듯이 1985년의 국철 화물수송은 개별비를 기초로 하여 보면 비용이 수입의 2배에 가깝고, 총원가 기준으로서는 비용이 수입의 4배가 넘는 어려운 현실에 있었다.

....

39) 1970년부터 지방교통선특별교부금이 개시되었는데, 1976년~1986년도의 지방교통선 적자액 총액 규모가 4조 3,750억 엔인데 비해 11년간 교부된 보조금 총액은 8,576억 엔으로, 적자액의 19.6% 수준에 머무르고 있다.

시모노세키(下関)역의 생선수송

〈표 1-16〉 국철 경영에서 화물수송의 위치(1985년)

(단위: 억 엔)

구분	수입	원가			손익		영업계수	
		개별비	공통비	총원가	개별비	공통비	개별비	총원가
화물	1,983	3,635	4,387	8,022	-1,652	-6,039	183	404
여객	30,313	25,322	14,283	39,605	4,991	-9,292	84	131
신칸센	12,490	10,079	104	10,183	2,411	2,307	81	82
재래선	17,823	15,243	14,179	29,422	2,580	-11,599	86	165
철도 합계	32,296	28,957	18,670	47,627	3,339	-15,331	90	147
국철 합계	37,346			55,824		-18,478		149

*자료: 《일본국유철도, 민영화에 이르는 15년(日本 国有鉄道, 民営化に至る15年)》, 2000년, 성산당, p.46

    차입금 의존 체질은 국철 문제 최대의 본질적인 부분을 나타내고 있다. 국철의 적자액이 아무리 크더라도 국철의 운영이 '(수입 + 공적 조정) ≧ 지출'의 기본 원칙을 지켰다면 국철 경영이 파탄에 이르지는 않았을 것이다. 그러나 실제로 국철 경영은 수입과 공적 조성금으로는 충당할 수 없는 손실액을 차입금으로 보전하고, 차입금과 지불 이자를 포함한 결손액을 다음 연도로 다시 이월시키고, 여기에 다음 연도의 영업 손실을 가산한 손실액을 다시 차입금으로 충당하는 방식인 이른바 '자전거 조업'을 계속하였다.

    원래대로 보자면 1960년~1970년대의 대규모 설비투자계획이나 1970년~1980년의 수차에 걸친 국철 재정 재건계획의 실패가 국철 적자를 증가시켜 장기채무의 누적을 불러오는 원인이 되었지만, 이것만으로 국철 말기에 나타난 상식을 벗어난 채무의 잔고까지는 이르지 않았을 것이다. 종업원의 급여(국가 공무원에 준한다)를 차입금에 의존해 지불한 사례에서 알 수 있듯이 말기의 국철은 기업으로서의 당사자 능력을 상실하고 있었다. 또 이러한 국철에 자금제공을 계속한 금융기관 등 융자 측의 행동도 거대한 누적 채무를 가속하는 원인이었다.

도산의 경우 차입으로 인해 파산에 이르는 사기업과는 달리 공공기업체의 경우 최종적으로 정부가 책임을 지는 채무는 국민 부담에 의해 보전된다는 안전 신화가 돈을 빌리는 측과 빌려준 측 쌍방에 함께 인식되었던 것이다. 일본에서는 이를 안전 신화(아무리 예산을 쓰더라도 정부가 최종 책임을 지고 뒷받침한다는 안이한 사고방식)라고 부른다. 차입금에 대한 의존 체질은 이러한 종류의 일본 문화와 관련이 있다.

11. 국철 운영난의 외부 요인 – 누가 국철 경영 재건을 방해했는가?

몇 가지의 외부 요인도 국철의 경영 파탄 현상과 밀접한 관련이 있다. 이는 ① 급격한 시장경쟁의 진전(시장적인 요인), ② 규제정책이 가져온 내부 보조 의존(행정적인 요인), ③ 공공기업체를 둘러싼 일본적인 환경(정치·문화적인 요인)의 3가지가 중요하다.

①의 시장적인 요인은 1960년 후반부터 시작된 일본 교통시스템의 급격한 구조 변화 현상과 깊은 관련이 있다. 교통의 경쟁적인 현상은 선진제국이 같은 경험을 가지고 있는데 일본의 경우 경쟁 현상의 시작은 늦었지만, 변화의 속도가 빨랐다는 특징이 있다. 일본의 교통시스템은 1980년 초반에는 완전히 경쟁형으로 바뀌었는데, 1960년~1970년대의 국철 수송의 장래 예측이나 수요 예측은 큰 오차를 발생시켜 이에 기초한 과대한 설비투자계획과 재정 재건계획은 예상을 크게 빗나갔다. 이러한 원인의 하나로 교통시스템의 변화 정도가 컸다는 점과 또한 변

화의 속도가 매우 빨랐다는 것을 들 수 있다.

②의 행정적인 요인은 전후 일본의 운수 정책이 전통적인 자연 독점형 규제체계에 의존해서 실시되어 왔다는 것을 나타내고 있다. 교통산업에 대해서 엄격한 경제적인 규제를 실시해 교통기업에 대해서는 내부 보조에 기초한 운영원칙을 중시한 운수 정책이 결과적으로 국철 경영에 대한 역풍으로 작용한 것이다. 내부 보조 중시의 운수 정책은 지방 적자선의 버스 전환이나 국철 화물수송의 축소·합리화를 늦추었을 뿐만 아니라 더욱이 비채산부문에 대한 공적인 지원조치를 불충분하게 머무르게 하는 요인으로도 작용했다. 이러한 점에서 선진제국의 교통정책이 경쟁의 진전에 수반하여 조기에 내부 보조를 억제하고 기업과 공적 부문 간의 책임분담, 비용분담규칙을 명확히 한 것과는 명백하게 대조적이었다.

내부 보조에 기초한 교통기업 경영은 공공교통의 경쟁력을 감소시켰지만, 일본에서는 오늘날에 있어서도 내부 보조에 관용적인 운수 정책이 계속되고 있고, 규제 완화가 실시된 현재에도 복지 목적이나 통학 정기운임 등 공공 할인 운임에 대해서는 공적인 보조는 거의 실시하고 있지 않다.

③의 정치·문화적 요인은 공공기업체를 둘러싼 일본의 문화·정치적인 풍토의 요인을 들 수 있다. 전후의 국철이 관업뿐만 아니라 독립채산제를 전제로 하는 공공기업체로서 발족했음에도 불구하고 일본의 정치나 행정은 국철에 여러 가지로 개입해 국철에 대해 기업으로서의 당사자 능력을 빼앗고, 관업이었다면 아마 실시하지 않으면 안 되었던 재정지원과 공적인 보조를 태만하게 하여 국철 재정을 파멸로 이끈 원인을 제공하였다.

국민도 또한 그러한 무책임한 상황을 엄격하게 감시하지 않았을 뿐만 아니라 지방 적자선의 폐지계획을 포기하게 하거나 필요한 운임 인상을 인위적으로 억제하려고 하는 정치적인 개입을 오히려 지지하는 측에 서서 국철 경영 개선이라는 어려운 문제를 방치하는 데 일조하였다.

어려운 문제를 연기시켜 파탄의 직전까지 문제를 방치시킨 현상은 일본의 문화적인 풍토와 깊은 관련이 있다. 종전 직후 점령하에 있었다고 말할 수는 있지만 관업도, 사기업도 아닌 공공기업체라는 경영 형태를 국철에서 도입한 결과 공공기업체가 발휘해야 하는 장점 – 공공성과 기업성의 양립 – 이 거의 실현되지 않았고, 반대로 관업과 사기업에서도 일어날 수 없는 최악의 경영 파탄을 가져오고 말았다. 이는 일본의 정치나 행정이 국철에 대해서 여러 가지 불가능한 것을 강요한 결과이며 국철의 당사자 능력을 서서히 빼앗았을 뿐만 아니라, 어려운 문제를 미루어 무책임한 체제를 장기간에 걸쳐 방치한 현상을 초래하였다. 이 무책임한 체제는 오늘날에 있어서도 국철의 과거 채무 처리를 미루는 현상으로 계속되고 있으며, 이 문제에 대한 국민의 감시 소홀의 상황 또한 계속되고 있다.

제2장

철도 정책

제1절

철도 네트워크의 발전과 기능

이용상(李容相)

1. 초기 철도정책과 변화

일본 철도는 150년이 넘는 역사를 통하여 근대화를 추진하는 큰 역할을 수행해 왔다. 원래 철도라는 교통수단은 자본주의 체제의 성립기에 공업원료나 제품의 대량고속수송을 위해서 만들어진 것이다. 그러나 일본에 있어서 그러한 조건이 성립하기 전에 사회 전체의 후진성을 극복하기 위한 '이기(利器)'로서 도입되었다.

따라서 일본의 철도는 그 도입 당시부터 서구 근대문명의 흡수, 모방을 축으로 하는, 이른바 '문명개화'의 추진기능을 기대하고, 결과로서 다분히 표면적으로 '문명개화'에 머무르지 않고 사회시스템의 변혁과 이용자의 의식변화를 유도하는 근대화를 추진하였다. 더욱이 철도의 수송기능은 자본주의 경제체제의 정착이라는 도입 당시에는 예측하지 못한 큰 효과를 가져왔다.

이러한 결과로 일본 철도의 특색은 먼저 '근대화의 견인차'라는 것을 들 수 있다. 실제로 철도도입 당시 일본의 상황이나 도입 후 1세기를 넘는 흐름 속에서 철도의 역할을 보면 다양한 기능을 수행하였다.

일본 철도는 구주 선진제국 중 특히 영국의 경우와 완전하게 다른 동기로부터 출발하여 그 사명이나 역할은 단순히 경제적 역할에 머무르지 않고, 시민사회의 성립이라는 넓은 범위까지 미치고 있다.

더구나 일본은 철도도입으로부터 약 30년 만에 레일이나 기관차의 완전한 자급 환경을 실현해서 기술의 자립을 완성했다. 더욱이 그때까지 서구 선진제국의 철도가 가지고 있었던 역할, 더욱이 자본주의의 요청으로 국경을 초월한 경제지배권 확대의 경쟁 대립, 이른바 제국주의 체제성립의 시대를 맞이하는 역할을 함께 담당하였다. 이러한 철도는 철도부설 초기부터 1945년까지 그 골격이 이루어졌는데 이를 정리해 보면 다음과 같다.

철도건설이 활성화된 창시기부터 1945년까지 시기를 구분해 보면 창시기와 철도 국유화, 철도 확장기, 전쟁 시기 등으로 크게 구분할 수 있다.

일본 철도의 체계적인 이해를 위해 다음과 같은 틀로 정리해 보았다. 철도는 국가산업이며 역사적 특성상 정치과정, 국가정책과 밀접한 관련이 있다. 또한 이러한 환경적인 요인, 철도정책과 관료의 성격에 따라 상호 연관을 가지게 된다. 이

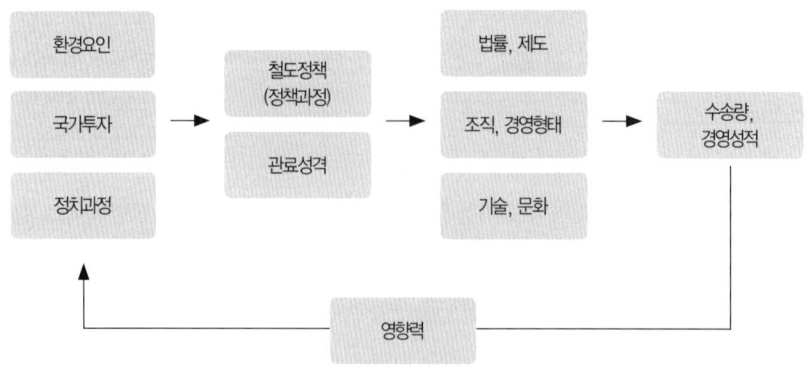

〈그림 2-1〉 일본 철도의 설명 틀

러한 철도정책의 산물로 법과 제도, 조직, 경영형태, 기술과 문화 등 성격이 규정되며 결과적으로 경영성적과 수송량으로 나타나게 된다. 이를 정리해 보면 다음과 같다.

이러한 설명 틀에 따라 시기적으로 일본의 철도를 분석해 보면, 먼저 시기별 환경적 요인과 정부 정책, 철도정책을 〈표 2-1〉에서 살펴보고, 두 번째로는 설명요인으로 변화내용을 〈표 2-2〉에서 설명하였다.

먼저 철도와 관련된 환경변화와 정부 정책을 보면, 1890년에서 1899년까지는 청일전쟁 시에 군사수송을 위해 철도가 이용되었다. 일본 정부는 중앙집권과 근대화를 철도를 통해 추진하였다. 1890년에서 1912년까지는 1904년 러일전쟁과 1906년의 철도 국유화와 함께 철도의 성격이 제국주의의 수단으로 변화하였다. 1906년 남만주철도주식회사의 설립과 같은 해에 경부철도를 국유화하였다. 1913년에서 1926년 사이에 제1차 세계대전이 있었고 관동대지진의 피해와 대정민주주의 시대인 1923년에는 정우회의 지방철도부설정책으로 철도망이 확장되었다. 1919년에는 지방철도법이 설치되고, 1927년에서 1934년 중에는 1931년 만주사변으로 인해 1932년에 대륙에는 만주국이 설립되었고 철도망이 확장되

철도개통식 전경(1872년 신바시역)

교토 최초의 전차

도쿄역(1914년 완공)

는 시기였다. 1935년에서 1944년 일본 철도는 중일전쟁과 제2차 세계대전으로 1941년 육운 통제령이 공포되었다(〈표 2-1〉 참조).

법과 제도의 변화를 보면, 1872년 철도약칙 공포, 1887년 사설철도조례 제정 그리고 정부의 자금 부족으로 사설 철도가 1881년 부설되었다. 1881년 사설

<표 2-1> 일본의 철도(환경요인과 정책)

	창시기~1889년	1890년~1899년	1900년~1912년
환경적 요인	1868년 메이지 유신	1894년 청일전쟁	1902년 영일동맹 조약체결 1904년 러일전쟁(1904년~ 1906년 철도의 군사수송 1904년 철도군사공용령 공포 1910년 한일합방
정부정책	중앙집권, 근대화	군사수송 개시	1900년 경부철도 부설 명령서 (1901년 경부철도주식회사 설립) 1903년 경부, 경인 양 철도회사 합병 1906년 경부철도 매수법 1911년 신의주~안동 간 개통 (조선철도와 만주철도의 직통 운전 개시)
철도정책	근대화 촉진 1872년 신바시~요코하마 개통 1880년 공무성 가마이시(釜石)철도 개통 1880년 관영 호로나이(幌内)철도 개통 1881년 최초 일본 사철 창설	사철건설	전쟁에 기여 철도 국유화
영업거리	150km(국철 1880년)	국철 984km, 사철 1,305km (1890년)	국철 7,838km, 사철 823km (1910년)

	1913년~1926년	1927년~1934년	1935년~1944년
환경적 요인	1919년 제1차 세계대전 종전 1923년 관동대지진에 의해 철도 피해	1931년 만주사변 1936년 2·26사건(청년군에 의한 반란)	1941년 태평양전쟁 개전
정부정책	철도 확장 1918년 정우회	1927년 시베리아철도를 경유해서 유럽국제철도 운송 부활 1934년 만철, 대련~신경 간 아시아호 운전 개시	산업용 철도를 중심으로 군사적 목적으로 사용, 전시 매수 사철 지정(1941년)에 의한 국철도 군사 목적으로 사용(1941년 개정 육운통제법)
철도정책	정치(정당정치)에 의한 철도 노선 결정 수송량 확장(건주개종) 개주건종(개량을 건설보다 우선)	사철 발전 1927년 도쿄지하철 개통	1940년 육운통제령 공포
영업연장	국철 10,436km, 사철 3,209km (1920년)	국철 14,575km, 사철 7,018km (1930년)	국철 18,400km, 사철 6,888km (1940년)

<표 2-2> 일본의 철도(변화 내용)

철도 책임자 출신		창시기~1889년	1890년~1898년	1900년~1912년
		해외유학 후 관료	해외유학 후 관료	정치가, 관료
설명 요인 (1)	법률	1887년 사철철도 조례 공포	1892년 철도부설법 공포	1900년 철도영업법 1906년 국유철도법 1910년 경편철도법 1911년 경편철도보조법 1912년 신바시~시모노세키 특별열차
	제도	1872년 철도약칙 공포	1892년 철도청 내무성으로부터 통신성으로 이관 1893년 철도청의 철도국으로 개칭, 통신성의 내국으로 위치	1908년 철도원 설립
	사철	1887년 사철철도 조례		1907년 철도국유법에 의해 사철의 국유화 완료
설명 요인 (2)	운용	관설, 사설		국유, 사철
	조직	1877년 공무성에 의해 철도건설(철도료 폐지)		1907년 제국철도청 설치 1908년 철도원 설치
	문화	여행		철도역 개발
	기술	1875년 고베공장에서 객화차 조립, 제작(영국으로부터 수입)	1895년 교토전기철도 개업 (최초의 전기철도이며 노면전차)	1904년 오사카시 전철, 2층 차량 등장 1904년 자동신호기 1912년 영국으로부터 수입한 8700형, 독일로부터 수입한 8800형, 8850형 개시, 미국으로부터 수입한 8900형 기관차 운행 개시
	영향력	1889년 도카이도선 신바시~고베 개통. 농업, 상업	1891년 우에노~아오모리 도호쿠 전선 개통 (일본철도주식회사)	1913년 도카이도 본선 전체 복선화. 문화, 농업, 상업

철도 책임자 출신		1913년~1926년	1927년~1934년	1935년~1944년
		관료, 정치가	관료, 정치가	관료, 정치가, 군인
설명 요인 (1)	법률	1919년 지방철도법(사철철도법과 경편철도법 통합)	1930년 철도영업 메타법 도입, 육군통제법 공포	1938년 사유철도, 버스회사 통합 '육상교통사업조정법' 제정
	제도	1921년 국유철도건설규정	1928년 철도성 관제 개정 (육군감독권을 철도성에 이관)	1939년 철도간선조사위원회 설치
	사철	1919년 사철철도법과 경편철도법 통합		사철 합병 후 국철로 매수
설명 요인 (2)	운용			
	조직	1920년 철도성 설치	1930년 철도성 국제관광 관제	1943년 운수통신성 설치 (철도성, 체신성 폐지)
	문화	여가활동	역의 기능 강화	전쟁
	기술	1924년 건널목 경보기 1925년 객차의 자동연결기 부착	1927년 지하철 ATS 사용 1929년 디젤 기관차 시운전	1936년 남해철도에서 냉방차 등장
	영향력	1923년 도쿄~시모노세키 3등특급열차. 인구 변화	1934년 단나터널 완성. 도시발전	1938년 조선해협터널 지질조사 개시. 기술

철도 붐, 그 후 1892년 철도부설법이 제정되었다. 1906년 철도 국유화법에 의해 1910년에 전국철도의 90%가 국유철도에 흡수되었다. 1919년에 지방철도법, 1921년 궤도법이 만들어졌다. 1938년에 사유철도와 버스회사를 통합한 '육상교통사업조정법'을 제정하였고 1939년에 철도간선조사위원회를 설치하여 탄환 열차 계획을 수립하였다.

조직의 변화를 보면, 1877년 공무성에 의해 철도가 건설되었고 1907년에 제국철도청, 1908년에 철도원이 설치되었다. 1920년에 철도성이 출범하였고, 1943년에 운수통신성으로 통합되었다.

기술의 발전을 보면 1875년 고베 공장에서 영국에서 수입한 객화차를 조립 제작하였다. 1895년에 교토전기철도가 개업하여 최초로 노면전차가 운행되었다.

1904년에 오사카시 전철이 운영되기 시작하였고 2층 차량이 개발되었다. 점차 기술발전으로 차량이 국산화되었고 자동화된 신호기 등이 등장하였다.

철도가 가져온 변화로는 철도를 통해 역 개발과 여행이 활성화되었다. 아울러 사설 철도도 함께 발전되어 터미널개발, 유원지개발 등 새로운 사설 철도모델이 생기게 되었다. 철도 네트워크의 향상과 속도향상으로 이동시간이 짧아지면서 역 중심의 삶의 패턴정착과 각종 산업과 상업의 신속한 수송이 함께 이루어졌다. 철도 연변 중심으로 인구가 증가하였고, 1938년에는 조선해협 터널 지질조사를 실시하였다(〈표 2-2〉 참조).

도쿄역의 준공(1914년)

이에 따른 철도 영업거리와 수송량의 변화를 보면, 철도망이 1910년~1925년 사이에 2배로 확장된 것을 알 수 있다. 이는 앞에서 설명한 지방철도법과 철도성의 설립 등으로 적극적인 철도정책에서 기인한 것이었다. 수송량의 경우도 화물의 경우 환경적인 요인에 많이 좌우되어 1929년의 경제공황의 경우에는 수송량이 감소하고, 전쟁 수행 시에는 수송량이 증가하는 양상을 보였다. 여객의

〈표 2-3〉 일본에서의 철도 영업거리의 증가 상황

(단위 : km, %)

	국철	사철	합계	증가	
				km	비율
	km	km	km	km	%
1910년 3월 말	7,442.2(1)	814.0(1)	8,256.2		
1925년 3월 말	12,147.8	4,595	16,742.8	8,486.6	102.8
1930년 3월 말	14,151.9	6,513	20,664.9	3,922.1	23.4
1935년 3월 말	16,535.1	7,088	23,623.1	2,958.2	14.3
1940년 3월 말	18,297.5	5,775	24,072.5	449.4	1.9
1945년 3월 말	20,056.3(2.69)	5,608(6.89)	25,664.3	1,591.8	6.6

*자료 : 선교회(1986), 《조선교통사》, p.92

<표 2-4> 수송량

(단위 : 백만 인, 천 톤)

연도	여객수송량	화물수송량	비고
1904	196	19,562	1904~1905년 러일전쟁
1905	248	21,875	
1906	295	25,141	
1907	345	23,892	
1908	389	26,832	
1909	443	27,016	
1910	532	29,013	한일합방
1911	659	35,032	
1912	700	38,373	
1913	781	42,443	
1914	815	42,247	1914~1918년 제1차 세계 대전
1915	862	43,589	
1916	915	52,216	
1917	1,167	61,235	
1918	1,358	67,284	
1919	1,694	76,141	
1920	1,794	72,116	
1921	1,979	73,118	
1922	2,214	82,483	
1923	2,315	84,054	
1924	2,556	91,589	
1925	2,631	93,967	
1926	2,744	105,437	
1927	2,675	112,274	
1928	2,809	115,532	
1929	2,985	113,595	세계 공황
1930	2,943	95,503	
1931	2,774	89,720	만주사변
1932	2,675	90,963	
1933	2,809	104,444	
1934	2,985	114,090	
1935	3,125	119,705	
1936	3,335	129,675	
1937	3,630	140,896	중일전쟁
1938	4,221	155,363	
1939	5,096	173,895	제2차 세계 대전
1940	5,985	191,725	
1941	6,882	199,305	
1942	7,319	208,858	
1943	8,237	228,313	
1944	8,653	196,563	

*출처 : 일본 <철도통계연보> 참조

경우도 1910년~1925년 그리고 1930년 중반 이후 크게 증가한 것을 알 수 있다. 이는 철도망의 확장과 전쟁 등의 요인에서 기인한 것이라고 할 수 있다(〈표 2-4〉 참조).

2. 철도망의 변화

일본의 철도 노선은 사철의 발달과 철도 국유화 그리고 지방철도의 발전과 전국을 고속철도망으로 연결하는 정비 신칸센건설정책에 의해 확장되어 왔다. 이를 시기별로 철도망의 변화를 보면 다음과 같다.

먼저 1880년의 경우 4개 구간의 국철과 사철이 상호 독립적으로 발달하였다.

1900년의 경우 '사설 철도 붐'과 함께 철도부설법으로 간선 철도망이 완성되었다. 5대 간선사철과 관설 철도가 부설되어 일본의 철도망은 어느 정도 골격을 갖추게 되었다. 1900년의 국철은 1,528.3km, 사철은 4,674.5km로 운영되었다.

1920년의 경우 지방철도법의 제정 등으로 전국적으로 철도망이 확대되었다.

1920년 철도망은 국철이 10,427.9km, 사철은 5,645.2km(궤도포함)로 큰 폭으로 증가하였다.

1940년의 경우 철도망이 더욱 확장되어 간선과 지선의 역할체계가 분명해졌다.

1960년의 경우는 철도 네트워크에서 지방철도망이 더욱 부설되었고 도시권의 수요가 적은 사철이 폐지되었다. 1960년에는 국철이 20,481.9km, 사철이 7,420km의 철도망을 보유하였다.

1985년의 경우는 지방철도의 경영악화로 영업이 정지되는 노선이 늘게 되었다. 국철의 영업거리는 큰 증가가 없었다. 1985년에 국철 영업거리는 20,789km였다.

일본 철도의 네트워크 확장과 함께 열차운행속도가 증가하여 국토는 〈그

〈그림 2-2〉 1880년 일본 철도 네트워크

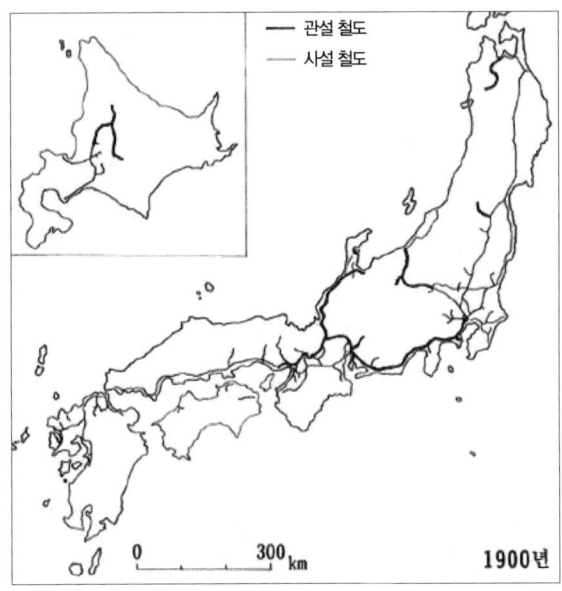

〈그림 2-3〉 1900년 일본 철도 네트워크

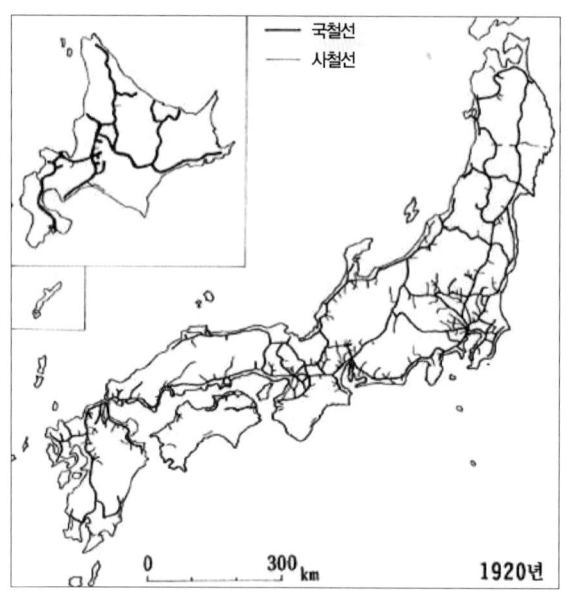

〈그림 2-4〉 1920년 일본 철도 네트워크

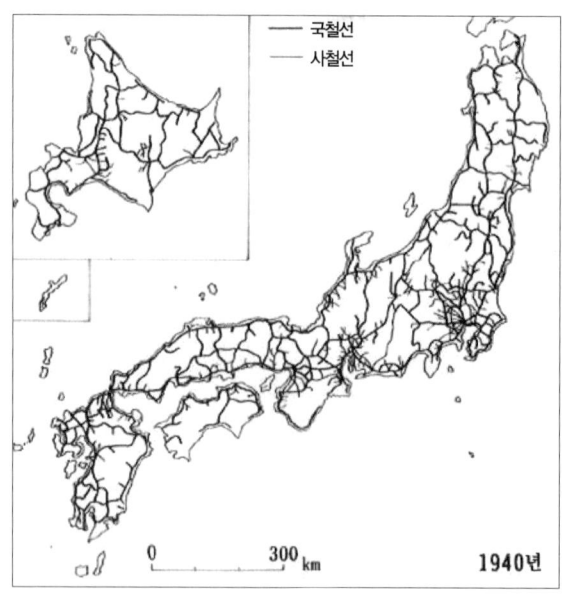

〈그림 2-5〉 1940년 일본 철도 네트워크

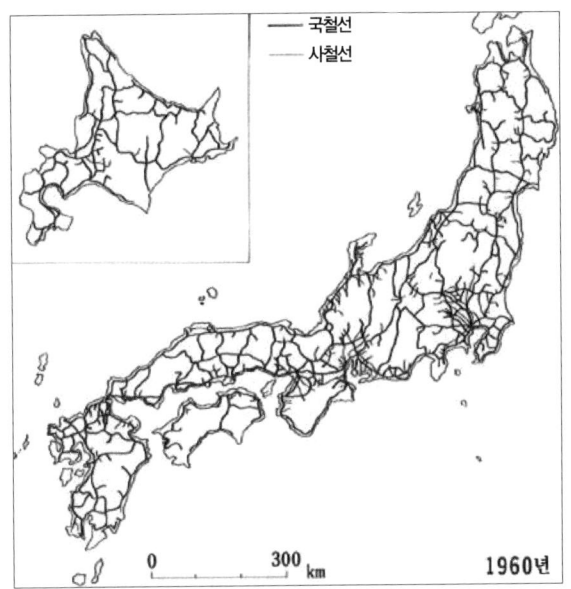

〈그림 2-6〉 1960년 일본 철도 네트워크

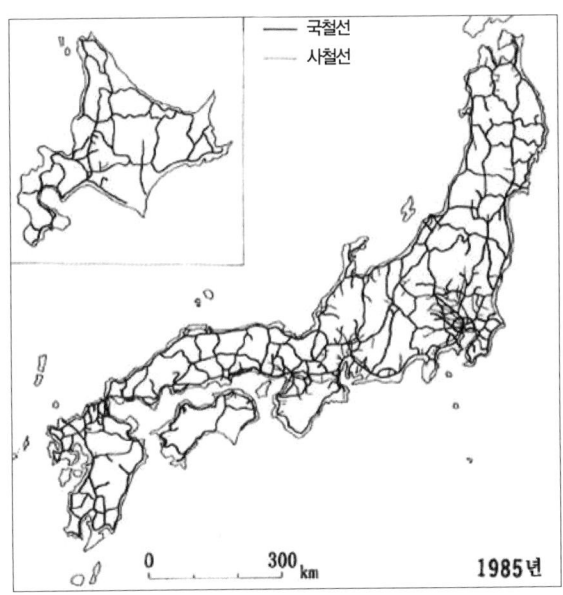

〈그림 2-7〉 1985년 일본 철도 네트워크

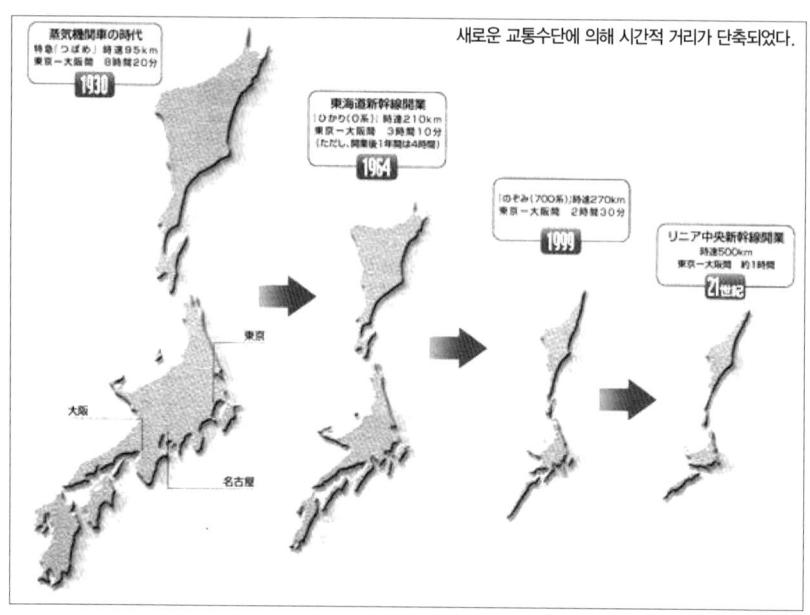

〈그림 2-8〉 속도 향상에 따른 국토의 변화

〈표 2-5〉 1950년대 이후 철도망의 변화

	국철(km)	사철(km)	합계(km)
1950년	19,786	7,616	27,401
1960년	20,482	7,420	27,902
1970년	20,890	6,214	27,104
1980년	21,322	5,594	26,916
1986년	19,639	6,143	25,782
2013년	20,127(JR 6개사)	6,635(사철 149개사)	26,762

림 2-8〉과 같이 축소되었다. 교통학에서는 이를 시간 – 공간지도(Time Space Map)라고 하는데 2027년 개통예정인 리니어 신칸센의 경우 도쿄와 오사카 구간을 시속 500km로 주행하면 1시간 이내에 도달하게 된다.

1950년 이후의 철도망 확장을 보면, 변화에서 주목해야 할 것은 신칸센의 건설이다. 1964년 신칸센 개통과 정비 신칸센의 건설이다.

3. 철도정책과 철도의 기능

 일본 철도의 특징은 철도망의 건설과 함께 산업발전, 관광, 지역균형개발 등의 기능을 수행하였다. 또한 역사적으로 철도가 군사적 목적으로 많이 사용되었고 세계에서는 찾아볼 수가 없는 사철이 발달하였다는 점이다.
 이러한 철도의 다양한 기능이 일본의 철도정책에서 잘 나타나고 있다. 일본의 철도정책 변화과정을 살펴보면 다음과 같다.
 철도 도입기부터 1910년까지 철도는 근대화와 중앙집권을 위한 수단으로 자리 잡았다. 1910년~1940년 사이에는 철도 국유화와 간선 철도망의 완성과 전쟁 수행 그리고 지방철도가 만들어지면서 간선과 연결되어 철도망이 전국적으로 확산되었다. 1960년~1970년대에는 지역으로 철도가 확산되어 철도 네트워크의 전성기를 맞이하면서 한편으로 지방철도가 경영이 어려워지는 시기를 맞이하였다. 1970년대 이후에는 신칸센이 본격적으로 부설되고 지역균형발전이라는 개념의 도입으로 정비 신칸센이 도입되었다.

〈표 2-6〉 일본의 철도정책 변화과정

연대	철도정책
19세기 후반~1910년	근대화와 중앙집권을 위한 수단
1910년~1940년대	철도 국유화, 간선철도 완성, 전쟁 수행, 간선과 지방철도 연결
1960년~1970년대	철도를 통한 국가 개조의 철학, 지방철도 확산
1970년대 이후	정비 신칸센 건설로 전국적으로 고속철도망 확대
1987년 이후	철도 민영화, 관광 상품 등 다양한 개념의 철도 등장

 철도망의 부설과정을 보면, 1870년에 사철 4개선, 1892년 철도부설법으로 3,219km로 확장, 1923년 제2차 철도망 계획이 지선의 확장중심으로 149노선, 10,218km, 1,936km, 17,422km로 철도망이 확장되었고 8개 횡 방향 본선도 만들어졌다. 여기에는 도쿄와 교토 나고야를 연결하는 도카이도 본선이 그 중심에 있었다. 주요한 노선의 건설배경은 〈표 2-7〉과 같이 초기에는 석탄수송, 점차

에노시마전철

도시 간 연결과 지방의 연결, 1970년 이후에는 지방 균형발전을 염두에 두고 노선이 확장되었다.

한편, 철도의 역사를 새롭게 바꿀 2027년 개통을 목표로 하고 있는 리어니 신

〈표 2-7〉 철도노선의 건설배경

구간	건설 시기	배경
도쿄~요코하마	1872년	도쿄~교토 간의 지선으로 간선 건설의 시험적인 의미, 수도와 인접 항구
우에노~다카사키		도쿄~교토 간의 간선의 지선
오사카~고베	1874년	
오사카~교토	1877년	
와카마쓰~나오카타(25km)		석탄수송
군마와 도치기현 연결 료모철도	1890년대	생산된 견직물을 요코하마로 연결
홋카이도 탄광철도		
산요철도, 규슈철도		국토 종관철도
간사이철도(오사카 연결)		도시연결철도
대부분 지방철도노선	1920년대	지방철도망 확충
신칸센	1964년 이후	간선
정비 신칸센	1970년대	간선과 지역균형발전
리니어신칸센(도쿄~나고야)	2027년 완공	재해를 대비한 복수노선(신칸센) 기술개발, 지역개발

칸센의 건설은 기존 도카이도신칸센이 포화되어 새로운 노선이 필요하게 되었는데, 이는 신칸센이 재해를 입을 경우 안전을 위한 또 하나의 철도망으로 기능하며 신칸센의 노후화에 대비한 새로운 기술의 실현 그리고 중부지역을 통과하기 때문에 지역균형 개발을 배경으로 하고 있다.

〈표 2-8〉 초기 산업수송철도의 예

구간	연도	산업과 관련된 사항
와카마쓰~나오카타(25km)		석탄수송
군마와 도치기현 연결 료모철도	1890년대	견직물 생산을 요코하마로 연결
훗카이도 탄광철도		석탄수송

이를 실현시키기 위해 통과지역의 지역 간 협의회를 통해 꾸준하게 추진해 왔다. 리니어 신칸센의 시작은 1964년 12월로 신칸센이 개통된 후 바로 연구가 시

리니어신칸센(2027년 도쿄~나고야 개통 예정)

규슈지역의 관광철도

작되어 꾸준한 기술개발로 2027년 도쿄~나고야 구간의 상용화를 앞두고 있다.

또한 철도는 산업발전에도 기여하였다. 초기 원료수송과 관광철도가 여기에 해당한다. 초기 산업철도는 원료수송에 사용되었다.

또한 소득이 증가하면서 관광철도가 활성화되었는데 주로 주요관광지를 연결하는 철도가 여기에 해당된다. 이는 지방의 활성화와도 연결되는데 규슈지역, 시코쿠지역, 도호쿠지역, 홋카이도지역이 이에 관련된다. 최근에는 지방선을 관광선으로 발전시키고 있다. 성공한 사례를 보면, 사가노 관광철도이다. 1989년 JR니시니혼(西日本)은 복선전화(複線電化) 강화로 인해 계곡을 달리는 우마보리(馬堀)~사가(嵯峨野) 간의 폐선을 결정했다.

그러나 아름다운 호즈쿄(保津峽)를 따라 달리는 이 구간의 폐선을 안타까워하는 목소리가 높아져 JR니시니혼(西日本)의 후원하에 불과 8명의 종업원으로 1990년 '사가노(嵯峨野)관광철도주식회사'가 발족하였다.

적은 예산을 마련하여 폐선으로 인해 방치되었던 노선을 다시 정비해 연선에 벚나무와 단풍 묘목을 돌려 심고 1991년 4월에는 사가노(嵯峨野) 토롯코1번 열차를 운행하기에 이르렀다.

승객은 당초 연간 20만 명을 예상하였지만 벚꽃과 단풍나무의 성장과 함께 관광객은 증가하여 2014년에는 연간 이용자 100만 명을 달성했다. 지금은 교토(京都) 관광의 고객유치 상위를 차지하는 관광 산업으로까지 발전하고 있다.

일본 철도의 특징 중의 하나는 역사적으로 군사적 목적으로 사용되었다는 것이다. 철도는 전시와 평상시에 있어서 병력과 물자수송에 사용되었다. 이러한 군사적 목적에도 사용되는 것을 정한 군사 공용량은 국철과 지방철도에 적용되는 군사수송의 의미, 방법, 시설의 공용과 요금을 정한 칙령에 근거하고 있다.

이 칙령의 역사는 1894년 우리나라 임오군란 때 임시군용화물철도수송절차를 정하고, 같은 해 8월에 청일전쟁에서 국철, 사철인 일본철도와 산요철도를 통해 군사수송에 있어 병력, 화물, 말 등의 운임할인방법을 정하는 것에서 비롯되었다.

물론 이것은 군사수송의 규정이 불완전하여 대규모의 수송에는 부적합하였다. 러일전쟁을 통해 양국 간의 형세가 긴박해지자 1904년에 칙령 제12호로 공포되었다. 전체 18조로 되어 있는데 적용 범위는 당시의 사설 철도회사(현재의 지방철도)를 위주로 정하고 그 군사수송에 적용되어 당시의 관설 철도(현재의 국철)에 대해서는 벌칙 이외의 규정이 준용되었다.

군사수송의 의무를 보면, '철도는 육·해군의 요구에 따라 군사수송을 해야 한다. 또한 수송요구가 있는 경우 정당한 사유가 있는 경우를 제외하고는 토지, 건물, 차량 또는 재료의 제공을 거절할 수가 없다. 이 경우에 비용을 보상받는다. 또한 다른 철도로부터 군사 수송

공습 후 도쿄역(1945년 5월 25일)

상 필요한 도움의 요청이 있는 경우 지장이 없는 한 도움을 주어야 한다. 군용열차는 부득이한 상황 또는 군으로부터 요구가 있는 경우를 제외하고는 직통 운전을 해야 하며 또한 군용열차에는 다른 물품의 적재를 하지 못하지만, 군의 승인이 있는 경우에는 우편물을 적재하고, 또한 우편열차를 연결하는 것이 가능하다. 요금의 경우 객차에 대해서는 등급별로 정해져 있지만, 협의에 의해 할인이 가능하다.' 등을 규정하고 있다. 이 군사 공용령은 1945년 12월에, 철도 군사수송규정은 1946년 1월에 각각 폐지되었다.

〈표 2-9〉 군사적 목적으로 이용된 철도

1894년 청일전쟁	1931년 만주사변
1904년~1905년 러일전쟁	1937년 중일전쟁
1914년~1919년 제1차 세계대전	1939년~1944년 제2차 세계대전

한편, 철도 국유화 이전의 사철은 경제적 합리성 이외에 지역공동체로서의 의미가 컸다. 초기의 여객수송이 활발하게 되었는데 지방 도시의 경제·문화적 세력권과 철도를 연결하는 도시발달사적인 측면도 강하였다.

철도를 통해 지역이 발전하였다. 1918년 정우회에 의한 정당정치의 발달로 지방철도를 건설 위주로 추진하였고 1919년에 사설철도법과 경편철도법이 통합되어 지방철도법이 만들어졌다. 정비 신칸센의 경우 다음과 같은 발전과정을 거

〈표 2-10〉 정비 신칸센의 주요 추진경위

1970년 5월 정비 신칸센 철도정비법 제정	1994년 12월 연립여당 합의
1972년 6월 기본계획 결정	1997년 10월 호쿠리쿠신칸센 다카사키~나가노 개통
1973년 11월 정비계획 결정	2002년 12월 도호쿠신칸센 연장선 개통
1988년~1990년 정부와 여당 합의	2004년 3월 규슈신칸센 개통
1991년 10월 철도정비기금 설립	2009년 12월 정비 신칸센 문제 검토회의

쳤다.

　기본방향은 주요 도시를 3시간 이내로 도달할 수 있고, 재래선 구간에서 120km 이상, 신선 구간에서 200km 이상의 속도(최고속도 260km)로 운행하는 것으로 되어 있다. 재원은 대략 중앙정부 3분의 1(신칸센 양도수입금, 공공사업비에서 부담), 지방정부 3분의 1(지방교부세에서 부담), 운영 회사에서 사용료로서 3분의 1이 되고 있는데, 정비 신칸센의 경제성은 지역 개발 효과 등을 감안하여 B/C 2.4~2.6에 이르고 있다. 주요추진지역은 홋카이도지역, 규슈지역, 동북지역 등이 대상이 되고 있다.

4. 맺는말

　일본의 철도 네트워크 구축과정을 통해 우리나라에 주는 시사점은 다음과 같다.
　첫 번째로는 철도망의 확장 노력이며 철도를 단순한 네트워크가 아닌 철도의 다양한 기능과 영향력에 주목하여 추진하였다. 초기에는 근대화 이후에는 산업발전 등에 주목하였고, 1964년 이후에는 신칸센을 통한 여객수송에 중점을 두었다. 그간 일본의 철도는 군사적 목적, 산업철도, 관광철도, 대도시철도 등에서 많은 역할을 감당해 왔다.
　두 번째로는 간선과 지선을 계층적으로 연결하는 노력이 있었다. 이를 통해 전국 어디에도 갈 수 있는 국민들에게는 철도의 이용권을 확대시켜 주었다.
　세 번째로는 1970년 정비신간선법처럼 간선 네트워크 구축을 위한 법적 장치가 있다. 정부의 보조제도로는 지방철도에 대한 보조제도가 있으며 경영안정기금은 수요가 적은 지역의 철도에 보조금을 지급하고 있다.
　그간 우리나라 철도망의 성격을 분석해 보면 다음과 같다.
　첫째, 최초의 철도인 노량진~인천은 인천의 성격과 깊은 관련이 있는데 서울의 외항이며 무역항으로 그리고 일본인들이 많이 거주하였기 때문에 맨 처음으로

홋카이도 정비 신칸센(2016년 3월 26일 개통)

부설되었다.

둘째, 경부선과 경의선의 경우는 한반도의 종관철도로 대륙과의 연결을 염두에 두고 만들어진 노선이다. 그 후 만들어진 호남선과 경원선의 경우 식민지철도로 곡물과 자원 수탈을 위해 만들어진 노선이다.

셋째, 기타 동서를 연결하는 경전선 그리고 간선과 연결되는 간선연결형이 있다. 이 노선의 예를 들면 충북선, 경북선, 장항선 등이 간선연결형 철도였다.

넷째, 산업선으로 태백선, 영동선, 중앙선은 해방 이후 경제성장기에 산업발전에 크게 기여하였다.

마지막으로 폐선된 금강산선 등은 관광철도로 기능하였다.

따라서 향후 우리나라도 철도망 구축에 있어 대륙을 연결하는 국제철도, 간선철도, 산업철도, 관광철도 등 다양한 개념의 철도망이 필요할 것이다.

제2절

철도화물의 민영화와 분리

이용상(李容相)

1. 일본의 철도화물회사 분리 개요

일본 국철 개혁은 파탄에 직면하고 있는 국철을 교통 시장 내에서 격렬한 경쟁에 견딜 수 있는 사업체에 변혁하여 국민 생활에 기여할 수 있는 충실한 수단으로서의 철도의 역할과 책임을 충분히 완수할 수 있도록 철도사업을 재생시키는 목적으로 추진되었다.

이러한 인식하에 철도의 단순한 민영화가 아니라 국가적 차원에서의 철도개혁을 통하여 국민에게 편리성을 제공하기 위한 것이 주요 목표였다.

당시 국철의 문제점이 경영악화라고 판단하고 또한 국철의 경영이 악화된 최대의 원인이 정부 운영의 공사라고 하는 자주성이 결여된 채 전국 일원의 거대 조직으로 운영되고 있는 경영형태 때문이라고 판단하였다.

전국 일원의 거대 조직으로서의 공사라고 하는 경영형태 그 자체를 근본적으로 개혁하는 것에 의해 국철 사업의 재생이 가능해진다고 판단하였으며, 이러한 인식 아래에 분할·민영화하는 것을 기본으로 하여 개혁을 추진하였다. 즉 당시와 같은 전국 일원화의 조직으로서는 적절한 경영관리가 어렵고 사업운영이 획일적으로 일어날 가능성이 높고, 각 지역이나 각 사업 부문 간에 의존관계가 생기기 쉽고, 각각의 경영실정에 맞는 효율화를 저해하며 동종 기업 간 경쟁의식이 생기지 않는 문제가 있다고 판단하였다.

이러한 폐해를 극복하고 철도사업으로서 탄력적인 운영이 가능하기 위해서는 적절한 경영관리가 필요하고, 또한 지역성이나 사업 부문의 특성을 반영한 사업관리가 확보되도록 적절한 사업단위로 분할하는 것이 불가결하다고 제안하였다.

또한 공사제도로서는 외부 간섭을 피하기 어렵고, 경영책임이 불명확하며, 노사관계가 비정상일 가능성이 높고, 사업 범위의 제약이 있어 다각적이고 탄력적인 경영이 어렵다는 문제점이 있으며, 이것은 공사라는 경영형태에 내재하는 구조적인 것이다. 이를 타파하기 위해서는 현행 공사제도는 민영화하는 것에 의해 경영자의 관료제 체질의 개선과 직원의 의식개혁을 도모하고, 관련 사업을 전개해서 경영기반을 강화할 수밖에 없다고 판단하였다.

이러한 국철 개혁의 추진으로 일본철도화물수송이 여객회사의 민영화와 함께 별도의 독립회사로 분리되었는데 추진배경에 대해서는 1987년 철도 민영화 당시 이를 추진한 '국철재건감리위원회'의 의견을 통해 이를 명확하게 알 수 있다.

국철재건감리위원회의 의견은 철도화물은 장거리 화물과 대량수송에 적합하다는 것을 전제하고, 국유철도에서의 화물수송의 문제점으로 1950년대의 임해공업단지의 발달로 트럭과 내항 해운이 급격하게 성장한 반면, 철도수송량은 감소하여 적자가 누적되었는데, 적자 요인으로는 많은 작업 인원과 장시간의 하역작업 등 예전 그대로 동일한 야드 운송방식을 유지하기 때문이라고 지적한다.

이에 철도화물은 장래 컨테이너와 석유, 시멘트수송 등 장거리 대량수송의 장점을 살리기 위해서는 경영의 근본적인 개선이 필요하며, 이를 위해 종래의 야드 운송방식에서 컨테이너화 그리고 직행 운송방식으로 전환하고, 인원과 경비를 절감하며, 여객과의 통합운영에 따른 사업의 불명확성 등의 문제점을 해결하기 위해서는 여객과 분리하여 운영하는 것이 바람직하다는 의견을 제시하였다. 이러한 건의에 기초해 일본 정부는 철도화물을 담당하는 일본화물철도주식회사(JR화물)를 설립하여 철도 수송을 담당케 하였는데, 운영방식은 선로를 소유하지 않은 채 여객회사 소유의 선로를 빌려 운영하는 방식으로 미국이 화물철도회사가 선로를 가지고 여객이 빌려 쓰는 것을 모델로 참고하여 추진하였다. 이에 일본철도화물 철도주식회사는 1987년 4월 1일에 자본금 190억 엔으로 출발하여 화물 운송사업과 부대 사업 등의 영업을 하고 있다.

2. 철도화물 분리 시의 주요 쟁점 및 추진내용

1) 경영체제에 관한 기본적인 생각

국철의 화물 운송은 당시 수송 구조가 크게 변화해 교통기관 간의 경쟁이 격화하는 가운데 합리화나 사업 분야의 재검토가 시행되어야 함에도 적절히 시행되지 않았으며, 적재 효율의 낮은 열차도 많이 보유하는 등 독점시대의 경영 감각으로부터 탈피하지 못한 채 지속적인 적자가 발생하는 등 심각한 상황을 초래하였다.

그러나 철도화물 운송은 수송 수단으로서 본래 뛰어난 특성을 발휘할 수 있는 분야를 가지고 있어 앞으로도 상응하는 역할을 수행할 것으로 기대되지만, 그러기 위해서는 경영책임이 불명확하고 비용의식에도 부족한 당시의 체제를 근본적으로 고치는 것이 불가결하며 다음과 같은 이유에 의해서 화물 부문의 경영을 여객 부문으로부터 분리, 독립한 사업체로 추진하였다.

우선 철도화물 수송은 주로 산업계의 기업 활동의 일환으로서 이용되는 것과 동시에 출발지와 도착지에서 물류 사업자 등과의 제휴가 불가결하는 등 여객운송과 다른 특색을 가지고 있어 이러한 상황에서 물류계의 일원으로 적절한 경영을 전개해 갈 필요가 있다.

두 번째로는 철도화물 수송에 의해 발생하는 경비를 올바르게 파악, 비용에 기초를 두는 화물 부문 독자의 확고한 수지 관리를 전제로 하여 경영책임을 명확하게 할 필요가 있다.

세 번째로는 여객 부문이 6개의 사업체에 분할되는 상황에서 수송 거리가 길고, 왕복운행이 불균형이 되기 쉬운 화물 운송을 원활히 운영하기 위해서는 여객 부문으로부터 독립하여 전국 일원적인 사업운영을 하는 것이 바람직하다.

2) 철도화물이 사업으로서 성립되기 위한 요건

철도화물 수송이 독립된 사업으로서 성립될 수 있기 위해서 새롭게 설립되는 철도화물회사가 다음과 같은 조건을 충족시켜야 한다고 제안하였는데, 이것은 향후 우리나라에서의 철도화물 수송의 별도분리에서 주요한 참고사항이 될 것으로 판단된다.

(1) 독립채산 가능한 사업체제의 확립

철도화물회사가 자립해 나가기 위해서는 적정한 선로 사용료 등 독립된 사업체로서 부담해야 할 경비를 조달하면서 채산을 맞추어 나가는 것이 불가결의 전제이다. 그러나 화물수송의 현상은 자립 가능성은 어렵고, 향후 신설되는 사업체제로 나아가기 위하여 새로운 사업 범위의 재검토를 실시하고 직행화물의 효율적인 수송체제의 확립을 도모해야 한다.

(2) 비용 절감의 도모

철도화물회사가 다른 수송기관과 격렬한 경쟁 하에서 생존해나가기 위해서는 수송비용의 절감 노력을 기울이는 것이 가장 중요한 과제이다. 예를 들면 운전 승무원이나 역 요원의 운용에 대해 효율화를 도모하는 것과 동시에 열차의 견인 톤수를 높이는 등의 노력을 수행하는 것 외에도 계승하는 자산에 대해서도 장래의 경영상 부담이 되지 않게 필요한 것만 최소한의 것으로 해야 한다.

덧붙여 새로운 철도화물회사가 업무 전반에 걸쳐 비용 관리를 적절히 행하기 위해서는 화물열차의 설정·운행을 시작으로 화물역이나 화차·컨테이너의 관리 등 철도화물사업과 관련된 업무 전반에 대하여 일원적으로 경영책임을 완수할 수 있는 체제가 적당하다.

(3) 판매 방식의 개선에 의한 안정 수입

과거 일본 국철의 화물수송은 집하 능력이 낮고 이와 함께 적재 효율의 낮은 지극히 비효율적인 수송이었다. 새로운 철도화물회사의 경영 안정화를 위해서는 풍부한 경험과 능력을 갖추는 통운·트럭 사업자 등 물류 사업자의 주문에 의한 왕복 열차 단위의 판매에 중점을 두는 등 판매 방식을 개선하여 안정 수입의 확보를 도모할 필요가 있다.

(4) 여객철도회사와의 조화로운 사업운영

새로운 경영체제에서는 선로 등의 기초시설을 여객철도회사와 공용하여 사업 운영을 하게 되지만 그 안정적인 사용을 확보하는 것과 동시에 열차 다이어의 조정이나 선로 사용료의 설정 등이 원활히 행해지기 위해서는 철도화물회사와 여객철도회사와의 사이에 밀접한 협조 관계를 구축하는 것이 중요하다. 따라서 양자 사이의 이것들에 관한 사용 실태를 검토하여 적절한 규정을 만드는 등의 조치를 강구하여야 한다.

3) 새로운 철도화물회사의 대책에 관한 구체안

새로운 철도화물회사의 대책에 대해서는 철도화물회사의 독립적인 체계로의 변환과 관련 사항들에 대한 기본적인 인식을 기초로 하여 구체적인 안을 추진하였는데 우선 다음과 같은 요소들을 적극적으로 검토하였다.

먼저 독립채산이 가능한 체제를 확정하는 것에 있어서는 설정 가능한 운행 다이어나 여객철도회사에 지불해야 하는 선로 사용료 등의 화물수송과 관련되는 비용을 명확하게 할 필요가 있다.

또한 레일 등 기초시설을 여객철도회사와 공용으로 사업을 운영하게 되기 때문에 열차 운행을 스스로 행하는지, 아닌지 등 구체적인 업무의 내용에 대해서 안전과 효율 면 등을 종합적으로 고려해서 결정할 필요가 있으며, 아울러 하주나 물류 사업자 등의 철도 이용에 대한 전망을 얻을 필요가 있다는 것이다. 그때 당시 현 단계에서 확정할 수 없는 사항이 많으므로 이후 정부는 국철과의 밀접한 제휴 아래에 하주·물류 사업자의 의견도 청취해 전문적이며 기술적으로 실행 가능한 구체안을 작성해야 한다.

그 경우 화물 운송은 여객수송과 비교해 수송 거리가 길고, 컨테이너운송·차급 직행 운송의 60%를 넘는 열차가 복수의 여객철도회사에 걸쳐 운행되고 있는 실태 등을 고려하여 기본적으로는 화물 운송도 포함하여 전국 일원의 경영체제로 하는 것이 적절하다고 생각할 수 있다.

철도화물회사에 관한 공제 제도 및 퇴직 수당 취급, 금융·세제 조치 등에 대해서는 여객철도회사의 경우와 기본적으로 동일하게 적용한다. 또, 자산의 승계에 대해서도 여객철도회사의 경우와 동일한 장부가액으로 하며, 그 액수로부터 자본금 및 퇴직급여 준비금을 공제한 액수를 장기채무로 계승하는 것으로 한다. 또한 사업용 용지의 승계에 대해서는 국민 부담과 연결되므로, 특히 엄정한 취급이 필요하다.

철도화물사업의 운영 체제를 근본적으로 고치는 것과 아울러 당시의 국철이 가고 있는 철도화물 수송과 관련하는 제도에 대해서도 화주나 물류 사업자에게 있어서 이용하기 쉽도록 하는 것을 기본으로 하여 정부에서 필요한 검토를 실시하는 것으로 하였다.

4) 새로운 화물철도주식회사의 설립을 위한 준비

여객 부분과 화물 부분을 분리하여 전국을 하나의 회사로 운영하며, 사업으로서 가능하기 위해서는 다음과 같은 큰 원칙이 정해졌다.

〈표 2-11〉 여객과 화물회사의 분리원칙

- 독립채산이 가능한 사업부제 확립 - 운영비용 절감 - 판매방식의 개선에 의한 안정 수입 확보 - 여객회사와의 원활한 협조	- 선로 사용료와 화물수송 비용 명확화 - 열차운행의 안전과 효율성 고려 - 물류사업자의 철도 이용 용이성 제고

이와 함께 다음과 같은 것이 새롭게 준비되었는데, 1985년에 국토교통성이 재건감리위원회에 제출한 '새로운 철도회사의 방향에 대하여'를 살펴보면, 이 내용에는 사업 범위, 내용, 요원 규모, 판매 방식, 여객철도회사와의 관계, 출자방식, 인수자산과 채무, 화물철도회사의 경영개선에 대한 제안을 하고 있으며, 요원 규모에 대해서는 수입에 대한 인건비총액(여객철도회사로 위탁한 인건비 상당분을 포함)의 비율이 40%를 넘지 못하도록 하였다.

'여객회사와 화물회사 간의 선로사용에 관한 협정(1987년 1월 1일에 체결)'에서는 레일 등의 기초시설 사용, 열차 다이어의 조정, 경비분담의 방향에 등에 대해서는 화물철도회사와 여객회사와의 협의를 기본으로 하여, 양자 간의 원활한 사업운영을 확보하기 위해 사전에 적절한 원칙을 정하는 것과 함께 필요에 따라서는 법적 조치를 포함한 필요한 담보 조치를 강구하도록 하였다. 또한 화물철도회사가 부담해야 하는 경비는 화물수송이 없다면 그 발생이 회피된다고 인정되는 경비(회피 가능 비용)로 하였다. 선로 사용료의 인가는 운수대신(장관)이 하도록 하였으며, 이 외에 여객철도회사와의 사이에 운수에 관한 기본협정을 포함해 7개의 기본협정과 부문별 협정과 세목을 정하여 1987년 4월 1일에 체결하였다.

여객회사와 화물회사 간의 운수 영업에 관한 기본협정(1987년 4월 1일)에 따라 정해진 주요한 것들은 다음과 같다.

- 직통 여객열차 및 화물열차의 운전계획에 관한 협정(1987년 4월 1일)
- 다이어 설정의 우선순위에 관한 표준협정(1987년 4월 1일)
- 직통 여객열차와 화물열차의 운전정리 및 운전 수배에 관한 협정(1987년 4월 1일)
- 이상 시에 있어 사고처리 및 수송 수배에 관한 협정(1987년 4월 1일)

〈표 2-12〉 화물회사 분리 시 준비된 사항

① 새로운 철도회사의 방향에 대하여(1985년 국토교통성이 재건감리위원회에 제출)
② 여객회사와 화물회사 간의 선로사용에 관한 협정(1987년 1월 1일 체결)
③ 여객회사와 화물회사 간의 운수영업에 관한 기본협정(1987년 4월 1일)

5) 당시 화물철도 분리 민영화의 쟁점

당시 철도공사에서 여객과 화물의 분리에 따라 제기되었던 쟁점들을 정리하면 아래와 같다.

먼저 여객과 화물의 분리 재산목록 등이 불명확하고 여객과 화물 분리의 구체적인 업무 분리기준, 특히 안전·효율성 면에서 분리기준이 명확하지 않다는 것이다.

두 번째로는 민영화 후 바로 흑자 시현이 어려우므로 정부가 출자한 특수회사로 출범하고 후에 민영화해야 한다.

세 번째로는 컨테이너 직행열차, 석유, 시멘트 등 대량 화물 중심 수송이 되어 중소상인 등이 소외되어 공공성이 후퇴할 우려가 있다.

네 번째로는 통운·트럭회사와의 제휴 등을 강조하여 국민을 위한 화물수송이라는 개념이 없어진다는 문제점을 안고 있다.

마지막으로는 철도의 경비부담방식에서 당시 공통비의 배분 방식은 화물회사의 부담을 덜어주기 위해 공통비의 많은 부문을 여객회사에 배분하지 않으면 안 된다는 것이다. 이와 관련해서는 화물회사가 여객회사에 종속되고, 여객회사의 운임상승 우려로 결국 국민 부담이 될 것이다. 또한 화물회사의 경영책임이 불명확하고 행정개입의 가능성이 커지며, 여객회사의 반발이 클 것이라는 문제점이 제기되었다.

6) 개혁 관련 법의 성립과 새로운 체제로 이행 준비

제 법률의 성립에 의해 정부, 국철은 신체제로의 이행을 위해 준비 작업을 진행하였다. 주요한 내용을 보면, 승계법인이 국철로부터 승계한 자산의 가격을 결정하기 위한 평가위원회의 설치, 매각 가능한 국철 용지 등에 관한 의견 청취를 위한 제3자기관의 설치, 여객회사 등의 설립위원 임명, 기간통신회사, 연구소 등의 승계법인 지정, 국철 사업의 승계와 함께 권리 의무의 승계에 관한 실시계획에 대해서 국철에 대한 작성지시, 국철에 의한 계획책정 그리고 그의 인가 등이다. 또한 국철 사업의 승계에 관한 기본계획을 수립하였다.

7) 일본화물철도주식회사의 발족 및 민영화의 시사점

국철 개혁의 방침이 결정되어 국철 최후의 열차 시각표 개정을 1986년 11월에 실시한 후 11월 28일에 국철 개혁 관련 8 법안이 성립되었다. 이와 함께 분할 후의 여객철도회사와 화물철도회사와의 원활한 업무운영을 확보하기 위해 선로 사용료, 열차 다이어의 조정, 수탁 후의 규정 등 새로운 회사의 토대를 확보하였다. 1987년 3월 31일부터 새로운 회사의 다이어 개정이 끝나 1987년 4월 1일 일본화물철도주식회사가 시작되었다.

초년도 수입은 상반기의 부진으로 계획에는 못 미쳤지만, 하반기부터 국철 시대와는 다르게 임시 화물열차를 운행하는 등 여러 가지 노력을 경주하였으며, 버블 경기의 영향으로 3/4분기부터는 계획치를 달성하여 연간 계획치를 상회하였다. 그 결과 1987년 결산은 수익이 1,727억 엔, 경상이익이 59억 엔, 당기순이익이 18억 엔을 달성하여 예상보다 높은 수익을 기록하였고 이후 1992년도까지 연속해서 이익을 시현하였다. 일본철도 민영화 시 화물육성과 민간사업자와의 공생 그리고 철도회사의 경영 효율화를 적극적으로 추진하여 나름의 성공을 거둘 수 있었으며, 화물철도회사의 경영은 인원을 4분의 1로 감소, 값싼 선로 사용료, 대기업과 통운, 트럭업자에의 혜택(화물철도회사와 연대강화) 등에 의해 흑자 전환을 모색하였다. 이에 따라 통운과 트럭회사와 제휴 관계를 강조하였고, 운영비용의 절감을 강조하였다. 화주의 철도 이용의 용이성을 제고하고 철도화물회사의 인건비 총액이 비용의 40%를 넘지 못하도록 하여 화물철도회사의 비용 절감과 이에 따른 운임인하를 유도하였다. 수송능력을 비교해 보면 민영화 직후인 1987년에 비해 2009년의 영업 · km는 82% 수준으로 감소하였고, 화차수도 46% 수준으로 감소하였다.

한편, 열차 밀도는 2002년이 1987년에 비해 22% 증가하였다.

그러나 여객화물 분리 후 현재까지 차량의 노후화, 직행시스템에 맞지 않는 역설비, 국제용 컨테이너 설비의 부족, 인프라 이용의 제약, 포워드 기능의 미약(경쟁자가 고객인 시스템) 등과 같은 문제가 발생하고 있으며 이를 해결하기 위하여 많은 노력을 기울이고 있다.

제3절

철도역의 르네상스

이용상(李容相)

1. 들어가며

철도 개통으로 철도가 통과하는 도시들이 발전하기 시작하였으며 역 주변으로 인구가 집중되고 상업과 유통업이 발전하기 시작하였다.

일본 철도는 그간 국철운영에서 발생한 적자문제를 해결하지 못해 1987년 4월 1일 민영화되었다. 이를 통해 모든 철도사업이 상업성을 가미한 운영이 되고 있다.

철도역의 경우도 운송기능에서 상업기능까지 갖춘 복합개발이 이루어지게 되었다. JR히가시니혼, JR니시니혼 등의 대부분 주요 역은 역사뿐만 아니라 백화점, 문화 공간 등을 갖추고 여객에게 역의 기능 이외에 쇼핑, 회의, 문화, 휴식 공간 등을 제공하고 있다.

이러한 새로운 역사개발을 통해 역이 생활의 중심이 되고 있으며 이용객도 크게 증가하고 있다. 또한 역을 중심으로 하는 도시계획으로 지역의 균형 있는 발전을 꾀하고 있다.

이러한 변화는 그동안 일본 철도가 국유철도운영에서 민영화되면서 각 철도회사는 자립 운영을 위해 공공성보다는 기업성을 추구하는 회사로 거듭나야 하는 필요성 때문이었다.

국철 시대의 철도운영이 파탄된 이유로는 내부적으로 인건비, 지방적자선, 화물부문, 차입금과 외부적으로 급격한 교통 환경변화, 국철에 대한 과도한 내외부 행정규제 등을 들고 있다.[40] 민영화 이후 각 회사는 독립적인 운영을 위해서 비용 절감과 함께 수익 창출에 온 힘을 기울였다. 수입 창출을 위해서는 다양한 부대사업을 전개할 수밖에 없는데 그중의 하나가 바로 역을 개발하여 상업성을 가미한 운영이다.

우리나라의 경우 철도는 공사운영체제로 역 대부분이 승객의 상하차 기능만 수행할 뿐 역을 중심으로 도시개발이 이루어지고 있지 않은 실정이다.

그간의 관련 연구를 보면, 철도역세권에 관한 연구로는 조남건(2005)이 '일본의 고속철도 역세권 개발사례'를 한 것이 있으며,[41] 위정수(2009)는 '역세권 활성화를 방안에 관한 국내외사례 비교연구'를 하였다.[42] 국내 역세권개발에 관한 연구로는 정봉현(2009)이 '호남고속철도 개통에 대비한 광주권 고속철도역의 운영 및 역세권개발 방향 지역개발연구'를 수행하였다.[43]

그간 연구를 보면 고속철도 역세권에 국한되어 있고 국내연구도 역세권에 한정되어 있다. 일본에 관한 연구도 역의 기능변화, 특히 민영화 전후를 비교해서 분

....

40) 이용상 외(2005), 《일본 철도의 역사와 발전》, 한국철도기술연구원, pp.121-125

41) 조남건(2005), '일본의 고속철도 역세권 개발사례', 국토연구원, pp.114-123

42) 위정수(2009), '역세권 활성화 방안에 관한 국내외 사례 비교연구', 2009 한국철도학회 가을 학술대회 발표대회논문집, pp.636-647

43) 정봉현(2009), '호남고속철도 개통에 대비한 광주권 고속철도역의 운영 및 역세권개발 방향 지역개발연구', 전남대학교 지역개발연구소, pp.123-144

석하지 못한 한계가 있었으며 최근에 개발된 역을 설명하지 못하였다.

이 장에서는 일본의 주요 역의 최근 개발사례를 통해, 특히 민영화 이후 일본 철도역의 기능이 어떻게 변화해 왔으며 그 효과는 어떠했는지를 살펴보고, 이를 통해 시사점을 도출해 보고자 한다. 역사적으로 지역은 철도를 중심으로 발전하였다가 그 후 자동차의 발전으로 발전 축이 변화하였다가 다시 철도역이 발전하는, 이른바 '역의 르네상스 시대'가 도래하였다. 이에 철도의 부활이라는 관점에서 관찰하여 일본적인 특징이 무엇인가 그리고 철도역의 발전을 새롭게 해석하여 우리나라에 주는 시사점을 살펴보고자 하였다.

일본은 우리나라와 비슷한 지형적인 특징과 여객수송의 분담률이 세계 최고인 인 기준으로 약 27%로 우리나라의 철도 발전 모델이 되고 있다.[44] 향후 우리나라 철도가 나아가야 할 방향에 여러 가지 시사점을 줄 것으로 보인다.

이 연구의 방법론은 기본적으로 일본의 철도역 개발사례를 통해 우리나라에 대한 시사점을 찾는 방식으로 진행하였다. 일본 사례와 우리나라의 사례를 비교하는 방식을 취하였는데 이러한 비교분석연구의 장점은 서로 다른 환경에서의 법과 제도, 기능의 분석을 통해 서로 다른 해석과 설명이 가능함과 동시에 발전적인 시각에서 분석이 가능하기 때문이다.

연구방법론은 체제론적인 접근방법을 취하였고, 특히 투입요소로서 제도와 법에 중점을 두고 비교분석을 하였다. 투입요소의 다름에 따라 산출물 또한 다른 결과가 나올 것이라는 가정인데 양국의 경우 다른 역사적 배경을 가지고 있고 철도 발전과정도 다르므로 서로 다른 투입요소와 과정 그리고 결과가 다를 수 있지만 상호 간의 차이를 통해 새로운 발전을 모색할 수 있기 때문이다. 그중에서도 제도와 법은 정책을 표현하는 가장 중요한 지침이며, 그 영향력이 매우 크기 때문이다. 국가 간의 비교연구에서는 많은 연구들이 이러한 방식을 쓰고 있다. 특히 일

---

[44] 일본 국토교통성 자료 www.mlt.go.jp

본의 경우 민영화라는 경험과 이를 실현하려는 법과 제도가 많은 영향을 미쳤기 때문이다. 연구범위는 일본철도 민영화 이전과 이후의 역사개발을 중심으로 하였고 시사점 도출을 위해서 우리나라의 철도역으로 개발 예정인 용산역을 사례로 들었다. 연구 흐름과 비교분석의 기준, 틀을 살펴보면 다음과 같다.

---

① 일본의 철도역 개발 사례분석(민영화 이전과 이후의 변화)
② 변화 요인에 대한 설명(법과 제도 등)
③ 한국과 일본의 비교, 분석(분석 기준은 법과 제도) → 해석
④ 시사점 도출과 향후 개선방안 → 일본적인 특수성 도출

〈그림 2-9〉 분석 틀

2. 역의 르네상스

일본 철도는 개통 이래 국유철도로 운영되었는데 국유철도시설 철도역은 단순하게 상하차의 기능을 하는 철도시설 일부에 불과했다. 다만, 철도라는 새로운 수송수단의 탄생으로 역 주변은 새로운 상권을 형성하였다.

그러나 일본 철도역의 개념이 바뀐 대표적인 사례 중의 하나가 1997년 교토역 개발이다. 국철이 민영화된 이후 민영화된 회사는 철도역의 개념을 그간의 운송기능에서 복합기능으로 이해하기 시작하였다. 복합기능을 생각한 주요한 이유 중의 하나는 수익성 창출이었다. 민영화된 회사는 승객이 모이는 곳이야말로 수익을 낼 수 있는 유일한 거점이라고 생각하기 시작하였고 다양한 사업을 전개할 수 있도록 법의 개정도 함께 노력하였다.

또한 철도회사들이 지역으로 분할 민영화되어 지역과 밀접한 관련을 가지고 있었고 지역을 기반으로 발전하지 않으면 안 되는 절박함도 있었다. 이에 각 철도회사들은 이러한 배경하에 철도역을 새롭게 인식하고 개발하기 시작하였다.

제도적으로 보면 1971년 국유철도법 시행령 개정에서 역 빌딩을 직접 개발할

교토역 전경

수 있게 되었으나 철도운영 자체가 적자로, 본격적으로 역 빌딩을 개발하고 수익성을 창출한 것은 철도 민영화 이후였다.

1) 교토역(1993년~1997년)

교토역은 1877년 처음으로 건설된 이후, 1952년 철근 콘크리트로 만들어진 역을 1993년에 다시 개축한 것이다.

교토역은 교토 정도(수도를 정함) 1,200년을 기념하여 새로운 개념의 역으로 탄생하였다. 일본의 역 르네상스를 대표하는 역으로 건축적인 미학과 다양한 복

제2장_철도정책 137

합기능으로 새로운 철도역사로 자리매김하고 있다. 교토역의 개발 주체는 니시니혼철도주식회사와 교토역개발주식회사이다. 철도회사가 토지를 출자하고 민간회사와 지방자치단체인 교토부와 교토시가 출자하여 개발주식회사를 만들었다.

역 빌딩은 총 16층으로 부지면적 11,212평에 전체면적이 70,910평이다. 교토역은 지하철과 지역 간 철도의 환승이 지하와 지상으로 연결되어 있고, 역사 전면에는 버스터미널, 택시터미널이 있어 편리한 환승체계를 갖추고 있다. 역의 주요 시설은 역사 이외에 호텔, 백화점, 문화 공간, 공연 공간, 실외 정원 등을 갖추고 있어 철도역은 숙박, 회의, 문화, 휴식 공간으로, 교토의 명물로 자리 잡아 이용객도 크게 증가하고 있다.

층별 공간 구성을 보면 그 기능을 확실히 알 수 있다. 지하와 1~2층에는 역무 공간이, 2~6층에는 상업 시설이, 7~8층에는 문화 공간이, 9층~16층에는 문화

〈표 2-13〉 교토역 개발 현황

구분	역 빌딩동	주차장동
부지면적	11,212평	
연면적	70,910평	
층 수	지하 3층, 지상 16층	지상 9층
공사기간	1993년 1월~1997년 10월	
사업 주체	니시니혼여객철도(주), 교토역빌딩개발(주)	
공사비	1,400억 엔	
사업비 조달	1,400억 엔(정부 보조 3억 엔은 연결도로 연결)	
운영방법	개발회사 설립 : 교토역빌딩개발(주) - JR니시니혼 60%(토지 제공) - 민간회사 30%(44개 지방은행 및 기업) - 교토부, 교토시 각 5%씩 출자	
시설	- 역 시설(70만 인/일) : 3,030평 - 시민광장 : 760평 - 컨벤션, 호텔(670실) : 23,330평 - 상업시설(백화점, 전문점) : 15,150평 - 부대시설(통로 등) : 16,060평 - 문화시설(1,200석) : 2,730평 - 주차장(1,250대) : 9,850평 - 별관동 주차장(610대) : 3,940평	
기능	단순한 역사기능에서 복합기능으로 변화(상업, 문화시설)	

*자료 : 니시니혼철도주식회사 내부자료

〈표 2-14〉 교토역의 층별 시설내용

	용도	주요 시설	비고
지하	역사 출입 지하철 환승	지하철 교토역 환승시설 지하 자유연결통로	지하쇼핑몰(Potra)
지상 1~2층	승강장(신칸센, 기존선) 환승전이공간 (신칸센, 기존선, 지하철 간) 역무 공간	여객 및 접객시설 중앙콘코스 보행자통로 상업시설 역무시설	대계단(지상 1~10층) 호텔 그랑비아교토 (670실 규모)
지상 3~4층	상업시설(이세탄백화점, 쇼핑몰)		
지상 5~6층	상업시설(패션 전문관)		
지상 7~8층	문화 공간	연극장, 영화관, 예술관, 미술관	Skyway 시어터 1200(영화관)
지상 9~16층	공공시설 정보시설 쇼핑 및 문화 공간	행정기관 국제교류센터	옥내 정원

*자료 : 니시니혼철도주식회사 내부자료[10]

공간과 정보시설이, 1~10층 사이에는 호텔이 입주해 역의 기능이 역무시설에서 상업 시설, 문화 공간, 정보시설, 호텔로 다양화된 것을 알 수 있다.

교토역은 교통 허브 역할을 수행하고 있으며, 호텔, 컨벤션 기능을 통하여 사람들의 소통의 장과 백화점, 전문상점가의 입점으로 물건 유통의 장이 되고 있다.

철도역을 중심으로 한 개발로 역이 더욱 활성화되었고, 지역경제도 활성화되고 있다. 1일 이용객이 2010년 현재 70만 명에 이르고 있다. 이는 교토시 인구가 150만 명임을 고려할 때 많은 시민이 이용하는 것을 알 수 있다.

이러한 교토역 개발의 성공사례를 분석해 보면 다음과 같다.

첫 번째로는 니시니혼철도주식회사의 철도역에 대한 생각의 변화와 지방자치단체의 적극적인 협조 때문에 가능하였다. 당시 니시니혼철도주식회사의 이데 사

---

45) 필자는 니시니혼철도주식회사를 2회, 교토역을 3회 방문하여 직접 자료수집과 인터뷰를 시행하였다. 이 자료는 2010년 8월에 방문해서 얻은 자료이다.

장은 미래의 철도역을 구상하면서 새로운 기능을 가진 철도역 설계를 추진하였고, 교토시는 정도 1,200년 기념사업으로 이를 적극적으로 승인하였으며 복합역사가 가능하도록 적극적으로 협조하였다. 행정당국과 니시니혼철도주식회사 간에 CEO 회의를 자주 개최하여 의견을 조율하여 추진하였다.

두 번째로는 초기 대규모 역 개발에 대한 주변 상권의 반발도 있었으나 교토역빌딩개발주식회사는 상호공생을 골자로 하는 주민설명회를 자주 개최하고 이웃 주민들을 위한 시민광장 마련, 통행로 정비 등을 통하여 결국은 이웃의 동의를 얻었다.

세 번째로는 역사개발과 함께 개장 후에도 매년 리모델링과 새로운 이벤트를 통해 사람들이 모일 수 있도록 지속적인 노력을 기울였고 지금도 계속하고 있다.

2) 오사카역(2006년~2011년)

오사카역의 개발은 기본 역을 더 확장하는 개념으로 추진되고 있다. 신역사빌딩의 규모는 지상 15층, 지하 2층, 건축면적 35,000m^2, 북쪽 빌딩의 개발은 건축면적이 210,000m^2, 28층 규모이다. 개발 주체와 자본조달은 오사카터미널빌딩주식회사로 전액 JR회사가 출자(입주기업으로부터 미리 자본조달)하고 있다. 개발비용 1,700억 엔으로 예정되고 있다.

오사카역 개발의 기본방향은 역과 지역을 하나로, 관서의 관문으로서의 역, 사람들이 모여서 교류가 가능한 역, 쾌적하여 이용이 가능한 역, 사람과 환경에 친화적인 역을 목표로 개발하고 있다. 주요한 개발 내용을 보면 통로, 광장의 정비(옥상의 개발과 통로의 정비), 근본적인 역의 개량(노약자 시설개량), 새로운 북쪽 빌딩의 개발(상업 기능, 비즈니스 기능, 교류 기능), 오락 기능(JR회사 직영은 백화점과 영화관), 기존역사빌딩의 증축(상업 기능, 서비스 기능, 교류 기능) 등이다. 주변 지역과의 관계를 보면 보행자 네트워크 연계를 통해 물리적 장벽을 해소하고, 표지판 등을 충실히 설치해 심리적 장벽을 해소하고 있다.

<표 2-15> 오사카역 개발의 주요 내용

프로젝트 내용	규모	용도		면적
북쪽 빌딩 개발	건축면적 : 210,000㎡, 지하 3층, 지상 28층 높이 150미터	역사		25,000㎡
		백화점		90,000㎡
		쇼핑센터		40,000㎡
		영화관		10,000㎡
		피트니스클럽		5,000㎡
		오피스		40,000㎡
기존 역사의 확장 ACTY OSAKA	건축면적 : 35,000㎡, 지하 2층, 지상 15층 높이 70미터	백화점		35,000㎡
역의 개념	단순한 운송기능에서 복합기능으로 변화			

*자료 : 니시니혼철도주식회사 내부자료

   역 개발의 시사점을 보면 첫째, 관서 지역의 관문 역할로 자리매김하고 지역경제 활성화 거점이 되는 복합기능을 갖춘 역으로 개발이 되고 있다. 그다음으로는 지역주민의 편의를 위해 남북연결통로, 주변 지역과의 연계도로로 지역의 균형 있는 발전을 고려하는 등의 세심한 배려를 하고 있다. 마지막으로는 사업의 원활한 추진을 위해 관련 CEO 협의체를 운영하여 원활한 추진을 위해 노력하고 있다는 것이다. 이처럼 오사카역이 복합적으로 개발 가능하였던 것은 후술하는 '도시재생 특별법'이 큰 역할을 하였기 때문이다.

3) 법적 정비

   최근 철도역개발을 본격적으로 촉진시키는 법으로 일본에서 '도시재생 특별조치법'이 2002년 4월 5일 통과되었다. 주요 내용은 첫 번째로 도시재생 긴급정비 지역에 있어서 시가지의 정비를 추진하기 위해서 민간도시재생사업계획의 인정과 도시계획의 특례와 도시재생 정비사업에 기초한 사업 등에 교부금을 교부하는 특별 조치를 마련하였다. 두 번째로는 도시재개발법을 개정하여 도시 재생프로젝

오사카역 전경

트를 수행하기 위해 규제를 완화하였다. 세 번째로는 긴급정비구역 내의 사업자는 도시계획의 결정과 변경을 제안하는 권한을 주었다. 네 번째로는 특별구역으로 지정되면 용도규제, 용적률, 고도제한, 일조 규제 등의 도시계획 규제로부터 해방되어 초고층 빌딩을 밀집해서 건설하도록 하였다. 마지막으로는 철도, 도시철도, 경량전철 등 대중교통수단과 함께 개발하여 교통체증유발을 최소화하도록 하였다. 이를 통해서 역을 중심으로 한 역세권의 개발이 더욱 탄력적으로 추진될 수 있게 되었다. 또한 역세권개발을 촉진한 또 하나의 법률은 '대도시지역에 택지개발 및 철도정비의 일체적 추진에 관한 특별조치법'이 있는데, 이 법률은 1989년에 제정되어 대도시지역에 택지를 개발할 경우 철도를 함께 개발하도록 하여 역세권이 자연스럽게 형성되도록 하였다.

3. 변화

1972년 국유철도법 시행령으로 역 빌딩을 직접경영이 가능하게 되었으나 철도의 적자경영으로 역 개발이 본격적으로 이루어지지 못했다. 민영화 이후 철도 부대 사업과 관련한 법적 규제가 완화되어 철도회사가 직접 역사와 역세권을 개발하고 운영하는 직영방식 위주로 변화하였다. 민영화 이전 국철 시대 일본의 역세권개발 방식은 국철과 지방자치단체가 출자회사를 만들어 토지를 빌려주고 개발하도록 하고, 개발회사는 임대료 수입을 올리는 출자회사방식이다. 철도 부대 사업은 역 구내매점이나 식당운영에 한정되었고, 출자 한도도 제한되어 사업성이 매우 낮았다. 사업성 위주로 개발이 전환되었다. 또한 역세권에 상업 시설과 공공 시설이 입주한 복합용도로 개발하여 철도역을 도시 생활의 중심으로 발전시키고 있다. 민영화 이후 주요 역의 개발 현황을 종합해 보면 〈표 2-16〉과 같은데 규모 면에서 보면 도쿄와 나고야의 경우가 가장 크다고 할 수 있으며 모두 역의 기능을 다양화하여 호텔, 오피스빌딩, 백화점으로 사용하고 있음을 알 수 있다. 앞에서 언급한 역 이외에도 도쿄·나고야·후쿠오카역도 민영화 이후 거의 같은 방식의 개발이 이루어지고 있다.

〈표 2-16〉 일본의 주요 역 개발 현황

	부지면적(㎡)	연면적(㎡)	개발기간(연도)	내용
도쿄	89,400	759,100	2004~2011	43층 트윈타워
나고야	82,191	416,565	1994~1999	호텔 51층 오피스빌딩 53층
교토	11,212	238,000	1993~1997	호텔 등 16층 빌딩
오사카	18,700	210,000 (북쪽 빌딩 개발)	2006~2011	28층
후쿠오카	18,500	194,500	1986~1999	호텔 19층 오피스빌딩 17층

*자료 : JR 각사 자료 참고

이러한 역 기능의 변화는, 특히 민영화 전후에 크게 대별되는데 민영화 이후 철도역은 지방자치단체와의 협력으로 새로운 개념의 복합기능의 철도역으로 변화하였고 특별용적률의 적용, 지자체의 투자, 세금감면, 금융지원 등 제도적인 혜택을 받아 활발하게 추진되었다. 이를 정리한 것이 〈표 2-17〉인데 민영화 이전에는 자회사방식에서 이후에 직영방식으로 수익성 위주로 건설된 특징을 가지고 있다.

일본에서는 철도부설이 된 초창기에 철도를 통하여 지역이 발전하였고, 특히 철도역 중심으로 도시가 형성되고 발전하였다. 대표적인 예의 하나

나고야역 전경

〈표 2-17〉 일본철도 민영화 전·후의 철도역의 개발방식 변화

	민영화 이전	민영화 이후
철도역의 기능	운송기능에 한정	복합기능
제도적 장치	국유철도법 시행령 (역 직접 개발 가능 조항)	1987년 민영화 이후 지역의 협조(예 교토역) '대도시지역 택지개발 및 철도 정비의 일체적 추진에 관한 특별조치법'(1989) '도시 재생 특별조치법'(2002)
원칙	공익성	수익성과 공익성 추구 (상업시설과 공익시설 동시 입주)
개발방향	철도회사와 지방자치단체가 설립한 자회사방식	철도회사와 지방자치단체의 협력을 통한 직영 개발
대표적인 사례	역의 개·증축에 초점	교토역 개발(1997) 나고야역 개발(1999) 오사카역 개발(2011)
전략	도시계획법, 도시재개발법의 규제	규제 완화와 지원 ① 특별 용적률 적용 : 나고야역 900% ② 세금 감면 ③ 금융 지원 ④ 지자체의 투자
효과	- 단순한 역사로서의 기능 - 출자 한도의 제약으로 수익성 확보 어려움	- 규제 완화와 직영 개발로 수익성 확보 가능 - 지역경제 활성화

*자료 : JR 각사 자료 참고

는 도쿄 인근의 오미야(大宮)이다. 오미야에 철도가 부설된 것은 1883년으로 당시 일본철도회사에서 운영하는 사설 철도가 개통되었다. 이는 당시 지역의 유력 지주들이 철도유치운동을 펼쳤기 때문에 가능하였는데, 그들은 정거장 용지를 무상 제공하고 철도회사에 대해 건설을 건의하였다. 철도부설로 오오미야 역 주변이 완전히 바뀌게 되었는데 1902년에 출판된 사이타마현 '영업편람'의 지도를 보면 역 앞에는 여관, 마차 정거장, 음식점, 상점 등이 생겨나게 되었고, 또한 미곡상, 포목점 등이 들어서서 역 주변은 생산물의 집산지로서 번성하였다. 이러한 영향으로는 오오미야 지역의 인구는 1876년에 1,975명에서 철도가 개통된 1883년 이후 급격하게 증가하였는데 1935년에는 17.1배나 증가하였다(〈표 2-18〉 참조). 이는 주변의 철도가 통과하지 않는 다른 지역들에 비해 매우 높은 증가율을 보이고 있는데 철도가 통과하지 않은 주변 지역의 인구증가율은 1876년에 비해 약 2배 정도에 머무르고 있다. 이와 같은 인구증가는 철도 연변으로 택지가 개발되었고 도시계획도 철도 중심으로 진행되었기 때문이다.[46]

〈표 2-18〉 철도 개통에 따른 지역의 변화(오오미야의 사례)

	1876년	1884년	1889년	1921년	1930년	1935년
大宮町 (오미야)	1,975명 (1)	2,648명	2,863명	19,305명	29,765명	33,852명 (17.1)
三橋村	1,932명 (1)	2,045명	2,155명	3,755명	4,533명	4,938명 (2.6)
日進村	2,064명 (1)	2,351명	2,495명	4,528명	5,118명	5,975명 (2.9)
宮原村	1,985명 (1)	2,277명	2,412명	3,172명	3,080명	3,094명 (1.4)
大砂土村	2,906명 (1)	3,045명	3,224명	3,679명	3,947명	4,157명 (1.4)

*주 : ( )는 1876년의 인구를 1로 할 경우 1935년의 인구비율 표시
*자료 : 오오미야시(大宮市, 1980), '大宮の昔と現在', pp.12-13

....

46) 오오미야시(大宮市, 1980), '大宮の昔と現在', pp.12-13

JR시코쿠 다카마쓰역

 따라서 이러한 역사적인 사실은 그 후 자동차의 발달로 역세권이 쇠퇴하였다가 최근에 역 기능이 새롭게 변화하고 역 중심으로 발전이 되면서 이른바 '역의 르네상스의 시대'가 도래하고 있다고 할 수 있다. 특히 이 사례에서 언급한 교토와 오사카의 경우도 마찬가지이다. 교토역의 경우는 1877년 2월 6일에 영업을 개시하였다. 일본에서는 두 번째로 개통된 노선으로 고베와 교토 간을 연결하는 노선의 종착역이었다. 교토역은 역사적인 도시인 교토의 관문으로서 주변 지역을 발전시키는 역할을 하였다.

 오사카역의 경우는 1874년 5월 11일에 개업하였다. 그 후 이용객이 증가하여 1901년에 연간 560만 명, 1910년에 720만 명까지 이용객이 증가하였다. 특히 오사카역은 육운과 해운이 만나는 역으로도 주변에 큰 화물터미널이 있어 여객뿐만 아니라 화물수송의 거점이기도 했다. 그러나 그 후 자동차 교통의 발전으로 오사카 남쪽 지역이 발전하기 시작하여 철도역 주변은 쇠퇴하였다가 다시 새로운 역의 개발로 역과 역세권이 발전하기 시작하였다.

아울러 역 개발 이후 교토역의 경우 20%의 지가가 상승한 것으로 조사되었다.[47] 최근 들어 철도의 부활은 철도가 가진 장점인 환경 친화성, 에너지 효율성 등에서 철도의 부활을 찾고 있는데 일본의 경우는 민영화 이후 역이 복합적으로 변하는 새로운 현상이 나타나고 있다고 할 수 있다. 이러한 역의 르네상스가 도래한 주요한 계기가 바로 민영화라는 제도적인 변화였다고 할 수 있는데, 이는 공공성에서 수익성의 변화가 가져온 현상이라고 할 수 있다. 수익성의 추구가 결국 역의 부활이라는 새로운 장을 열어가는 주요한 계기가 되었다는 설명이 가능하다. 이 연구에서 밝혀낸 민영화 이후 철도역의 기능변화는 일반적인 철도 부활이라는 성격과 함께 일본적 특성인 철도 민영화를 통한 수익성 창출이라는 면이 가미된 독특한 현상이라는 해석이 가능하다. 이를 정리한 것이 〈그림 2-10〉으로, 일본의 경우 수익성 추구라는 독특한 특성이 철도역의 르네상스를 촉진했다고 정리할 수 있을 것이다.

① 철도라는 새로운 산업의 탄생 → 초기 철도 역세권의 발전, 20세기 초 사철 경험
② 도로의 발전 → 철도 역세권의 쇠퇴
③ 철도의 장점 → 철도 르네상스 시대의 도래
④ 철도 민영화(수익성이라는 일본적 특징) → 복합 개발 → 철도역의 르네상스

〈그림 2-10〉 철도역의 르네상스와 일본적 특수성

미국과 유럽 역의 경우 철도운영은 수익성보다는 공익성 쪽에 초점을 맞추고 있으며 최근 고속철도의 개통으로 일부 역이 지역개발이라는 관점에서 역세권의 활성화(프랑스 릴역)라는 측면에서 개발되고 있어 일본과는 다른 특징을 보인다. 또한 일본의 경우 민간기업인 사철이 일찍부터 발전하여 한신철도의 경우 1905

---

47) 일본정책투자은행(2006), '今日の注目指標 No.101-1, p.1

년 초부터 임대주택사업, 역에 백화점 직영 등 다각적인 사업을 전개한 경험도 민영화 이후 철도역을 복합개발 하는 데 영향을 미쳤다고 할 수 있다.

4. 맺는말

우리나라의 경우도 과거 철도역을 중심으로 도시 성장이 이뤄졌으나 자동차 교통의 발전으로 도시의 기능, 공간 구조가 복잡해지면서 역세권이 도시 발전에 비하여 낙후되어 개발 필요성이 대두되고 있다. 새로운 철도역은 그 주변 지역에 복합적이고 입체적인 시설을 건설하여 철도 이용의 확충에 기여할 뿐 아니라 도시의 발전 및 지역주민 생활의 질을 향상시킬 수 있도록 철도역세권을 종합적으로 정비할 필요가 있다.

현재 역세권은 철도역 개발과 지역개발이 개별적으로 추진되어 도시개발의 한계성이 있다. 또한 철도부지 특성이 반영된 관련 법령이 미비하고 지원 미흡 등으로 역사 및 역세권을 대상으로 한 복합단지 개발의 추진이 어려운 실정이다.

이에 기존 법령의 개정으로는 법 개정이 장기간 소요되고 관계 기관 간 협의지연 등으로 역세권 정비의 성과를 가시화하기 어렵기 때문에 새로운 법을 제정하여 역세권 정비의 법적 문제점을 일시에 개선할 필요성이 제기되었다. 법령 간 상충되는 법 조항과 관계 기관과의 마찰을 피하고, 법체계의 일관성을 유지하기 위하여 법률이 마련되어야 한다는 점이다. 특히 관련 법을 제정하여 역 중심의 생활문화 공간 조성, 지역개발·도시환경 정비 및 기능 활성화, 도시 경쟁력 강화 등 역세권 정비의 효과를 도모하자는 것이다. 이에 따라 2010년 4월 '역세권의 개발 및 이용에 관한 법률'이 국회를 통과하였다. 적용대상은 대지면적 3만 m^2 이상의 철도역 증축과 30만 m^2 신규 개발부지를 대상으로 하고 있다. 주요 내용을 보면 국토해양부장관 또는 시도지사가 역세권개발권역을 정하도록 하고 역세권 개발사업계획을 수립하는 경우 '국토의 계획 및 이용에 관한 법률'에도 불구하고 용도

지역을 변경하거나 건폐율 및 용적률제한을 완화할 수 있도록 하였다(제8조). 역세권개발 사업으로 인하여 정상지가상승분을 초과하여 발생하는 토지 가액의 증가분을 환수할 수 있다(25조). 역세권 개발사업의 비용은 사업시행자 부담을 원칙으로 하되 예산 범위 내에서 일부 국가 보조 또는 융자를 할 수 있다(26조). 역세권 개발사업 재원을 조달하기 위하여 역세권개발 채권의 발행, 매입 근거 및 절차를 정한다(28~29조). 역세권개발사업의 촉진과 원활한 시행을 위하여 조세 및 부담금의 감면근거를 정한다(제30조) 등이다.

2010년 10월 16일부터 시행되고 있는 이 법의 시행으로 우리나라도 철도역을 중심으로 한 새로운 변화가 기대되는데 현재 개발되고 있는 일본이 긍정적인 영향을 주고 있다고 하겠다. 〈표 2-19〉를 통해 한국과 일본의 역세권 개발사례를 비교해 보면, 우리나라의 경우 철도운영자의 투자비율이 25%이고 용적률이 낮은 특징으로 수익성 확보에 어려움이 있다고 하겠다.

한편, 기반시설률도 일본과 비교해 볼 때 우리나라 용산의 경우 40.4%로, 이에 대한 규제가 높은 편이다.

이러한 비교를 통해 볼 때 우리나라의 경우 철도운영자의 출자제한과 용적률제한(규제) 등으로 수익성 확보가 어려운 실정이다.

향후에는 우리나라의 철도역개발에 있어 출자제한 한도에 대한 규제와 용적률 규제 완화가 필요하다. 용적률이 수익성을 좌우하는 가장 중요한 변수이기 때문이다. 현재 용산역의 경우 용도별 허용 용적률을 적용할 경우 608%인데[48] 만약 이 지역 모두가 중심상업지역으로 분류될 경우 750%까지 상승이 가능하다. 또한 서울특별시에서 지난 2009년 9월 신설한 도시계획조례를 기준으로 관광숙박 시설을 건축할 경우 조례에서 정한 용적률의 20% 이내에서 용적률 완화가 가능하다고 정하고 있어 이를 적극적으로 활용하는 것도 하나의 방안이 될 것이다.

....

48) 서울시의 특별계획조성기준에 따르면 준주거지역은 350%, 업무지역은 610%, 주거지역은 600%, 중심상업지역은 750%로 정해져 있다.

<표 2-19> 한국과 일본의 역세권 개발사례 비교

	교토	오사카	나고야	용산
철도역의 역사	1877년 영업 개시	1874년 영업 개시	1891년 영업 개시	1900년 영업 개시
기능의 변화	단순역사에서 복합역사	단순역사에서 복합역사	초고층빌딩의 복합역사	초고층의 복합역사
개발방식	직영개발 방식으로 철도회사의 투자비율 60% 이상			철도회사(공공부문)의 출자 제한으로 투자비율 25%
용적률	632%	1,122% (북쪽 빌딩 개발)	900%	608%
도시개발 파급 효과	도시 전체의 새로운 명소	오사카 활력의 중심축	초고층빌딩(53층)으로 나고야의 개발 상징	- 수도 서울의 새로운 거점 - 기존 도심을 보완하는 새로운 특화된 부심지 역할 수행

<표 2-20> 도심 복합 개발사례 비교

	롯폰기힐스	시오도메	마루노우치	용산
전체 부지면적	89,400㎡	139,412㎡	185,348㎡	533,115㎡
용적률	1,036%(1.7)	1,150%(1.2)	1,179%(1.4)	608%(1)
기반시설률 (도로, 공원녹지, 기타)	30.6%	37.3%	23.3%	40.4%
철도 관련시설	롯폰기역	신바시역	마루노우치역	용산역

*자료 : 용산역세권개발주식회사 내부자료

　이 장에서는 일본 철도역의 새로운 개발을 철도 부활과 함께 일본철도 민영화라는 제도적인 변화로 철도역의 르네상스가 도래했다는 관점에서 재해석하였다. 이러한 사례는 최근 변화를 추구하는 우리나라에게도 매우 유익한 영향을 줄 것으로 사료된다. 우리나라의 경우도 철도역의 새로운 부활을 통해 도시 활력과 역세권개발과 철도운영자의 수익 창출 등의 효과로 예전 철도역 중심의 발전을 재현하는 역의 르네상스를 가져올 것으로 기대되고 있다. 향후 우리나라의 역 개발과 기능의 변화에 있어서 일본의 사례와 법률이 참고가 될 것인데 '대도시지역에 택지개발 및 철도정비의 일체적 추진에 관한 특별조치법', '도시재생 특별조치법' 등의 법률도 적극 도입을 검토해야 할 것이다.

철도 운영

제1절

철도사업에서의 사고방지와 안전확보

아베 세이지(安部誠治)
(간사이대학 명예교수)

1. 서론

일본에서 철도는 가장 중요한 대중교통이다. 코로나19로 인해 2020년부터 2022년까지 여객수요는 크게 감소하였지만, 그 영향을 받기 전인 2018년 철도의 1일 수송 인원은 6,923만 명에 달했다. 1,191만 명의 버스, 383만 명의 택시, 28.5만 명의 항공기, 24만 명의 여객선(해운)과 비교해 보면 그 역할의 크기를 알 수 있다.

국제적으로 보면 일본의 철도 여객수송량은 세계 3위이다(수송 인·킬로미터 기준, 2018년). 일본보다 순위가 높은 국가는 중국과 인도이다. 두 나라의 인구는 일본의 약 10배나 되는 것으로 보아 여객수송량이 많은 것은 어찌 보면 당연하지만, 프랑스나 독일, 영국 등 철도가 발달한 선진국과 비교해도 일본의 여객수송량은 매우 높다.

한편, 일본의 화물수송량은 183억 톤·킬로로 그다지 많지 않다(2019년). 왜 냐하면, 일본은 국토 주위가 바다로 둘러싸여 있어 화물수송에 있어서 내항 해운의 점유율이 매우 높기 때문인데 세계에서 내항 해운의 점유율이 이렇게 높은 나라는 없다. 화물수송에서 철도의 점유율이 높은 나라는 중국, 러시아, 미국 등이지만, 이들 국가는 국토가 넓고 사방이 바다로 둘러싸여 있지도 않다. 그래서 내항 해운이 아닌 철도가 장거리, 중량 화물의 수송을 담당하고 있다. 다른 국가에서 철도가 분담하고 있는 수송을 일본은 내항 해운이 담당하고 있는 것이다(〈표 3-1〉 참조).

〈표 3-1〉 세계 철도 수송 현황

여객수송(2018년)			화물수송(2019년)		
순위	국가	수송량(100만인·km)	순위	국가	수송량(백만 톤·km)
1	중국	1,345,690	1	중국	2,882,100
2	인도	1,161,333	2	러시아	2,602,493
3	일본	263,211	3	미국	2,364,144
4	러시아	129,542	4	인도	654,285
5	프랑스	107,920	5	캐나다	433,139
6	독일	98,000	6	카자흐스탄	219,927
7	한국	89,964	7	우크라이나	181,844
8	영국	80,526	8	남아프리카	113,342
9	이탈리아	55,493	9	독일	113,114
10	이집트	40,837	10	멕시코	89,049

*주 : 코로나19 팬데믹 이전 자료임. 다만, 여객 인도, 여객 중국, 여객 한국은 2017년, 여객 이집트는 2008년. 화물 중국, 화물 카자흐스탄은 2018년, 화물 남아프리카 공화국은 2008년.
*자료 : 총무성, '世界の統計 2022', pp.148

2005년 4월 25일 JR니시니혼(서일본여객철도주식회사)의 후쿠치야마선 쓰카구치~아마가사키 간의 상행 곡선 구간에서 7량 편성 쾌속 열차의 탈선사고가 발생했다. 탈선한 열차는 전복되면서 선로에 인접한 아파트를 들이받았고, 차량은 크게 파괴되었으며, 이 사고로 승객 106명과 운전기사 등 107명이 숨지고 562명의 승객이 중경상을 입었다. 일본 국내에서 100명이 넘는 희생자를 낸 철도사고의 발생은 43년 만이며, 이 사고는 일본 사회뿐만 아니라 세계의 철도 관계자에게도 큰 충격을 주었다.

공공교통기관인 철도가 이용자에게 제공해야 할 가장 중요한 요건은 안전 그리고 이를 전제로 한 안정 수송이다. 안전·안정 수송을 확보한 후에 비로소 속도(신속성)나 편리성, 쾌적성, 운임 수준 등의 서비스 수준이 문제가 된다. 다시 말해 안전·안정의 확보는 철도라는 상품의 가장 기본이 되는 품질이다.

안전확보가 최우선으로 되어야 한다는 점에서 철도 수송서비스는 제약(製藥)과 비교할 수 있다. 즉 제약에서 가장 중요한 요소는 안전성이며 안전성이 확보되어야 그 효능이 문제가 된다. 아무리 효능이 뛰어나다고 해도 인명을 빼앗거나 인체에 심각한 손상을 줄 수 있는 약은 결함 상품이므로 애초에 사람의 사용에 제공되어서는 안 된다. 철도도 마찬가지로 그 '효능'(속도나 편리성, 쾌적성 등)을 묻기 이전에 안전한 것이 기본이다. 속도나 편리성이라는 '효능'보다, 우선은 안전의 확보야말로 중요한 것이다.

이 장은 일본에서 가장 기본적이고 중요한 대중교통인 철도사업의 사고상황과 수송 안전확보를 위한 제도들에 대해 개략적으로 설명하고자 한다. 이 경우 철도의 안전문제 영역은 ① 후쿠치야마선 사고와 같은 열차의 운전 사고 및 안정 수송을 확보하기 위한 수송 장애 대책, ② 거대 지진이나 태풍 등 자연재해에 대한 대응과 피해 경감, ③ 테러나 범죄로부터의 철도 방어의 세 가지가 있다. 여기서는 운전 사고를 중심으로 설명하고 필요에 따라 자연재해와 테러·범죄의 문제도 언급한다.

2. 일본의 철도사고 역사

메이지(明治) 유신 후 4년째인 1872년 도쿄(東京)의 신바시(新橋)와 요코하마(橫浜) 사이를 철도로 연결, 일본의 철도 시대가 시작되었다. 정부와 민간자본, 쌍방의 주도로 추진된 철도건설로 인해 일본은 순식간에 아시아지역에서 당시 영국의 식민지였던 인도와 어깨를 나란히 하는 철도 대국이 되었다. 메이지 말인 1906년에는 철도국유법이 시행되어 이 해부터 다음 해에 걸쳐 일본철도나 산요철도, 규슈철도 등 17개의 사철(영업거리는 약 4,500km)이 정부에 매수되어 일본의 간선 철도망의 대부분은 국유철도(관설 철도, 이하 국철이라고 함)의 네트워크에 편입되었다. 이로 인해 지역을 연결하는 간선철도는 국철이 운영하고, 사철(민철)은 지역 내의 수송을 담당하는, 철도 경영에 있어서의 관민의 역할 분담이 완성되었다.

한편, 철도의 영업노선이 늘어나면서 수십 명의 사망자가 나타나는 철도사고가 주기적으로 발생하기도 했다. 따라서 철도의 역사는 비극과 슬픔의 역사였다고 해도 과언이 아니다.

일본 철도사의 최초의 중대사고는 1899년 10월에 도치기현에서 발생한 일본철도(현재의 JR도호쿠 본선) 열차가 하천으로 추락했던 사고였다. 이 사고로 인해 사망자는 20명, 중·경상자는 45명이 발생했으며, 참고로 태평양전쟁 이전에 사망자 수가 10명을 넘은 철도 중대사고는 24건 발생했다.

무엇보다 쇼와 초기까지만 해도 사고로 인한 사상은 승객보다 철도 종업원이 더 많았다. 국철의 공상 퇴직자 및 순직자 유족의 구제와 원조를 목적으로 1932년에 설립된 철도홍제회가 발행한《50년사 철도홍제회》에 의하면, "사고는 차량의 연결 작업 중에 일어나는 사례가 많아, 다이쇼 4년과 5년의 예를 보면 차량을 연결하는 데 종사하는 연결수 1,810명에서 작업 중의 사상자 수는 총 537명이나 되었다."라고 한다.[49] 그것은 주로 미성숙한 철도기술에서 기인한 것이었다. 즉 초기 차량에는 자동 연결기나 기관사가 운전대에서 조작할 수 있는 제동장치가 없었기 때문에 브레이크 취급에 따른 사상사고나 연결자가 작업 중 차량에 끼이는 사고가 끊이지 않았다.

....
49) 철도홍제회,《50년사 철도홍제회》, 1983년, p.2

이에 대해서 좀 더 살펴보면 차량을 자동 연결할 수 있게 된 것은 1925년이다. 그 전까지는 인간이 인력으로 무거운 차량을 연결시키는 작업을 수행하다가 작업원이 끼어 사망하는 사고가 많이 발생하였다. 또 하나는 열차 제동의 문제다. 다편성 열차를 어떻게 제동할 것인가는 철도의 실용화 이래 각국의 큰 고민이었다. 일본에서도 철도 개업 이후 한동안 완급차로 불렸던 차량을 일부러 연결시켜 직원들이 브레이크를 작동하여 열차를 세웠다. 이것은 매우 위험한 작업이었다. 이 문제를 근본적으로 해결한 것이 공기식 관통 제동기의 등장인데 관통 제동기를 통해 운전석에서 조작하여 다편성 열차를 안전하게 세울 수 있게 됐기 때문이다.

미카와시마(三河島) 사고

쓰루미(鶴見) 사고

이상과 같은 신기술의 도입으로 철도의 공상사고는 크게 감소하게 되었다.

한편, 종사자 사고 대신 증가하기 시작한 것은 승객이 희생자가 되는 사고였다. 개업 초기와 비교하여 영업노선의 전국적인 확대와 함께 열차의 운전 속도도 향상되어 갔다. 충돌 에너지의 크기를 결정하는 요소 중 하나는 속도다. 속도가 빨라지는 만큼 위험이 커지고 사상자도 많이 생기게 됐다. 공상사고에서 승객사고로의 철도사고 비중이 변화하는 것은 1930년경의 일이다.

그런데 태평양전쟁 전 일어난 최악의 사고는 현재의 JR니시니혼의 사쿠라지마

신라쿠(信樂)고원철도

선(당시의 니시나리선)의 아지카와구치역 구내에서 일어난 열차의 탈선 화재 사고이다. 이 열차는 휘발유 차량이어서 대형 참사가 되어 190명의 희생자가 발생했다. 이 사고는 일본의 철도사고 역사 중 최악의 사고였다.

이어서 2차 세계대전 후를 보면 먼저 전쟁이 끝난 직후 1년간 철도사고가 계속 발생하였다. 이는 전쟁으로 인한 시설, 자재의 황폐화와 복원·부흥 수송 등 수송량의 급증에 따라 발생한 것으로 1년간 사망자 10명 이상의 중대사고가 12건이나 발생했다. 특히 2차 세계대전 종전 9일째인 8월 24일 발생한 국철 야타카선의 정면충돌 사고에서는 사망 희생자 105명이 발생했다.

그 후 패전에 따른 혼란의 수습과 전후 부흥이 진행됨에 따라 1946년 이후에는 사고 건수가 숫자상으로는 감소했다. 그렇다고 해도 그것은 어디까지나 패전 직후의 1년간과 비교한 것이며 1946년부터 1963년 사이에 사망자 10명 이상의 사고가 12건이나 발생하는 등 여전히 높은 빈도로 중대사고가 발생했다. 그중에서도 국철 야타카선의 전복사고(1947년 2월, 사망자 184명. 전술한 것과는 다른 사고), 국철 게이힌 도호쿠선 사쿠라기초역의 열차 화재사고(1951년 4월, 사망자 106명), 국철 조반선 미카와시마역의 다중 충돌사고(1962년 5월, 사망자 160명), 국철 요코스카선 쓰루미의 다중 충돌사고(1963년 11월, 사망자 161명)와 사망자 100명 이상의 4건의 중대사고가 발생한 것은 주목해야 한다.

그런데 1963년 11월 요코스카선의 쓰루미 사고를 마지막으로 철도사업자에 의한 안전확보 노력 추진이나 안전 대책 확충에 의하여 수십 명의 사망자가 발생하는 대형 사고 발생은 겨우 진정되었다. 그러나 결코 중대사고가 근절된 것은 아니다. 1963년 이후에도 1971년 3월 후지 급행 전철의 건널목 사고(사망자 17명), 같은 해 10월 긴테쓰 아오야마터널 내 정면 충돌사고(사망자 25명), 1972년 11월 국철 호쿠리쿠 터널 내 화재 사고(사망자 31명) 등의 중대사고가 발생했다. 또한 1987년 4월의 국철 개혁에 의한 JR 체제성립 이후에도 1991년 5월의 시가라키고원철도의 정면 충돌사고(사망자 42명), 그리고 2005년 4월의 JR 후쿠치야마선의 탈선사고(사망자 107명) 등의 심각한 사고가 일어나고 있다.[50]

3. 일본의 철도사고 현황

(1) 일본의 운수사고 개관

앞 절에서 일본의 철도사고에 대해서 중대사고를 중심으로 살펴보았는데 이 절에서는 철도사고의 현황에 대해 상세히 기술하되, 그 전에 먼저 철도를 포함한 운수사고 전체의 상황에 대해 알아보고자 한다.

교통기관이 일으킨 운수 사고에는 자동차사고, 철도사고, 해난사고(선박사고) 및 항공사고의 4가지가 있다. 2023년 자동차사고의 총 발생 건수는 〈표 3-2〉와 같이 30만 7,930건으로, 이에 따른 사망자 수(사고 발생으로부터 30일 이내에

---

50) 이상 사고에 관련되는 기술은 쿠보타 히로시의《철도 중대사고의 역사》(그랑프리출판, 2000년), 〈마이니치신문〉 미디어편성본부의《개정 신판 전후의 중대사건조견표》(1991년, 마이니치신문사), 오키타 유우사쿠의《삼대 사고록》(자비출판, 1995년), 사사키부테 · 아미타니 료우이치의 《사고의 철도사》(일본경제평론사, 1993년), 동《속 사고의 철도사》(일본경제평론사, 1995년) 등을 참조했다.

사망한 사람의 수)는 3,263명, 또 부상자 수는 36만 5,595명이다.

　일본에서는 2차 세계대전 후인 1950년대부터 자동차 사회가 본격적으로 진전되었으며, 이와 함께 자동차사고도 급증하기 시작했다. 즉 1951년부터 1969년 사이에 발생 건수는 4만 1,423건에서 72만 880건으로, 부상자 수는 3만 1,774에서 98만 3,257명으로, 사망자 수도 4,429명에서 1만 6,257명(모두 24시간 사망자)으로 급증했다. 자동차사고로 인한 다수의 사상자 발생은 심각한 사회문제로 인식되면서 〈요미우리신문〉 사회부는 당시 자동차사고의 심각성을 '교통전쟁'이라고 이름을 붙였다.[51] 희생자가 급증하는 심각한 현실을 앞두고 1960년대 말부터 정부는 본격적인 교통안전 대책에 나서 1970년에는 '교통안전 대책 기본법'을 제정하는 등 범국가적인 교통안전 대책이 추진되기 시작했다.

　그 결과 1971년부터 1980년경에 걸쳐 자동차사고의 발생 건수 및 사상자 수는 크게 감소하였다. 특히 사망자 수는 거의 반 토막이 나면서 자동차사고를 둘러싼 상황은 크게 개선됐다. 그러나 1980년대 말경부터 사고 건수 및 부상자 수 모두 다시 증가 추세를 보여 2004년 발생 건수는 약 97만 건, 부상자 수 약 118만 명으로 다시 정점을 맞았다. 이후 음주운전 벌칙 강화와 안전띠 착용 의무화, 차량 개량 등 안전 대책이 마련된 결과 발생 건수, 사망자 수, 부상자 수는 모두 감소 추세에 접어들어 현재에 이르고 있다.

　다음으로 자동차사고에 이어 사상자 수가 많은 철도사고를 살펴보자. 다만, 사상자 수가 많다고 해도 그 수는 자동차사고의 10분의 1 정도로서 2023년의 철도사고 발생 건수는 632건, 사망자 수는 307명, 또 부상자 수는 280명이었다(철도사고에 대한 자세한 내용은 후술한다).

　운수사고 중 철도사고보다도 피해자 수가 적은 것이 해난사고이다. 2023년의 선박 사고 척수는 1,875척(그중 49.7%가 놀이 선박, 22%가 어선)으로 사망자 ·

---

51) 〈요미우리신문(読売新聞)〉 사회부, 《교통전쟁(交通戦争)》, 동명사(東明社), 1962년

〈표 3-2〉 일본의 운수사고

	1970년			2023년		
	건수(건)	사망자 수(인)	부상자 수(인)	건수(건)	사망자 수(인)	부상자 수(인)
자동차	720,880	16,765	981,096	307,930	3,263	365,595
철도	7,315	1.353	3,400	682	307	280
해난	2,646	1,093	-	1,790	57	-
항공	47	22	40	16	1	4

*주 : 자동차사고 사망자는 '30일 이내 사망자', 해난사고 건수는 해난 선박 척수, 사망자는 실종자를 포함한다. 자동차 건수는 1969년(발생 건수가 가장 많았던 1969년의 데이터)
*출처 : 총리부편《교통안전백서》1971년판, 1972년판. 내각부,《교통안전 백서》2023년판, 2024년판에서 작성

실종자의 수는 71명이었다.

마지막으로 항공사고는 2023년 민간항공기의 사고 건수는 16건(일본 국외에서 발생한 일본 항공기 관련 사고 및 일본 국내에서 발생한 외국 항공기 관련 사고 포함)으로 사망자는 1명, 부상자는 4명이었다. 이들 16건의 항공사고 대부분은 소형항공기나 헬리콥터 등에 의한 것이었다.

철도, 선박, 항공 모두 연도에 따라 약간의 변화는 있지만, 자동차사고와 마찬가지로 장기적으로는 사고 건수가 감소하는 경향에 있다. 교통안전 대책 기본법이 시행된 1970년과 비교하면 2023년 철도사고 건수는 12분의 1, 사망자 수는 5분의 1, 해난사고 척수는 약 70%, 사망자·실종자 수는 20분의 1, 항공사고 건수는 3분의 1, 사망자 수는 20분의 1로 격감하고 있다.

(2) 일본의 철도사고 현황

일본의 철도 행정을 소관하고 철도의 안전을 감독하는 곳은 국토교통성이다. 국토교통성은 철도사고를 철도 운전 사고라고 칭하고, '열차충돌사고'와 '열차탈선사고', '열차화재사고'(이상의 3가지를 열차사고로 칭함), '건널목장애사고', '도로장애사고', '철도인명장애사고' 그리고 '철도물손사고' 등 7가지로 구분하고 있으며, 이러한 7가지 종류의 철도 운전 사고의 정의는 다음과 같다.[17]

- **열차충돌사고** : 열차가 다른 열차 또는 차량과 충돌 또는 접촉하는 사고
- **열차탈선사고** : 열차가 탈선한 사고
- **열차화재사고** : 열차에 화재가 발생한 사고
- **건널목장애사고** : 건널목 도로에서 열차 또는 차량이 도로를 통행하고 있는 사람 또는 차량 등과 충돌 또는 접촉한 사고
- **도로장애사고** : 건널목 도로 이외의 도로에서 열차 또는 차량이 도로를 통행하는 사람 또는 차량 등에 충돌 또는 접촉하는 사고
- **철도인신장애사고** : 열차 또는 차량의 운전에 의해 사람의 상해가 발생하는 사고(앞 각 항의 사고에 수반하는 것은 제외)
- **철도물손사고** : 열차 또는 차량의 운전에 의해 500만 엔 이상의 물건 파손이 생기는 사고

이상의 사고 종류별로 2022년의 현황을 보면 **〈표 3-3〉**과 같은데 584건의 사고가 발생했으며, 그로 인한 사망자 수는 275명, 부상자 수는 226명이었다. 사고 종류 중 가장 발생 건수가 많은 것이 341건의 인신 장애 사고이며 195건의 건널목 사고가 그다음이다. 반면 충돌, 탈선, 화재 등 열차사고는 9건으로 미미하다. 심각한 사고로 이어질 수 있는 열차사고는 후쿠치야마선 사고 해인 2006년 이후에 대해 살펴보면, 발생 건수는 연 9~22건, 사망자 수도 0~2명으로 낮은 수준의 추이를 보이고 있으며 일본의 열차사고 발생 건수는 철도 선진국인 EU 국가들과 비교해도 극히 낮은 수준이다.

철도 운전 사고는 장기적으로는 감소 추세인데, 즉 반세기 전인 1975년이 3,794건, 국철 개혁이 실시된 1987년은 1,456건의 사고가 발생하였으나, 2000년은 931건이 되었고, 2023년은 632건이 되었다.

....

52) 국토교통성, '철도사고 등 보고규칙', 제3조(국토교통성 철도감수국, 《주해 철도 6법》(평성 27년 도판), 제1 법규, 2015년

1990년대 말까지 종류별로 가장 많았던 것이 건널목 사고이다. 앞서 언급한 바와 같이 1950년대 이후 일본에서는 본격화된 자동차 시대에 대응하기 위해서 도로 정비가 급하게 진행되어 각지에 건널목이 급조되어 갔다. 당시 건널목의 대부분은 경보기도 차단기도 없는 사고 위험이 높은 건널목이었는데 많이 발생하는 건널목 사고에 대처하기 위해 1961년에 건널목 개량촉진법이 제정되었다. 그때까지 건널목 사고로 연간 3,000명이 넘는 사상자가 발생하고 있어 철도 관계자들에게 골치 아픈 문제였다. 이 법률을 계기로 제1종 건널목화를 중심으로 한 건널목의 보안 설비 개량이 추진되어 갔으며 그 결과 건널목 사고는 발생 건수, 사망자 수 모두 크게 감소하게 되었다.

〈표 3-3〉 철도 운전사고 현황(2022년)

	열차사고			기타			
	열차충돌	열차탈선	열차화재	건널목장애	인신장애	도로장애	물손
건수	3	6	0	195	341	33	6
사망자 수	0	0	0	92	183	0	-
부상자 수	7	1	0	45	157	16	

*출처 : 국토교통성, '鉄軌道輸送の安全に関わる情報(令和4年度)'

건널목 사고가 감소함에 따라 이를 대신하여 눈에 띄는 것이 철도인신장애사고이다. 〈표 3-3〉에서와 같이 현재 철도사고의 대략 반은 인신장애사고이다. 인신장애사고 중 약 70%는 사람이 무단으로 선로 내에 출입하는 등으로 열차 등과 접촉해 발생하고 있다. 다음으로 많은 것이 승강장 위에서의 열차와의 접촉이나 승강장으로부터 선로 아래로 떨어지는 것이다. 승강장 추락 방지를 목적으로 최근 대도시권의 대규모 역을 중심으로 스크린도어 설치가 추진되고 있다. 이를 촉진하기 위해 2021년 12월부터 철도운임에 추가하여 승객으로부터 징수할 수 있으며 철도역 배리어 프리 요금 제도가 시작되고 있다.

4. 철도안전의 3가지 과제

철도의 안전문제를 생각할 경우, 지금까지 논의해 온 운전 사고에 더하여 추가로 두 가지 문제 분야를 검토해 둘 필요가 있다. 하나는 자연재해와 관련된 것이다. 즉 지진이나 폭풍우, 폭설 등으로부터의 철도 방호이다. 또 하나는 최근 눈에 띄는 철도 시설이나 차량 내에 있어서의 범죄의 억제 또는 그것이 발생했을 때의 피해의 경감이다. 일본에서는 아직 철도범죄가 많이 발생하지 않았지만, 해외에서는 철도가 테러의 표적이 되고 폭파사건 등이 자주 일어나고 있다.

우선 자연재해와 철도의 안전에서 일본은 지리적으로 태평양과 유라시아 등 4개의 지각판이 만나는 곳에 위치하고 있어 지진이 많이 발생하고 있다. 내각부의 '방재백서'에 따르면 국토 면적은 세계의 0.25%밖에 안 되는데도 규모 6 이상의 큰 지진의 약 20%가 일본에서 발생되고 있다. 또 여름부터 가을까지는 매년 2,030개의 태풍이 지나가고 있어 이에 따라 호우나 토사 재해도 빈발하고 있다. 이처럼 일본은 자연재해가 많이 발생하는 국가이므로 철도는 이에 대비할 필요가 있다. 특히, 고속으로 주행하고 있는 신칸센의 지진 대책이 중요하다. 지진파는 P파와 S파로 구성되는데 P파가 먼저 오고, 그 후에 뒤늦게 큰 흔들림을 일으키는 S파가 덮쳐오며 이 S파가 철도를 포함해 인간사회에 큰 손해를 발생시킨다. 지진 발생 시 P파 단계에서 재빨리 지진의 발생을 감지하여 신칸센을 송전 정지하면 열차를 정지 또는 감속시킬 수 있다. 즉 큰 흔들림이 오기 전에 사전 조치를 하는 것이 신칸센의 지진 대책의 기본이 되고 있으며 이 밖에도 구조물의 내진성 강화와 차량 탈선방지장치 정비 등 다양한 대책이 있다.

또 강우량이나 풍속에 기준치를 설정하여 기준치를 초과할 경우 열차운행을 정지하는 방안도 도입됐다. 이것은 신칸센뿐만이 아니라 JR 재래선이나 민철선에도 공통으로 적용되며 태풍이나 호우의 내습이 예측될 때는 피해 경감의 관점에서 사전(24시간 전)에 열차의 운행 중단을 예고하는 계획 운휴 제도가 2014년(JR니시니혼이 처음으로 실시)부터 시작되었다.

또 하나는 테러나 범죄로부터의 철도 방어이다. 일본에서는 철도차량 내 또는 역 등에서 이런 종류의 사건은 많이 발생하지 않았지만, 최근에는 조금씩 증가되는 경향이 있다. 단지, 철도 차량 내에서는 치한이나 소매치기를 제외하면 해외와 비교할 때 범죄는 적기 때문에 현재로서는 방범 카메라의 정비 등에 머무르고 있어 본격적인 방범 대책이 도입되지 않고 있다. 또, 해외에서는 고속철도에서 수화물 검사가 일반적이지만 일본의 신칸센의 경우 방범 카메라의 설치나 경비원에 의한 순회 강화라고 하는 대책만이 채택되고 있는 것이 현실이다. 향후 이러한 종류의 범죄가 증가하면 신칸센의 수화물 검사 등의 범죄 대책의 강화가 필요하게 될 것이다.

철도 현장의 범죄에는 두 가지 유형이 있다. 하나는 사회에 불만을 품은 개인이 불만이나 원한을 해소할 목적으로 혹은 자포자기하여 범죄에 이르는 개인적 유형의 범죄이다. 또 하나는 사상적인 배경을 가진 특정의 테러리스트 집단이 사회를 혼란시키는 것을 목적으로 철도를 공격하는 유형이다. 일본에서는 1995년에 도쿄 메트로의 전신인 영단지하철에서 독가스의 사린이 뿌려지는, 이른바 지하철 사린사건이 일어났다. 옴 진리교라고 하는 '종교 집단'에 의한 범행으로 자행된 이 사건으로 14명의 승객·역무원이 사망했다. 세계에서 철도를 무대로 한 범죄 역사상 독가스가 뿌려진 것은 드문 사례로, 이 사건은 세계 범죄 대책 관계자들 사이에서는 잘 알려져 있다.

이 사건 이후 일본 국내에서 일어나고 있는 사상자가 발생한 철도사건은 모두 개인적인 범죄이다.

5. 후쿠치야마선 사고와 운수안전행정의 전환

일본에서 다수의 사상자를 동반한 심각한 철도사고의 발생은 2차 세계대전 직후부터 1960년대 사이에 집중되어 있었다. 철도안전에서 세계적으로 평가가 높은 일본에서 43년 만에 100명이 넘는 희생자를 낸 후쿠치야마선 사고는 국제적으로도 주목을 받았다.

이 후쿠치야마선 사고는 일본의 철도안전 행정뿐만 아니라 운수안전 행정 전체를 전환시키는 큰 계기가 되었다. 후쿠치야마 사고가 일어난 해는 JR히가시니혼 우에쓰선의 특급 탈선사고나 일본 항공기의 신치토세공항에서의 중대 인시던트 등 운수 사고 및 사건이 잇따랐다. 이에 정부는 이듬해인 2006년 철도사업법과 항공법, 도로운송법, 해상운송법을 포함한 운수 관계 사업법을 개정해 각 사업법의 제1조 목적 부분에 '안전확보'라는 사항을 추가했다. 즉 사업자는 안전을 확보하는 것이 법적으로도 의무화된 것이다. 또한 국토교통성은 운수안전관리제도를 신설하고 이를 사업자가 실시할 것을 요구했다. 이에 따라 운수안전행정이 크게 바뀌어 안전정책의 추진은 국토교통성의 중심 시책의 하나가 되었다.

덧붙여 철도사업법에서 개정·추가된 조문은 다음과 같다.

(목적)

제1조 본 법률은 철도사업 등의 운영을 적정하고 합리적인 것으로 함으로써 수송의 안전을 확보하고 철도 등 이용자의 이익을 보호하는 동시에 철도사업 등의 건전한 발전을 도모함으로써 공공의 복지를 증진하는 것을 목적으로 한다.

(수송의 안전성 향상)

제18조의2 철도사업자는 수송의 안전확보가 가장 중요함을 자각하고 끊임없이 수송의 안전성 향상에 노력하여야 한다.

(안전관리규정 등)

제18조의3 철도사업자는 안전관리규정을 정하여 국토교통성령으로 정하는 바에 따라 국토교통부장관에게 신고하여야 한다. 이를 변경하려고 할 때도 마찬가지로 한다(이하 생략).

다음으로 인적요소(휴먼팩터) 문제의 중요성이 항공 분야뿐만 아니라 철도 분야나 선박 분야에서도 인식되게 된 것이다. 항공업계에서는 휴먼팩터라는 관점이 1980년대부터 90년대에 걸쳐 논의되고 있었지만, 철도업계에서는 후쿠치야마선 사고가 일어날 때까지 그 문제의 중요성은 거의 이해 및 인식되지 않았다. '당신의 마음이 해이해져 있었기 때문에 그런 실수를 범한 것이다.'라는 승무원 지도와 책임 추궁이 일반적이었다. 국토교통성 철도국도 휴먼팩터에 대한 이해가 얕고 그러한 관점이 결여된 철도안전행정을 시행하고 있었다. 후쿠치야마선 사고 발생 후 국토교통성 내부에 그 문제를 검토하는 위원회가 구성되어 업계에서도 이 문제에 관심을 기울이게 된 것이다.

이처럼 후쿠치야마선 사고 등이 계기가 되어 2006년부터 2008년에 걸쳐 운수안전행정은 크게 바뀌었다. 이는 법 정비를 수반한 것이라는 점에서 1970년 교통안전대책기본법 제정에 이은 큰 사건이었다.

그런데 각 운수사업법이 개정되고 국토교통성의 안전정책이 전환된 이 시기 사고조사제도에도 큰 변화가 있었다. 2008년에 항공·철도조사위원회와 해난심판청의 조사 부문이 통합되어 운수안전위원회가 발족한 것이다. 사고의 재발 방지를 위해서는 책임 추궁이 아니라 재발 방지의 관점에서 제3자 기관에 의한 사고조사를 실시하는 것이 유용하다. 이러한 움직임은 1990년대에 크게 진전되어 캐나다, 오스트레일리아, 네덜란드, 스웨덴 등 유럽 7개국에서 미국의 NTSB를 모델로 상설의 사고조사기관이 설치되었다. 일본에서도 2001년에 항공사고와 철도사고를 조사하는 항공·철도사고조사위원회가 발족했지만 2008년에 이르러 여기에 선박 조사가 더해지면서 사고조사체제가 확충되었다.

또한 설치법을 근거로 하는 것은 아니지만 2014년에는 사업용 자동차사고조사위원회가 설치되었다. 이 위원회는 버스, 택시, 트럭의 사업용 자동차의 사고방지에 이바지하기 위하여 해당 분야에서 발생한 사고 중, 특히 중대한 것을 선정하여 사고조사를 실시하고 있다.

마지막으로 사고조사제도의 발전에 관련되는 1991년 5월에 일어난 시가라키고원철도사고에 대해 살펴보면 이 사고의 직접적인 원인은 시가라키역의 출발 신호기가 적색 고정하고 있었음에도 필요한 절차(대용 폐색 수속)를 취하지 않고 열차를 출발시켜 버린 것에 있었다. 당시 항공·철도사고조사위원회는 존재하지 않았으므로 구 운수성 안에 임시조사위원회가 설치되어 사고 원인 조사가 이루어졌다. 그러나 1992년 12월에 나온 조사보고서에서는 "사고의 원인은 시가라키고원철도가 열차 운행에 가장 중요한 안전 확인에 관한 기본 수칙을 지키지 않은 데 있다."라고 지적됐다. 즉 규정을 준수하지 않고 열차를 출발시킨 것이 주된 원인이라고 판단하였을 뿐 조사 원인은 충분하지 못한 것이었다. 다시 말해 이러한 사고가 발생한 배경에는 무엇이 있었는지, 왜 출발 신호는 빨강으로 고정돼 버렸는지, 오출발의 검지 장치는 왜 작동되지 않았는지 등 중요한 논점이 해명되지 않은 채로 끝났다. 이는 조사 결과를 기대했던 유족들을 크게 실망시켰으며, 이에 유족들은 철도안전추진회의(TASK)를 결성해 철도사고조사위원회 설립을 요구하는 운동을 벌였다. 이것이 2001년 항공사고조사위원회(1974년 설치)의 개편에 의한 항공·철도사고조사위원회의 설립으로 이어진 것이다.

6. 소결

사고 요인의 대표적인 것은 기계장치나 시스템의 고장·미비, 인적오류(휴먼에러), 기업·조직의 매니지먼트 미비, 자연환경, 미지의 사건 등 5가지이다. 1960년대까지만 해도 사고는 기계·장치의 고장으로 인해 일어나는 경우가 많았지만, 지금은 휴먼에러가 기여 요인의 큰 부분을 차지하고 있다.

한편, 이것들 중에서 관심을 가져야 하는 것이 미지의 사건이다. 미지의 사건이란 지금까지 사람이나 조직이 그 존재를 눈치채지 못했거나 혹은 간과하고 있던 사건이다.

2017년 12월, 주행하던 JR니시니혼의 신칸센 차량의 대차 틀에 균열이 발견되는 중대 인시던트가 발생했다. 재래선 차량 대차의 일부에 균열이 생기는 사례는 지금까지 있었지만, 신칸센에서는 이러한 사례가 과거에 일어나지 않았다. 이러한 미지의 사건을 사전에 찾아내어 리스크 평가를 실시하는 것은 어렵다. 이 경우와 같이 검사 담당자의 눈이 닿지 않는 곳, 혹은 예상하지도 않았던 부위에 문제가 발생하는 일은 앞으로도 일어날 수 있을 것이다. 이러한 종류의 사건은 철도는 말할 것도 없고 모든 사고에서 잠재적인 리스크로서 앞으로도 남아 있을 것으로 생각된다.

마지막으로 철도의 안전은 단순히 사업자나 행정의 노력만으로는 확보할 수 없다는 것을 지적해 두고 싶다. 건널목 사고를 사례로 설명해보자면 기술한 대로 건널목 사고는 안전 대책의 확충으로 1990년대 말까지 격감했으며 최근 20년 정도는 발생 건수의 횡보 상황이 계속되고 있다. 건널목 사고의 요인으로 현재 가장 많은 것이 이용자의 직전 횡단이다. 사업자는 다양한 시책을 시행하고 사고의 감소에 노력해 왔지만, 직전 횡단만은 손쓸 방법이 없다. 경보기가 울리면 멈춰 서서 건널목 안으로 들어가지 않는 것이 사고방지의 기본이지만 사업자가 건널목을 아무리 개량하고 차단기를 내리고 있는데도 건널목 안으로 진입하면 속수무책이다. 즉 사고를 더욱 감소시켜 가기 위해서는 이용자의 직전 횡단을 없애는 것이 필요하다. 이와 같이 철도의 안전성 향상을 위해서는 사업자나 행정, 사고조사 기관의 노력뿐만 아니라 승객 또는 이용자, 나아가 사회 전체의 사고방지에 관한 이해와 협력이 불가결하다.

제2절

일본의 철도 여객수송과 철도사업

쇼지 겐이치(正司健一)

(고베대학 명예교수)

1. 일본의 여객 철도 현황

최근 일본 여객수송에서 차지하는 철도의 비중은 수요구조의 변화와 자가용차를 비롯한 경쟁교통수단의 발전으로 감소해왔지만 21세기에 들어서부터는 그 감소 추세가 멈추고, 이후에는 거의 일정한 수준을 유지하고 있다.

그 결과 1975년도 철도는 수송 인·킬로는 46%, 수송 인원은 38%였던 분담률이 2000년에는 각각 27%, 26%, 2009년에는 29%, 25%를 기록하였다.[53] 즉 1975년의 분담률 계산에서는 경자동차와 자가용 화물자동차 수송량이 포함되어 있기 때문에 주의할 필요가 있다. 이것을 포함하지 않으면 2008년에 각각 32%, 32%, 2009년에 36%, 34%이다.

....

53) 2010년도 이후 자가용 승용차·경자동차가 대상에서 제외되었다.

철도의 분담률을 미국, 영국, 독일, 프랑스와 비교해 보면, 예를 들어 영국의 철도분담률(인·킬로 기준)은 약 8%, 독일이 7%, 프랑스가 11%(모두 2009년)로 일본의 수치가 매우 높다. 더욱이 미국의 경우에는 1%에 불과하다.

철도는 한정적인 공간에서 대량의 여객을 신속하고 신뢰성(정확성) 있는 수송이 가능한 특성을 가지고 있다. 이 특성은 대도시권과 같은 주·야간의 인구의 차가 많은 지역에서는 더 큰 의미를 가진다. 일본에서는 3대 도시권 자료를 보면 철도 분담률이 더욱 높아 수송 인원 기준으로 약 50%에 이르고 있다[54](〈표 3-4〉를 참조).

〈표 3-4〉 3대 도시권의 교통수단별 이용현황

(단위 : %)

	철도	버스	택시	자동차
전체(3대 도시권)	51	6.6	2.7	39.7
수도권	58.2	6.8	2.7	32.3
오사카권	48.4	7.8	3.2	40.6
나고야권	21.7	3.6	1.8	72.9

*출처 : 《도시교통연보》, 운수정책연구기구, 2011

이처럼 중요한 지위를 점하고 있는 철도 여객수송의 특징은 민유민영의 철도기업, 즉 사철이 도시권 철도를 중심으로 큰 역할을 하고 있다는 것이다. 예를 들면 수도권의 경우 사철과 JR의 수송 인원은 거의 같은 규모(2010년도에는 전자는 철궤도 전차의 38%, 후자는 39%)이며, 오사카권에서는 사철의 비율이 44%에 비해 JR은 29%로 사철이 1.5배에 가까운 규모이다. 더욱이 10년 전의 2000년도의 시점에서는 사철의 비중이 49%였다(수도권의 경우는 38%).

사철은 물론 3대 도시권에서 영업하고 있는 JR히가시니혼, JR도카이, JR니시니혼, 이른바 JR 3사의 주식이 민간에게 완전히 매각되어 도시권 여객수송은 여

---

54) 도보·자전거 등을 제외한 분담률이기 때문에, 이른바 Motorized Transport를 대상으로 하고 있다.

객수입을 그 수입원으로 하는 민간기업 중심으로 서비스가 공급되고 있다. 그러나 구미에서는 일반적으로 정책적 판단에 기초한 운임할인에 따른 운임보상 정책이 일반적이지만 일본은 국가, 지방자치단체로부터의 실질적인 보조가 거의 없는 매우 희소한 사례이며 사철의 높은 효율성과 그 경영성과는 세계적으로 주목받아야 한다.

2022년 7월 1일 현재 일본에서는 202개의 철도사업자(노면전차, 모노레일, 신교통을 포함하지만, 강삭철도, 무궤도전차 및 미 개업선은 제외. 철도영업을 직접적으로 시행하고 있지 않은 제3종 사업자는 포함)가 존재하고 있다. 그 중 순전하게 화물 운송사업만을 하는 사업자는 10개가 존재하기 때문에 나머지 192개가 여객운송사업(일부 사업자는 화물사업도 함께 하고 있다) 사업자이다. 그중에서 JR 6개사를 제외하면 186개 사업자[55]가 지역 여객 철도를 담당하고 있다. 국철 분할 민영화 후에 발족한 JR 6개 회사는 이제 전국적인 수송을 담당하지 않고 각각 나누어진 영업 구역 내에서 수송책임을 담당하고 있지만 1987년까지는 전국의 노선망을 보유하고 있는 국철 노선의 대부분을 각각 인수해 그 영업 범위가 다른 사업자보다 크기 때문에(가장 작은 JR시코쿠는 영업거리가 853.7km) 구분하는 편이 좋을 것이다.

'Regional Rail, Suburban Rail'이라는 용어로 표현되는 철도의 양태가 국가에 따라 다르듯이 같은 용어로 나타나는 것도 그 실태에 따라 차이가 있다. 더욱이 국제비교를 행할 경우 각국 독자의 용어에 주의할 필요가 있다. 예를 들면 일본 국내 독자의 표기법인 '민철'이 그러한 예이다. 국철의 분할 민영화가 행해지기 이전 국철 이외의 철도사업자를 합하여 '민철'이라 표현했다. 이 경우 '민철'이라고 부르는 것 가운데 순수 민간기업인 '사철' 이외에 공사혼합기업인 제3섹터, 더욱이 지방자치단체 산하의 공영기업인 각 교통국(지하철이라고 총칭한다), 국철,

....

[55] 또한, 이 중에서는 제3종 사업만을 운영하고 있는 철도 사업자가 21, 더욱이 궤도 정비 사업자 1이 포함되어 있다.

지방자치단체가 출자한 영단도 포함되어 있다. 이러한 국가의 직접 산하인 국철 이외의 철도사업자를 통틀어서 '민철'이라고 표현하고 있다. 1987년의 분할 민영화 이후에는 국철은 JR로 변화하여 JR히가시니혼, JR도카이, JR니시니혼은 모두 주식을 민간에게 매각하고 JR규슈도 주식을 민간에게 매각한 것은 이러한 이분법은 과거의 것이 되었지만 지금도 이 용법이 사용되고 있다.

여기서 〈표 3-5〉의 제목과 같이 '철도사업자'가 아니라 '철 궤도사업자'로 된 것은 일본에서는 역사적으로 노면전차, 경량전차 겸용 궤도이용에 대해서는 '궤도', 증기철도 타입의 것에 대해서는 '철도'라는 형식으로 면허제도가 되어 있어 현재에도 각각의 면허를 보유하고 있는 사업자가 있기 때문이다. 국유철도 이외의 철도에 대해서는 면허제도가 1887년(명치 20년) 노선 신설의 면허제, 규격통제, 운임인가제 등을 정한 사설철도조례가 제정된 것에서 출발한다. 그러나 이것과는 별도로 공공 도로상에 부설하는 궤도에 대해서는 내무대신이 관할하는 것으로 1890년(명치 23년) 8월 궤도조례가 교부되었다. 이렇게 증기철도 형식의 것에 대해서 '철도', 노면전차 형식의 병용궤도를 기본 상정한 것에 대해서는 '궤도'라는 2가지 형식의 면허제도가 병존하고 있다.

그래서 예를 들면 한신전철 등이 조례에 따라 애초 면허 신청한 사철도 적지 않다. (그중 대부분은 궤도 면허로부터 철도 면허로 변환했지만)이 때문에 현재에도 실제로 면허상 '궤도'로 분류되어 있는 사업자도, 예를 들면 오사카시교통국과 같이 주로 중량전철인 '지하철'로 운행하고 있는 사업자로부터 구마모토시 교통국, 한사카이전기궤도(주)와 같이 원래 노선 전차를 운행하고 있는 사업자까지 포함되어 있다. 더욱이 신교통시스템(AGT)까지 이르러, 예를 들면 고베신교통의 포트아일랜드선을 비롯해서 같은 노선이면서 구간에 따라 면허가 다른(즉 철도·궤도 두 가지 면허를 보유하고 있다) 경우도 존재하고 있다.

앞의 분류에 따른 설명을 부연하면 먼저 JR은 이전 전국적으로 약 2만 km의 네트워크를 보유하고 있는 국유철도가 1987년에 철도개혁에 따라 분할되어 만들어진 회사이다. 다음으로 공영 등이 있는데 이것은 지방자치단체 산하에 있는 공

〈표 3-5〉 일본의 철·궤도사업자 수(2022년 7월 1일 현재)

(단위 : 개)

서비스 형태	구분	회사 수
여객	JR	6
	공영 등	12
	大手	15
	準大手	5(1)
	中小民鉄	136(20)
	모노레일	9
	신교통시스템	9
화물	JR	1
	사철	9
합계		202

*주 : 1) 강삭궤도, 무궤도 전차, 미 개업선은 포함되어 있지 않다. 공영 등에는 도쿄지하철을 포함
2) 회사 수 중 ( ) 내의 숫자는 제3종 사업자 수
3) 여객 중 일부, 화물수송도 행하는 경우가 있다.
4) 모노레일, 신교통시스템만을 운영하는 사업자 수이다.
*자료 : 국토교통성 철도국 감수, 《숫자로 보는 철도 2016》, 운수종합연구소

유의 사업체(공영지하철 및 노선 전차)와 도쿄메트로(도쿄지하철주식회사) 등을 말한다. 이 중 하코다테, 구마모토, 가고시마의 교통국은 원래 노선 전차 사업을 하고 있다. 이를 제외한 8개 사업자(센다이시, 도쿄도, 요코하마시, 나고야시, 교토시, 고베시, 후쿠오카시, 오사카시)는 모두 대도시권의 지하철을 운영하고 있기 때문에 '지하철'이라고 표기하고 있다.[56] 즉 도쿄 메트로는 원래 1941년 국가와 도쿄도, 더욱이 도쿄에 있는 큰 규모의 사철(大手) 등의 출자에 의해 만들어진 데이도고속도교통영단(약칭; 영단, 1951년 사철 출자분은 국철과 도쿄도에 이관되었다)이지만, 민영화를 의도하고 성립한 도쿄지하철 주식회사법에 기초해 이를 인수하는 형태로 2004년 4월에 탄생한 회사이다. 2024년 10월에 주식의 50% 민간매각이 드디어 결정되었지만, 현재 주식은 국가와 도쿄도이며 또한 지하 고

---

56) 실제로는 그 노선에 지상 보행 부분도 존재하고, 그 이외의 철도 사업자에게도 그 영업 구간의 대부분(내지 전부)이 지하 공간인 경우도 존재한다. 또 지방자치단체 경우의 교통국 대부분은, 이전, 노면전차 사업도 행한 역사를 가지고 있다. 그러나 현재 지하철과 양쪽을 운영하고 있는 것은 도쿄도와 삿포로시뿐이다.

속철도 정비사업비 보조제도(후술)의 직접 대상조직이기 때문에 자료에 의한 큰 규모 사철(大手)로 취급되고 있고 현재 여기에 포함하는 것이 적절하다. 또한 오사카시 고속전기궤도(Osaka Metro)는 원래 오사카 교통국이었지만 2018년 4월 1일, 이른바 민영화되어 100% 오사카시 출자의 주식회사이다.

그러나 아직 주식의 민간매각이 시작되지 않고(현재 주주는 국가와 도쿄도) 또한 지하 고속철도 정비사업비 보조제도(후술)의 직접적인 대상 조직이었기 때문에 이를 포함하여 취급하는 것이 적절하다.

이어서 모노레일과 신교통시스템인데 이것은 모두 특정의 기술방식을 채용한 사업자이다. 그중 1964년에 개업한 도쿄 모노레일과 1970년 영업을 개시한 쇼난 모노레일,[57] 더욱이 신교통인 (주)오리엔탈 라인 산하인 마이하마 리조트 라인, 택지 개발에 따라 설립된 스카이 레일 서비스,[58] 야마카타의 5개사는 민유 민영의 방식이지만, 이외는 모두 공공부문(지방자치단체) 주도의 제3섹터이다.

이어서 큰 규모의 사철(大手)은 도시권의 지역 여객수송을 담당하고 있는데 일본 철도사업의 최대의 특징으로 사철 경영의 대표적인 존재이다. 이 중 니시테쓰(영업기반은 후쿠오카)를 제외하고 14개사가 일본의 3대 도시권에서 영업기반을 갖추고 있다. 이어서 도쿄권과 오사카권 지역에서 사업을 하고 있는 준 사철 5개사(신 게이세이, 기타오사카 한큐, 센부쿠고속, 고베고속, 산요전철) 대규모 사철에 이어서 존재하고 있다. 즉 이 중 기타오사카 한큐 및 고베고속철도는 공공과 민간의 공동출자방식이다.[59]

....

57) 이 회사는 원래는 같은 모노레일의 개발자인 미쓰비시 중공업을 중심으로 한 미쓰비시 그룹 산하에 있었지만, 2015년 각지에서 공공교통의 재건 · 유지 등의 업무를 하는 ㈜미쓰노리홀딩스에 의해 매수되었다.
58) 스카일 레일은 2024년 4월 30일 영업을 종료했다.
59) 2014년 6월까지는 센부쿠고속도 오사카부가 49%, 나머지를 오사카 가스(18%), 간사이 전력(18%) 등 민간이 출자한 제3섹터(당시의 명칭은 오사카부 도시 개발)였지만, 모든 주식을 난카이 전철 및 같은 전철 그룹 회사가 양도를 받아 현재는 난카이전철 산하의 민간기업이 되었다.

마지막으로는 중소 사철로, 이는 대도시권 이외에 지방에서 예전부터 영업을 해 온, 이른바 지방 중소 사철 등 83개사(제3종 철도사업자 15개사, 궤도 정비사업자 1개사를 포함)와 전환철도 등을 말한다. 국철 개혁 때 국철(JR)로서 일체 경영 중에 유지하는 것이 명확하게 곤란해서 분리된 지방 한산선구 중 철도로서 남아 있는 것, 아울러 당시 건설 도중에 있었던 원래 국철이 경영할 예정이었던 철도 노선으로 개업한 사업자, 더욱이 정비 신칸센의 정비에 함께 JR로부터 분리된, 이른바 병행 재래선(도남이사리비철도, IGR이와테 은하철도, 아오이모리철도 및 아오모리현,[60] 시나노철도, 에치고도키메키철도, 아이노가제 도야마철도, JR이시가와철도, 비잔오렌지철도) 등 45개사가 있다(이 중 5개사는 제3종 사업자). 즉 중소로 분류된 것 중에는 공적 부분의 출자율이 과반을 점하는 제3섹터나 지방공공단체 등 공적 부분으로 분류되어야 하는 것도 포함되어 있기 때문에, 분류목적에 주의가 필요하다.[61] 또한 일본에서는 때에 따라서는 제3섹터로서 논의되고 있는 경우에 공사혼합기업 전반이 아니라 '전환철도 등'으로서 소개된 것만을 취급하는 것이나 주식의 반 이상이 민간자본인 것을 제외하고 논의하는 경우도 있어 문헌·자료를 읽는 경우에 주의가 필요하다.

일본의 공공교통 중의 하나의 큰 특징이 채산성 원칙에 기초한 것을 기본으로 운영되고 있다는 점이다. 공영사업자 등 공공 부분이 주체로 되어 있는 사업자에 대해서는 주로 신선 건설에 대해 몇 개의 특정 보조의 구조가 존재하고 있는 채, 순수한 의미에서 사철사업자에 대해 보조제도는 기본적으로 존재하고 있지 않다. 그래서 기본적으로 운수 수입에서 철도사업을 행하는 데 필요한 전 비용을 보전하는 독립채산제가 견지되고 있다. 이러한 공공교통의 방침은 구미의 정비철학과

....

60) 아오이모리철도는 제2종 사업자, 아오모리현은 제3종 사업자이다(상하 분리방식).
61) 그 한편으로, 고베고속, 기타 오카사급행 등 공공의 출자 비율이 절반 이상인 제3섹터(예를 들면 고베고속은 25%)도 있는 한편, 예를 들면 수도권 신철도이며, 역사적 경위도 있어 사철과 같은 종류의 존재로서 분석되는 것이 일반적이다.

명확히 다르다. 구미에서는 철도나 도시(지역) 공공 여객수송에서는 운수 수입이 보전 가능한 범위에서 서비스 공급을 한정하는 것은 행하지 않고, 일찍부터 보조 제도가 도입되어 있다. 또한 Public Service Obligation이라는 생각에 대해서도 공통인식이 있다.

도시 간 네트워크에 대해서는 노선 등 설비 부분(하부 구조부)과 열차 운행업자를 분리하는 상하 분리방식이 도입되어 그때 운행회사가 노선 사용료를 지불하는 것으로 되어 있는 것이 많지만 설비 등의 지불경비총액을 보전하는 수준의 사용료가 설정되어 있지 않다. 예를 들면 스웨덴에서는 사회적 한계비용에 기초해서 이를 설정하는 것을 그 정책의 기본방침으로 정하고 있는 정도이다. 이러한 설비 부분이 공공의 책임으로 정비된 것이 일반적으로 기본으로 되어 있는 것뿐만 아니라 인건비, 연료비 등의 직접적인 경비조차 운수 수입으로 보전이 가능하지 않은 것이 일반적인 상황이다(제3절 포함).

구미에서는 당초부터 이러한 상황이 있었던 것이 아니고 예전에는 일본과 같이 사업체마다 채산성이 있는 것을 전제로 한, 이른바 '진입 규제(공공에 의한 직접 공급을 포함) + 내부보조'형의 공공체였다. 그러나 세계 공황 등을 비롯한 경기 후퇴의 영향, 더욱이 자동차 운송의 급성장으로 철도의 경영난이 구조적인 성격을 띠게 되었다. 철도업의 수익성 저하는 사업체 내에서의 내부보조의 여력 감소를 의미하고, 적어도 철도정책의 구조 전환이 요구되었다. 철도산업의 구조적인 운영난 현상은 '철도문제(the Rail Problem)'라고 명명되어, 특히 제2차 세계대전 후 경제 선진제국의 최대 교통 정책상의 과제가 되었다.

그러나 정책구조의 완성에서는 적지 않은 시간을 요하는 것도 상상되어 이 정책전환에는 시간이 필요하였다. 특히 거기까지 최소한의 공적 수단이 잘 기능하도록, 그곳으로부터의 전환이 특별히 용이하지 않고, 정부 그리고 국민의 측면만이 아니라 철도기업 자신도 지금부터 생각하면 상황파악이 늦어, 사태의 과소평가가 있고 그 결과보다 일층 심각한 사태를 초래하였다. 실제 철도의 독점력(경쟁력)을 과신한 각종 시책이 상황의 변화와 관계없이 남아 그 때문에 수익성이 더 낮아져 경쟁적으로 교통수단의 성장을 촉진하는 결과를 초래, 자력으로 재생이 불가능하게 되었다. 그래서 최종적으로는 교통기업·수단 간의 경쟁을 고려한 정책체계에의 전면 이행이 모색되어, 어떠한 내부보조에 의해 유지할 수 없는 서비스망을 유지하기 위해 다양한 형식의 보조가 제안되어 실제로 이행되었다.

도시권 철도나 도시(지역) 공공 여객수송에 있어서도 동일하게 그 옛날 많은 도시에서 독립 채산 원칙을 기초로 서비스 공급이 이루어졌고(아니면 적어도 제1목표로 자리매김하였다), 따라서 적자가 일본에서와 같이 큰 문제로 이전에도 되었다. 그러나 최근 채산성(혹은 독립채산 원칙)을 완전히 무시할 수 없지만, 부차적인 위치로 되고, 예를 들면 접근성(혹은 이동성)의 확보가 공공교통서비스 공급의 제일 원칙으로 사실상(혹은 공식적) 되어 있다. 영국의 연구기관 Transport and Road Research Laboratory(TRRL)이 1980년대 초 행했던 연구에 의하면 구미의 이러한 경향은 1970년대를 통해 현저하게 나타났다. 그것은 TRRL이 수립한 자료에 기초해서 Allen이 작성한 표로부터 명확하다.[62]

〈표 3-6〉 Fare-box ratio(운임회수비율)의 추이

비율(%)	사업자 수			
	1971	1975	1977	1979
100~	8	0	0	0
80~100	10	5	1	1
60~80	9	19	20	13
40~60	7	11	14	20
20~40	0	4	8	10
전체	34	39	43	44

*자료 : J. E. Allen(1982), p.12

....

62) 그와 같이 Allen(1982)에 따르면, 자본적 지출을 포함한 총비용 중 보조금이 점하는 비율은 1971년 시점에서 절반 이하 도시가 데이터 입수 도시의 9할을 점하고, 약 3할이 20% 이하였다. 그것에 대해서 1979년에는 20% 이하에 머물러있는 도시는 존재하지 않고, 역으로 절반을 넘는 도시가 55%까지 올라갔다.

이에 대해 일본에서는 이제까지 채산성이 없는, 즉 이용자의 지지가 없는(적자인) 서비스는 원칙적으로 제공하지 않는다는 것을 견지하고 있다. 원래 일본에 있어서도 대도시권의 교통문제 해결을 위해서, 예를 들면 지방자치단체가 소유하고 있는 공영기업(이른바 지하철)이나 영단 지하철에 대해서 그 건설비(차량비는 포함하지 않는다)의 일정 비율에 대해서 보조하고 노선 건설을 보조하는 제도가 있고, 모노레일·신교통에 대해서 같은 보조제도, 더욱이 정비 신칸센 정비를 위해 지원제도가 존재한다. 또한 지방 적자선을 운영하는 중소 민철 등에서는 운수 수입만으로 비용을 충당하지 못하는 경우가 많아 제3장 제3절에서 보듯이 이에 대해 시책의 필요성이 논의되고 있다.

그러나 여기서 강조해야 하는 것은 그러한 보조가 도입되어 있는 경우에도 그 대부분의 사업 시작의 경우(혹은 지진 대책을 포함한 대규모 설비갱신, 대규모 자연재해 등)에 한정되어 있고, 그 후에는 운수 수입으로 채산을 맞추는 것이 동일하게 요구되고 있는 점이다. 1999년의 철도사업법의 개정에 의해 진입에 관한 면허규제는 완화되어 국토교통성에 의한 인가제로 되는 것과 함께 이른바 수급조정 규제는 철폐되었지만, 인가의 요건은 예전과 같이 '사업 계획이 경영상 적절할 것'이라는 문구가 포함되어 있다.

이러한 채산성 원칙에 따라 공공정책이 운영되고 있는 이상 어떤 의미에서는 당연하지만, 일본에 있어서는 그 제공하는 서비스 내용에 대해서 해당 사업체가 독자의 판단과 책임으로, 자주적으로 의사결정을 하고 있다. 국가 혹은 지방정부가 주도하는 도시철도 정비계획은 사실상 존재하지 않고[63] 노선 설정, 운전패턴, 열차 횟수, 운전 간격, 시발과 마지막 열차 시각, 표정속도 등에서도 각 사업체가

....

[63] 국토교통성(각 운수국)이 주도한 형태로 역내 장래 노선의 이상적인 상태에 대해서 의논되어, 답신의 형태로 정리되었지만, 실제로 정비를 했는지 어떤지는 각 사철의 기업 판단에 위임하고 있어, '계획'이 있다고 표현하는 것은 불가능하다.

자기 책임에 기초해서 설계하고 있다.[64] 물론 완전히 자유화한 것이 아니고, 특히 운임에 대해서는 전통적인 총괄원가주의에 기초해서 규제하고 있다. 더욱이 열차 운행계획에 대해서도 사전에 제출하지 않으면 안 되고, 그것도 노선 개업에 있어서 국토교통성으로부터 인가를 얻어야 한다. 그러나 구미에서는 도시 공공교통기관의 민간공급이나 규제철폐가 논의되지만, 공공교통서비스를 생산하는 사업체에 서비스설계·방침에 관한 의사결정권을 완전히 위임하는 경우는 진입 퇴출규제가 철폐된 영국 런던 이외의 지역에 있어서 버스시장 부분이 보이는 것뿐이다. 근년 행해지고 있는 공공교통정책기구의 근본적인 개혁에 있어서 공공교통서비스의 정비 방침, 보조액뿐만 아니라 노선망, 운행 패턴, 다이어, 운임체계 등 공공교통의 계획 더욱 서비스 제공과 같은, 이른바 전략적 의사결정에 관한 권한을 지방정부 등이 계속 유지하는 구조하에서의 의논이며, 그 아래 서비스 생산의 효율화를 도모하기 위해서 어떻게 할까, 경쟁압력의 도입을 어떻게 행하는 것이 좋은지 논의되고 있는 것이 일반적이다. 따라서 앞에서와 같은 규제의 존재를 가지고 일본에서도 강한 공적 관여의 기초에서 서비스 제공이 행하여지고 있다고 표현하는 것은, 때로는 큰 오해를 불러올 수 있다.

2. 도시·지역 철도 : 사철 경영을 중심으로

제1절에서 논의했듯이 구미와는 달리 일본국유철도 여객사업은 채산성(독립채산 원칙)을 기본으로 한 정책구조 안에 있다. 이것은 대량의 수요에 대응하지 않을 수 없고, 다액의 설비투자가 필요한 도시권 철도에서도 기본적으로 같다. 그 때문에 통상 구미의 도시교통에서는 100을 넘는 것이 없는 Fare Box Ratio(운수

....

64) 그러나 공영사업자의 경우 등은 지방자치단체가 직접 보유하고 있는 것도 있어, 과도한 관여가 있는 경우가 적지 않다.

<표 3-7> 공공교통시스템에서의 운영비에 대한 운임비율

국가	시스템	Fare Box Ratio(%)	연도
일본	한큐철도(오사카)	146	2010
일본	도큐철도(도쿄)	145	2010
영국	런던 지하철	92	2012
프랑스	RATP(파리)	62	2012
핀란드	HSL(헬싱키)	62	2012
미국	CTA(시카고)	61	2013
홍콩	MTR	186	2012
타이완	MRT(타이베이)	119	2012
싱가포르	SMRT	134	2012

*주 : Annual report and financial report of each operator, Suji de Miru Tetsudo(2011)
*자료 : Song(2015) Table1.1 p.1

수입으로 운영비를 충당하는 비율)에 대해서도 100을 넘어 그 초과분으로 설비비를 충당하고 있다. 그러나 눈을 아시아로 돌리면 일본과 같이 100을 넘는 경우도 있지만, 일본만이 특이한 존재는 아니다. 그러나 표에 들어있지 않지만, 프라하 53%, 취리히 60%, 보스턴 44%, 샌프란시스코의 BART는 76%, 토론토 63%(모두 2013년 혹은 2014년 자료)로 된 구미 각국의 숫자를 보면 도시 공공교통 서비스 공급시스템에 있어서 양자 간 발상의 차이가 있는 것을 알 수 있다.[65]

이러한 점은 그 전형적인 자금 분담구조를 보인 다음의 표로부터 분명해진다. 여기서 비용부담에는 두 개의 레벨이 있고 이를 구분하는 것이 중요하다. 일반적으로 집을 구입하는 경우를 생각해 보면 많은 사람은 은행 등으로부터 자금조달에 크게 의존해서 먼저 집의 대금을 정산한다. 즉 일단은 그 많은 부분을 은행이 지불하는 형식이다. 그러나 그 차입금은 이자를 붙여서 각 개인이 그 소득으로부터 은행에 변제하기 때문에 최종적으로는 각 개인이 집의 대금 전액(+이자)을 지불한다. 전자의 국면을 'Financing', 이른바 프로젝트 수행을 위한 자금조달, 그

---

65) https://en.wikipedia.org/wiki/Farebox_recovery_ratio(2016/12/12)

리고 후자의 것을 'Funding'으로 최종적인 자금 분담이라고 부르고 있다.[66] 말할 것도 없이 자금조달의 것만을 생각해서 최종인 자금 분담 문제의 검토를 먼저 하는 것을 피할 수 없고, 각각의 수준이 어떠한 구조로 되어 있는가를 생각하는 것이 중요하다. 공정부담이나 적자에 대해서 최종적으로 누가 부담하고 있는가에 대해서 논의나 PFI(Private Finance Initiate), PPP(Public Private Partnership)라는 공공서비스의 공급방법에 대해서 이 점은 중요한 논점이 되어 왔다.

일본에서도 운수 수입으로 설비투자를 보전하는 것이 요구되는 독립채산 원칙이 기본원칙으로 되고 있는 것은 말한 대로이지만, 이전부터 예외적으로 건설투자 및 지진대책을 포함한 대규모 설비갱신, 대규모 자연재해 시에 원상태로 복구하는 복구비의 일부를 국가의 인정에 따라서 공적으로 지원하는 제도가 존재한다. 그 대표적인 사례가 공적 사업자(즉 공공지하철 및 이전에 있었던 영단, 현 교토메트로)만을 대상으로 한 지하 고속철도건설비보조제도, 즉 지하철보조제도이다(보조대상 사업비(건설비 − 총계비 − 차량비 − 건설이자) × 1.02 × 80%(출자금이 2할을 점하기 때문에) × 90%)의 35% 이내(지방공공단체의 보조금액의 범위 내)를 국가가 지출). 그 중 출자금은 세금으로 보전되고 있다고 표현해도 좋지만, 시중조달 부분은 운수 수입 때문에 상환되는 것이 원칙이다.

이것에 대해서는 사철의 경우에는, 예를 들면 지하 신선을 건설해도 같은 제도의 대상 외로 되어 있듯이 건설비, 차량비와 함께 모두 운수 수입으로 보전하는 것이 원칙으로 되어 있다. 대도시에 있어서도 철도ㆍ운수기구(구 일본철도건설공단)가 건설, 복선화ㆍ복복선화 등을 시행하고 사철사업자에 양도한 철도시설에 대해서는 이러한 것들의 건설을 위해 기구(혹은 공단)가 조달한 차입금 등에 관한 지불 이자액의 일부를 보급하는 양도선 건설비 등 이자 보급제도가 존재하고 있지만, 그 제도로부터 알 수 있듯이 효과는 매우 한정적이다. 그중 예산으로 정한

....

66) Glaister S.(2001)

비율(5%)을 넘는 이자가 대상으로 되고 있기 때문에 현재의 이자 정세에서는 새롭게 이용하는 가치는 사실상 없어지고 있다.

근년, 기존 도시철도 네트워크의 유효 이용을 의도해서 연락선의 정비, 상호 직통화의 실현을 지원하기 위해 도시철도이용 편리증진 사업비보조, 플랫폼이나 콩코스 증·개축과 배리어 프리(Barrier Free)화, 생활 지원기능시설, 관광 안내시설 등의 고도화에 연결되는 철도역 종합개선사업비보조[67] 등으로 된 사철사업자도 적용대상으로 된 보조제도도 신설되어 있지만, 그 적용 범위는 한정적이다.

도시철도건설을 지원하는 제도로서는 대상사업자는 공영지하철, 도시기반정비공단이라는 공공부문으로 분류된 철도사업자나 준공영의 제3섹터에 한하지만, 공항 억세스 및 뉴타운 억세스라는 한정적인 경우를 대상으로 한 보조제도로서 공항 억세스 철도정비사업보조비도 있다.[68] 이 제도는 보조율은 지하철보조보다 적지만[69] 개발이익의 환원(이른바 Value Capture)이 자금조달에 포함되어 있는 점에 특징이 있다. 도시 모노레일이나 '신교통 시스템'이라는 특정 기술양식의 철궤도 정비에 대해서는 1972년에 성립한 도시 모노레일정비 촉진에 관한 법률에

---

[67] 이 사업에서 그 이외에도 도시 개발과 일체적으로 행하는 철도역의 종합적인 개선 사업 및 '지역 공공 교통망 형성 계획'에 근거해 생활 지원 기능을 가진 철도역 공간의 고도화 사업도 대상이 되어 있지만, 전자의 교부 대상자는 제3섹터(공적 부문의 출자 비율이 과반수일 필요는 없다), 후자는 법정 협의회이다.

[68] 원래는 뉴타운 억세스 철도의 건설을 염두에 두고 창설된 뉴타운 철도 보조제도였지만, 그 후 공항 억세스에 대해서도 같은 제도 보조대상이 되어, 그 후 뉴타운 철도에 적용 사례가 보이지 않게 된 것도 있어 명칭이 변한 것이지만, 보조의 구조는 기본적으로 동일하다. 또 최근 5년 정도 같은 제도의 이용 예는 보이지 않는다.

[69] 보조대상 건설비(보조비 – 총계비 – 건설이자 – 개발자 부담금 등)의 8할(2할은 출자라고 하는 사고방식)이 보조대상이 되어 뉴타운 철도는 그 15% 이내(평성 13년도 이전 채택은 18%), 공항 억세스 철도는 18%(나리타 고속철도는 3분의 1) 이내가 국가 보조로, 지방 자치제도 같은 보조를 행한다. 신선 건설 외 내진 보강 공사, 전략 방지 대책을 위해 대규모 개량 공사비도 대상. 여기에서 개발자 부담금이란, 시공기면(철도 등의 기준면) 이하의 공사비의 2분의 1과 뉴타운 구역 외의 용지 매수비 중 기초 가격을 웃도는 부분

기초해서 1974년에 창설된 '모노레일 등 정비사업'(이른바 인프라 보조제도)이 있다(1975년에는 신교통시스템도 보조대상으로 충당). 이것은 인프라 부(이른바 고가구조물)를 도로 부속물로 하여 그 부분에 대해서는 도로정비의 연장으로 정비해, 그 인프라 부(정확히는 Infrastructure이지만 통상 약자로 쓴다)를 시스템 사업자(기본, 준공영 제3섹터)에 점유시켜 운행해서 경영 수지에 맞도록 하는 것이다.[70] 이 제도는 2010년도에 사회자본 정비 종합교부금에 통일되어 현재에 이르고 있다.[71]

이상과 같은 상황을 고려해서 공영(공단 등을 포함), 준공영(제3섹터), 사철의 경영형태별로 그 기본적인 비용부담구조를 나타내면 **〈그림 3-1〉**과 같다. 즉 여기서는 제3섹터로서 보조제도와 연동하고 있는, 이른바 준공영에 의한 정비의 경우를 표시하고 있지만, 현존하는 공민혼합기업 중에는 공공으로부터의 출자가 2분의 1 미만으로, 공적사업체라면 받는 것이 가능할지 모르는 보조를 얻는 것이 없이 건설되어 그 후도 사철과 사실상 같은 위치로 영업을 계속하는 것이 여러 회사가 존재하는 점에 유의할 필요가 있다.[72]

....

70) 제도상의 보조대상 사업자는 신교통이나 모노레일을 운행하는 사업자가 아니라, 도로 관리자(지방공공단체 : 지방자치단체)이며, 공적 자금은 당해 시스템의 이른바 인프라 부분(궤도부 이하 : 단 어떤 범위가 인프라인가에 대해서는 나라의 제도상은 기술요건으로 정하는 것이 아니라, 신선 건설비에 대한 비율로 결정된다)에 투입된다. 또 같은 제도는 철 궤도뿐만 아니라 가이드 웨이 버스도 그 대상이 되는 것처럼, 무엇이 '신교통 시스템'인가의 판정에 대해서 기준이 명쾌하게 나타나고 있는 것은 아니다.

71) 이처럼 신선 건설에 드는 특정 보조 과제의 대응은 기술 타입(구동 방식)·건설 노선 특성, 더욱이 경영형태를 특정화해서 정비해 온 일본의 도시 철 궤도 보조제도의 비합리성에 대해서는 이미 검토를 했다. 쇼지(2004)를 참조할 것

72) 그 중에도 고베 시내에 따로따로 터미널을 가지고 있어 한큐, 한신, 산요, 고베의 4개 사철을 이어주기 위해 건설된 고베고속은 준공영이기 때문에 지하철보조는 적용되지 않았지만, 시민의 편의성 향상에 직결하는, 그러나 사철 노선의 서비스 향상에 이어지는 신설 건설에 공공부문이 일정의 보조를 시행한 귀중한 예이다. 4개사를 이어주는 구간의 역·노선을 보유하고, 4개사에 차량 운행 서비스를 위탁하면서 철도사업을 하고 있는 고베고속은 관(고베시) 민(4개 사철) 양쪽이

	설비투자			운영	
	건설	차량		운영비(영업비)	
보조	출자 + 기본 시중 조달		운수 수입	정책운임 보상	보조금
(Taxes)	세금 + 원칙 운수 수입			세금	세금
	건설	차량		운영비(영업비)	(적자)
보조	Value Capture	출자 + 기본 시중 조달		운수 수입	
		세금 + 원칙 운수 수입			
	건설	차량		운영비(영업비)	(이익)
	원칙적으로 시중 조달			운수 수입	
	원칙 운수 수입				

*Value Capture : 각종 개발이익의 환원(출자도 그 생각에 기초한 것으로 생각하는 것이 가능하다)
그림에는 표시되지 않았지만 민간 차원에서도 교섭에 기초해 성립한 경우도 있다(能勢電鉄 日生中央 NT선)

〈그림 3-1〉 일본 철도에 있어서 기본적 비용 부담구조

여기에 대해 구미의 경우에는, 기술한 것과 같이 인프라 부문은 차량도 포함해 보조금에 의해 조달되고 있는 것이 일반적이다. 따라서 일반세나 특정의 목적세 등에 의한 세금에 의해 자금이 조달되고 있다. 더욱이 운행에 관련된 운영비에 대해서도 운수 수입으로 전액을 조달하고 있는 경우도 특히 적고, 정책 운임보상, 더욱이 보조금(적자보전 혹은 사전에 소요의 액이 설정되어 있는 경우도 있다)이 사용되고 있다. 즉 정책 운임보상이라는 것은, 예를 들면 고령자 할인이나 장애인 할인 등 영업상의 판단이 아니라 정책상의 판단으로 운임 수준이 인하되는 것에 대해서 그 운임할인에 의한 감소한 수입분을 사업체에 보전하는 것이다.

근래 구미에서도 PPP 혹은 PFI라는 형태로 자금조달 면에서의 민간 활용이 진행되고 있다. 그러나 그 많은 것은 설비투자비용 일부를 민간부문이 자금을 조달한 채 그 부문의 자금조달이 운수 수입으로 행해지지 않기 때문에 비용분담구조에는 그 점에서는 변화가 없다. 다만, 공공이 세금 등에서 보전하는 이외에도 민

....

그 가진 자원을 분담해서 사업 목적을 달성한다는 PPP(Public Private Partnership)의 기본적인 특징을 갖춘 프로젝트이다. 상세한 것은 쇼지 겐이치(2005)를 참조할 것

간부문이 관련 부동산 개발을 대상으로 인정하는 개발이익의 환원적 시책을 함께 도입하는 경우도 있다.

그러한 독립채산제를 원칙으로 하는 점은 일본 철도의 큰 특징이다. 지방권에 있는 중소 사철에 대해서는 인프라의 유지·갱신, 더욱이 그 가운데는 운영적자의 보충을 위해 최소한의 보조금이 지급되고 있는 경우도 있지만, 도시권에서 영업하고 있는 대기업 사철 15개사는 완전히 독립채산제로 운영되고 있다. 그것은 2014년 대규모의 사철 각 회사의 상황을 〈표 3-8〉로 보면 명확하다.[73]

〈표 3-8〉 대기업 사철의 현황(2014년도)

기업명	창립일	수송인원(백만 명)	종업원 수(명)	영업거리(km)	수송밀도(천인·일)	철도사업 종사자 비율(%)	전 사업 중 철도사업 영업수익 비율(%)	철도사업 경상수지(%)
긴테쓰	1910	563.6	**7,347**	**508.1**	58	92	92	119
한큐	1907	627.5	2,737	143.6	169	92	**132**	**123**
게이한	1906	280.5	1,346	91.1	119	85	117	113
난카이	1885	227.0	2,178	154.8	66	85	120	113
한신	1899	227.2	1,107	48.9	120	80	121	119
메이테스	1894	360.1	4,080	502.5	41	82	116	116
도큐	1923	**1,116.3**	3,042	104.9	**279**	71	115	114
도부	1897	885.0	3,937	463.3	74	91	122	116
오다큐	1923	729.2	2,969	120.5	258	83	127	121
세이부	1912	628.4	3,201	176.6	133	88	129	**123**
게이오	1910	632.7	1,987	84.7	240	82	114	110
게이큐	1898	448.6	1,251	87.0	197	84	121	116
게이세이	1909	266.4	1,562	152.3	67	92	112	109
소테쓰	1917	224.6	1,015	35.9	191	**96**	127	**123**
니시테쓰	1908	111.4	665	106.1	40	17	111	114
단순 평균	1908	487.8	2,562	181.5	137	81	120	116
도쿄메트로	1941	2,495	8,426	195.1	**282**	92	**131**	**128**
JR니시니혼	1987	1,811	36,174	5015.7	31		113	

*주1) 수송밀도는 여객 인·km / 영업·km / 365일
 주2) 굵은 글씨는 각 부문에서 가장 높은 수치이다.
*자료 : 《大手民鉄の素顔 : 大手民鉄鉄道事業データブック2015》, 일반사단법인 일본민영철도협회, 《숫자로 보는 철도》를 참고하여 작성

....

73) 또, 대기업 사철 중에는 홀딩스 체제로 이행한 것도 있어 수지율의 각사 간 비교의 경우에 그 점을 염두에 둘 필요가 있을지도 모른다(세이부).

같은 표로부터 대기업 사철 15개사라고 해도 그 규모나 대상이 되는 시장 면에서 적지 않은 차이가 있음을 알 수 있다. 예를 들면 영업거리 면에서도 보면 500km 전후의 철도망을 운영하는 긴테쓰(近鐵), 메이테쓰(明鐵), 도부(東武)로부터 50km에도 못 미치는 소테쓰(相鐵), 한신(阪神)까지 10배 이상의 차이가 존재한다. 그러한 광역철도를 영업하는 경우와 그렇지 않은 도시권에서 수송을 특화해서 있는 경우로서는 당연히 그 전략의 차이가 있을 것이다. 연간 수송 인원에서 보면 도큐(東急)와 같이 1,100만 명을 넘는 기업으로 보면 110만 명 니시테쓰(西鐵)까지 10배의 차이가 난다. 더욱이 기업 전체의 종업원 수를 점하는 철 궤도의 경우는 기본적으로 8할 이상이지만[42] 그 가운데에서도 니시테쓰같이 2할에 불과한 회사도 존재한다.

일본 사철은 그 수송시장이 혜택을 받고 있다고 지적하는 경우도 많다. 구미 각 도시 중에서도 운임 회수율이 높은(⟨표 3-6⟩ 참조) 런던·트랜스포트(지하철 부문)의 수송밀도(여객영업·km 1km당 1일 평균 철도 여객 수송인원 2012/2013)가 약 7만 명에 가까운 것에 대해서 실제 많은 대기업 사철회사는 이를 넘는데, 그 가운에서도 도큐(東急), 오다큐(小田急), 게이오(京王)의 3개 회사는 20만 명을 넘고 있다. 다만, 모든 대규모 사철이 고밀도 수송시장에서 혜택을 받는 것은 아니고 같은 대규모 사철이라고 해도 난카이(南海), 게이세이(京成), 긴테쓰(近鐵), 메이테쓰(明鐵), 니시테쓰(西鐵)와 같이 런던·트랜스포트와 같은 수준 혹은 이보다 적은 기업도 존재한다.

더욱이 표에 나타난 바와 같이 대부분이 백 년 전에 창업한 전통 있는 회사이다. 원래 현존하는 철도, 특히 사철 대부분은 19세기 말에 시작되어 다이쇼기(大

---

74) 이전은 겸업을 동일 기업 내에서 했다. 하지만 그룹 회사로서 독립되어 행하는 것에 대해서 각사의 역사적 경위 및 전략에 의해 다양한 차이가 있지만(예를 들면 2001년도에는 8할을 넘는 회사는 6개사였던 것에 대해서 50%대의 기업도 6개사였다), 연결재무제표의 작성이 의무 부여되는 등 회계 규칙의 변경도 있어 근년은 각사 모두 같은 값을 가지게 되었다.

正期, 1912년~1925년경)에 최고조를 보였는데 이때 일본 '철도건설 붐'의 때에 영업을 개시한 노선이다. 1906년의 철도 국유화법 시행 이후 사철기업은 운송 분야를 '한 지방의 수송'으로 한정되었고, 그 인가노선은 후발 노선이었기 때문에 기존의 간선철도(국철)의 권익을 빼앗지 않는, 말하자면 수송시장으로서는 비교적 혜택이 적은 연선 미개발노선에 한정되는 경향이 있었다. 그럼에도 불구하고 사철은 그 환경을 극복하고 독립채산제 하에서도 현존하고 있다.

이른바 경제선진국에서도 정도의 차이는 있지만 대체로 철도기업이 난립하는 시기가 있었다. 그렇지만 그렇게 설립된 지역 철도의 대부분은 경영이 곤란에 빠지는 등 각종 문제를 발생시켜 대부분 예외 없이 공적 조직으로 통합되었음에도 영업 폐지로 인해 쫓겼다. 현존하는 사철로서는 미국의 장거리 화물철도와 같은 예도 존재하지만, 도시 공공 교통 기관 혹은 대도시권의 지역 운송 기관으로서는, 일본 각 회사는 소수 사례이다. 그러나 일본에서도 자동차 대중화가 진전되는 가운데 철도운송 시장은 서서히 축소되어 가고 있다. 그중에서도 거대 도시권을 제외하고 지역 여객운송은 어려운 상황에 직면하고 있다. 실제 적자 때문에 폐업한 사례는 다수 존재한다.

지방 도시권 혹은 대도시권의 외연부 등 자동차에 대해서 철도의 경쟁 우위가 낮다고 생각되는 지역에서 영업하고 있는 것이 대부분인 중소 민철(준대기업 + 지방)의 총여객 영업·킬로는, 1965년에는 2,842km이던 것에 대해서 그 20년 후 국철의 분할 민영화가 실시된 직후인 1987년에는 2,147km로, 4분의 3 규모로 감소했다.[75] 더욱이 2014년도 자료를 보더라도 홋카이도, 시코쿠, 규슈 등 수요 조건에 혜택받지 않은 지역에서의 영업을 하고 있는, 이른바 JR 3사도 회사의 철도부문은 영업 적자를 계상하고 있고, 더욱이 수요 조건이 엄격한 중소사업자에 있어서도 같은 영업 적자가 되고 있는 것이 적지 않다.

....

75) 그 후, 국철 분할 민영화에 따라 많은 전환철도가 지방에 탄생했기 때문에 그 시점 이후의 데이터를 볼 때는 주의가 필요하다.

〈표 3-9〉는 운송 밀도별로 비교적 운송 시장에 혜택을 받지 못한 중소 사철[76](운송 밀도 2만 명 이하)의 채산 상황을 나타낸 것이다. 여기서 채산성의 지표로서는 철 궤도 부문의 영업 수입을 경영비용으로 나눈 영업 수지율을 사용하고 있다. 즉 영업 수입이 영업비용을 상회하면 이 값은 100%를 넘게 된다. 또한 참고로 구미에서는 설비에 대해서는 공공이 사회 인프라로 정비하는 것이 일반적인 것을 감안, 감가상각 전에 흑자인가 어떤가를 포함해서 표시하고 있다. 같은 표에서 명백하게 높은 밀도의 시장에 직면하지 않은 기업체에서는 어려운 경영 상황이다. 운송 밀도가 8,000명~20,000명인 기업 9개사 중 7개사, 4,000~8,000명이라도 15개사 중 11개사가 영업 흑자를 달성하고 있다. 더욱이 상각 전에 적자가 된 것이 후자의 1개사밖에 없다. 4,000명을 끊으면 적자 기업의 수는 늘어나고 있지만, 그래도 2,000~4,000명에서는 14개사 중 6개사가 흑자로(상각 전이라면 8개사), 더욱이 5개사가 영업 수입으로 그 경영비용(감가상각비를 포함)의 8

〈표 3-9〉 중소사철의 수송밀도와 채산성(2013년도)

수송밀도 인·km/일 /영업·km	회사 수	철도부문의 영업 수지율					감가상각 전 흑자로 계상되는 회사 수
		~70%	70~80%	80~90%	90~100%	100% 이상	
10,000~20,000	8	0	0	1	1	6	8
8,000~10,000	1	0	0	0	0	1	1
6,000~8,000	5	0	0	1	0	4	5
4,000~6,000	10	0	0	1	2	7	9
2,000~4,000	14	2	1	2	3	6	8
1,000~2,000	19	4	2	6	5	2	8
0~1,000	29	20	2	4	2	1	2
합계	86	26	5	15	13	27	41

*주 : 1) 수송밀도가 2만 명 이하의 중소사철 중 제3종 철도사업자를 제외한 표이다.
   2) 여객수송사업보다 화물수송사업이 매상고를 상회하는 미즈시마(水島)나 상하 분리에 의해 제3종 사업자로부터 인프라 보수를 수탁하는 경우 정비 신칸센의 평행 재래선으로서 철도선로 수입이 있는 경우 등도 존재한다.
*자료 : 2013년 《철도통계연보》를 참고로 하여 작성

....

76) 신교통·모노레일의 운행사업자 및 주로 노면전차 사업을 행하는 사업자를 제외한다.

할 이상을 차지하고 있다. 과연 운송 밀도가 1,000~2,000명의 그룹이 되면 영업 흑자를 달성하고 있는 기업은 19개사 중 2개사밖에 없지만, 상각 전 흑자라면 8개사, 영업 수입이 영업비용의 8할 이상을 차지하고 있는 회사는 흑자 회사를 포함해 13개사이다. 국철의 경영 악화 때 로컬선 문제가 검토되며 도마 위에 올랐을 때 운영 개선을 위해 적절한 조치를 강구하더라도, 또 수지의 균형을 확보하는 것이 국철로서는 곤란한 것이 된 선구의 운송 밀도의 기준이 8,000명/일 · km 미만이었다. 그리고 이러한 영업 선구를 지방 교통선으로 부르고, 그중 운송 밀도 4,000명 미만의 선구 중 버스 전환이 적당한 노선(선로장이 긴 곳 등이 대상에서 제외되었다)을 특정 지방 교통선(83선구)으로 했다. 그 점을 보면 4,000명을 넘는 기업 대부분이 흑자를 달성해 2,000~4,000명이라도 많은 기업이 흑자를 달성하고 있는 것은, 이들 중소 사철의 경영 노력이 나타나고 있다고 할 수 있다.

철도사업의 운영비뿐만 아니라 시설비까지를 운송 수입으로 조달하고 있는 것이 일본 사철의 특징이다. 100% 민간 자본의 기업으로서 사철이 존재하므로 대기업 사철을 시작으로 그 다수가 철도사업에 있어서 흑자를 기록하고 있다. 이를 앞에서 살펴보았듯이 공공계의 사업자에 대해서는 일본에서도 예외적으로 주어지고 있는 건설비 보조제도가 적용되지 않음에도 이를 유지, 달성하고 있다. 이런 일은 구미 각국의 상식에서는 상상할 수 없는 것일지도 모른다.

Killeen(1999)은 이러한 사철기업의 운영이 가능하게 된 이유에 대해서 그 대부분이 인구 밀도가 높은 도시권을 중심으로 운영하고 있는 것과 경쟁 원리에 따라 시장 경쟁 안에서 운영하고 있는 것 그리고 통근 · 통학과 같이 안정적인 수요층이 존재하고 있는 것의 세 가지를 지적하고 있다. 그러나 역사를 돌아보면, 많은 사철은 사업의 초기부터 충분한 수요가 존재하고 있던 지역에서 사업을 시작하지 않았고, 국유철도 노선과의 경합을 피하기 위해서 비교적 개발이 진행되지 않은 지역에서 사업을 일으키게 된 경우도 적지 않은 이유일 것이며, 현재 이러한 경영 성적을 올리고 있는 것 역시 주목할 만하다 하겠다.[77] 이에 대해서 대기업 사철은 과거 건설한 선로를 사용해 영업하고 있을 뿐, 철도에 대해서 새로운 설비

투자를 하지 않고 있기도 하다. 분명히 대기업 사철이라도 그 영업·킬로는 오랜 세월에 걸쳐 대부분 증가하지는 않고, 그 네트워크가 오래전에 거의 완성된 회사가 대부분이다.

또 통근 시의 혼잡 상황을 보면, 특히 도쿄권에 있어서 심각한 상황임에도 설비 투자에 적극적이지 않다. 그러나 운송력 증가에 대해서 사철은 착실히 노력해 왔다. 그 결과, 대기업 사철 15개사(89년까지는 소테쓰를 제외한 14개사)의 각 주요 구간 최고 혼잡 1시간의 평균에서 혼잡률의 추이를 보면, 1965년도에는 혼잡률이 238%도 있었지만, 75년도에는 204%, 85년도에는 184%, 95년도에는 168%, 그리고 2000년도에는 155%까지 낮아져 국토교통성이 목표로 설정해 온 혼잡률 150%[78]에 근접해 왔다. 더욱이 도쿄 메트로를 포함한 대기업 민철 16개사라도 2014년도에는 152%가 되었다. 특히 게이한신 도시권에 노선망을 가진 간사이 5개사 평균에서는 129%가 되어, 각 선구의 수치를 보더라도 나라의 정책 목표인 150%를 거의 달성할 정도까지 되었다. 물론 이 수치는 피크 때라도 전원 착석을 목표로 하고 있는 것 같은 사업체와 비교하면 큰 값일지도 모른다. 그러나 그 한편으로, 운행에 관해 완벽한 신뢰성, 더욱이 초 단위의 정확성을 달성하고 있는 것을 함께 생각한다면, 일본 사철의 서비스 수준이 낮다고는 도저히 생각되지 않는다. 실제 사철기업의 설비투자의 규모는 기업 규모에 비해서 상당히 크다. 예를 들면 2014년도의 대기업 사철 15개사의 설비투자액 실적 합계는 2,332억 엔이 되어 있어 15개사의 철 궤도 부문 영업 수입 합계의 2할 가까운 금액을 기존 선로의 개량을 중심으로 한 운송력 증강, 건널목 및 운전 안전 공사, 서비스개선 공사 등에 투입하고 있다. 이 금액은 같은 연도 감가상각비의 15개사 합계 2,400억 엔과 거의 동일하다. 더욱이 감가상각비나 이자 지불액이 총비용에서 점하는 비율

---

77) 예를 들면, 사이토(1993), killeen(1999), 쇼지(2001)를 참조
78) 혼잡률 100%란, 전원이 좌석에 앉든가, 손잡이 내지 문 부근의 기둥을 잡는 것이 가능한 상태이고, 150%란, 서 있는 사람끼리 어깨가 닿는 정도(차내에서 신문을 충분히 읽을 수 있다)이다.

이 증가하고 있는 것이, 사철의 비용구조의 경직화로서 문제시된 지 오래다. 연결선을 포함 신선 건설이나 복복선화에 소극적인 면이 있다고 한다면, 그것은 그 여유가 없는 것이 나타난 것이며, 그것은 사회적으로 문제가 된다면 도시철도 정비제도의 재검토 필요성을 나타내고 있는 것에 지나지 않는다고 볼 수밖에 없다.

또한 다음에서 보는 바와 같이 사철기업은 본업인 철도사업 이외의 다른 사업 분야에서 다각화 전략을 전개하고 있어서 공표되어 있는 사철 수지는 겸업도 포함하고 있는 것이 아닌가, 혹은 겸업 부문과의 비용 그리고 수입 배분에 있어서 자의적인 조치를 가지고 있는 것은 아니냐는 이야기도 있는데 이것도 큰 오해이다.

사철의 회계 처리는 국토교통성의 규제하에 있고 철도사업법 제20조에서 철도사업자는 국토교통성령에 의해 정해지고, 공표된 회계 처리방법에 따라야 하는 것이 규정되어 있다. 그래서 국토교통성령인 철도사업회계규칙에서는 제14조에서 각 사업에 공용된 고정사업의 배분에 대해서, 제20조에서는 철도사업과 철도회사가 겸업하는 다른 사업과 연관해서 수익 및 비용의 배부에 대해서 그 기본원칙이 규정되어 있다. 더욱이 다른 표로 일반관리비, 법정 복리비, 홍보비, 제 세금, 감가상각비 등의 비용 배분, 아울러 잡수익항목에 대해서 배부원칙에 관한 구체적인 기준이 명기되어 있다.

이와 같이 사철은 그 배분 방법을 자의적으로 변경 가능한 것이 아니다. 분명히 겸업 부문이 철도부문의 수익성이 떨어졌을 경우 'Shock Absorber(충격완화장치)'로서 기능한 것은 이론적으로 가능하다. 위험분산이라는 관점에서 보아도 이러한 형태의 복수 사업을 운영하는 것은 기업으로서는 합리적인 행동이라고 생각된다. 그러나 이러한 겸업 부문으로부터의 수익은 앞의 설명과 같이 명확한 것처럼 철도 부분의 수익계산과는 기본적으로 관계가 없다. 즉 철도사업을 운영하는 경우 대부분이 추가 비용을 들이지 않고 제공 가능한 재화나 서비스가 실제로 존재한다고 생각된다. 이러한 철도사업을 운영하는 데 필요한 경영자원을 그대로 이용하여 운수 서비스 생산의 부생산물로 제공 가능한, 이른바 결합생산으로서 취급하는 상품에 대해서는 운수 수입의 운수 잡수입 혹은 영업 외 수익으로서 취급하는 것이 정해져 있다.[79) 그래서 철도시설에 부수해서 행하는 각종 사업에서는 부대 사업이라고 불리고, 그 외의 예에서는 부동산·자동차라는 겸업과는 구별되어 있다.

이러한 사철에 대해서 겸업규제제도는 크게 2개의 특징을 가지고 있다. 즉 첫 번째는 철도사업과 기타 사업과 사이에 구별해서 그 처리를 명문화하고 공표해서 비합리적인 내부보조가 발생하지 않도록 하는 구조로 되어 있다. 이러한 의미에서 앞에서 이야기한 인식은 틀린 것이다.

한편, 결합 생산적인 사업(운수 잡수입에 계산된 것)에 대해서는 철도사업과 함께 처리하는 것을 인정하는 것으로, 총괄원가의 대상이 확대되어 다각화 이익을 합리적인 범위에서 직접 운임에 반영시키고 이용자에게 환원하는 구조로 되어 있다. 2014년도의 대기업 사철 15개사 전체를 보아도 철 궤도 부문의 영업 수입이 점하는 잡수입의 비율은 1할 정도이다.

거의 모든 사철은 본업인 철도사업 이외의 사업 분야에 다각화 전략이 전개되고 있고, 그것도 철도 차량제조라는 직접적인 수직통합 분야뿐만 아니라 철도로의 고객유치, 더욱이 승객의 요구에 부응하는 사업(본업이 철도운송이라는 것을 생각해 보면 이것도 수직적인 관련으로 설명하는 편이 좋을지 모른다)도 적극적으로 전개하고 있다.

철도사업은 총괄원가방식에 기초해 운임규제하에 있기 때문에 제한된 수입밖에 기대할 수 없고 규제로부터 비교적 자유로운 분야인 사업 범위를 확장하는 것은 시장경제원리에 기초해서 생각해 보면 민간 기업으로서 자연스러운 행동이라고 이야기할 수 있다(正司·Killeen, 1998). 대도시권으로의 인구집중에 의한

....

79) 회계 규칙 별표 제1에 나타나 있는 운송 잡수입의 예로서는, 역 공동 사용료, 철도사업 고정 자산에 속한 시설 내 광고료, 구내매점 등 구내 영업자에게 징수하는 영업료, 입장요금, 승차권 환급 수수료, 휴대품 일시 보관 요금, 소지품 요금 등의 여객 잡수입 등이 있다. 영업 외 수익과 금융 수익 외, 철도사업 및 겸업에 속하지 않은 토지, 건물, 기계 등의 대부 요금 등 영업 활동 이외에서 발생하는 경상적인 수익을 가리킨다.

충분한 수요의 존재가 사철의 흑자경영에 크게 공헌한 것도 물론 생각할 수 있지만, 사철의 역사를 생각해 보면 오히려 수요를 증대시키기 위해 추진해 왔던 선로 주변의 부동산개발, 역 개발, 소매업 등의 다각적인 사업의 전개를 주목해야 한다.[80]

사철 경영에 대해서 다각화 전략이 그 중요한 한 요소인 것은 말할 것도 없다. 이른바 분할 민영화에 의해 JR이 발족한 국철 개혁 때에도 다각화에 대한 규제 완화가 언급되어 JR도 다각화 사업 전개에 힘을 쏟고 있는 것도 그러한 증거라고 하겠다. 그래서 국유화 이전에 개업한 것을 포함해서 거의 모든 사철은 창업 시부터 철도 여객증가와 다른 수입원을 추구해서 각종 유인시설의 제공, 주택 공급, 더욱이 전등·전력 등의 사업을 시작한 것은 주목할 만한 것이다. 예를 들면 철도선로 주변의 관광 개발과 주택개발의 출발이 된 한신전철(1905년 4월 개업)에서는 개업 후 1905년 7월에 우치테하마에(2년 후에 고로엔 하마로 이전) 해수욕장을 개설한 것을 시작으로, 1907년에 고로엔 유원지를 개설하고 1909년 니시노미아 정류소 앞에 임대주택(30호) 사업을 개시하였다.

더욱이 1908년 10월 전등사업의 영업 개시, 1911년 2월에는 고베전등으로 급전계획을 체결했다. 이것은 한신에서만 특이한 사업이 아니다. 예를 들면 효고전궤(현재 산요철도)도 개업한 1910년 7월에 스마우라(須磨浦) 해수욕장을 개장한 것을 시작으로 그 후에도 스마데라(須磨寺) 유원지(영업 개시는 1922년) 등 소규모이면서 승객의 유치를 의도로 한 레저사업을 처음부터 시작하였다. 더욱이 1920년부터는 전기공급 사업, 또한 철도 주변에서의 토지건물의 판매사업을 개시하였다. 그 후에도 자동차 발전과 함께 버스 사업을 겸영하는 것이나 터미널 역에서 백화점을 비롯한 사람이 모이게 할 수 있는 시설을 건설하려고 하는 것도 일

....

80) 통근 운송이란 역방향이나 평일 주간, 더욱이 주말의 수송 수요를 창출하는 것은 단순히 승객 증가라는 효과뿐만 아니라, 승객 수 변동의 평준화에 공헌하는(양방향, 일 단위, 주 단위 등) 것에 이어지는 점에도 주의의 필요가 있다.

반적이다. 그 후에도 다양한 사업을 전개해서 현재에 이르고 있지만 철도선로 주변에 사람을 모으고, 여러 사람들이 철도를 이동하는 목적으로 하는 시설을 선로 주변에 만들어 철도이용자나 선로 주변 주민의 요구에 대응하는 사업을 전개하는 것이 그 기본이라고 할 수 있을 것이다.

　철도사업을 축으로 한 다각적인 사업 전개를 통해 현재는 많은 이익을 이러한 다각적인 부문으로부터 얻고 있다. 실제 다음과 같이 최근 운수 부분 이외의 다각화 사업 부문의 이익 비중이 서서히 높아지고 때에 따라서는 상회하고 있는 상황이다. 더욱이 그 중기경영계획 등에서 다각화 부문의 확대를 중장기전략의 하나의 축으로 삼는 경우도 많아지고 있다. 이러한 다각화 부문은 단순히 철도사업으로의 공헌을 의도한 사업 이상으로 사철에 의해 보다 중요한 위치를 점하는 것으로 받아들여지고 있다.

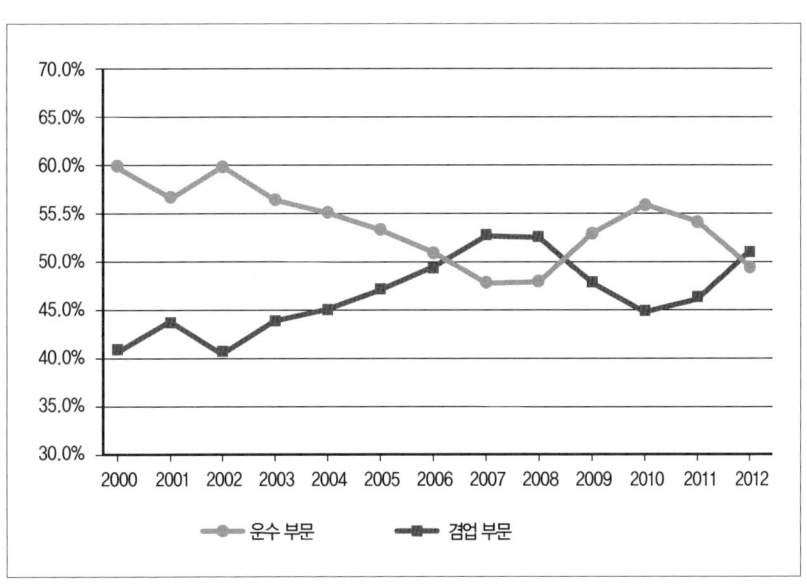

*각 연도의 평균 : 각사 연결재무제표에 의해 작성

〈그림 3-2〉 큰 사업기업에 있어서 운수 부문과 그 이외의 겸업 부문의 영업비율

다각화의 주된 장점으로는 다음과 같은 점을 생각할 수 있다. 즉 ① 다각화는 사업 전개에 의해 철도사업의 승객을 증가시킨다, ② 승객수 변동의 평준화에 공헌한다(일 평균, 주 평균, 연평균, 양방향), ③ 철도이용을 위해 모인 사람들을 상대로 사업을 행하는 것이나 철도부설에 의한 개발이익의 내부화를 도모하여 사업 전체로서의 채산성을 향상시켜 서비스 개선에의 여력을 만들어 낸다, ④ 피 규제산업이 아닌 사업을 경험하는 것에 의해 시장 지향적으로 된다, ⑤ 예를 들면 본 사비로 되는 공통비적 부문의 철도사업에 의한 분담비율을 내린다, ⑥ 사람을 보다 유용하게 활용하는 것이 가능한 것 등이 대표적으로 각종 경영자원의 유효활용과 범위 경제의 활용, ⑦ 피 규제산업이 아닌 사업을 경험하는 것으로 더욱 시장 지향적으로 된다 등이다

사철사업의 다각화 전략의 유형화에 관한 선행연구로서는 Killeen(1999), 正司(2001), 鎌田·山內(2010)의 연구가 있다. Killeen(1999), 正司(2001)의 연구에서는 큰 사업 15개사를 대상으로 각 기업의 전략적 포지셔닝은 비교적 안정적인 수준이며, 간사이 지방의 경우에는 5개사 중 4개사가 관련형으로 수도권 기업과 비교해서 관련형의 비율이 높은 것을 알 수 있다. 또한 관련형 기업이 샘플 중에서도 매우 높은 수익률을 보이고 있고, 관련형 이상의 다각화 전개는 생산성 향상에는 연계되어 있지 않다는 Rumelt(1982)의 결론에도 일치하는 결과를 도출하고 있다.

한편, 鎌田·山內(2010)는 15개사의 대기업에는 완전히 민영화된 JR 3사(JR히가시니혼, JR니시니혼, JR도카이)를 샘플에 더해 연결재무제표를 이용해서 분석했다. 그 결과 각 기업이 전략적 위치에서 안정된 것은 이전의 2개의 선행연구와 일치해 있지만, 수익률에 대해서는 전업형의 수지율이 높았고, 이것은 Rumelt의 결론과는 일치하지는 않는다.

수익률에 관해서는 3개의 선행연구의 결론과 일치하지 않지만, 다각화를 너무 확산한 비 관련형의 성과보다는 본업을 중심으로 한 전업형, 본업과의 연관성을 최대한으로 활용하고 있는 연관형의 성과가 높다는 것과 일치하고, 그 점은 주목

할 만하다.

〈표 3-10〉은 대기업 사철(大手私鐵)의 사업내용에 대해 각사의 연결재무제표로부터 얻어진 정보를 정리한 것이다. 이 표에서 명확한 것과 같이 각 기업과 부동산업과 소매업을 포함한 유통업 그리고 철도 이외의 운수업을 전개하고 있는 한편, 이외에도 다양한 업종에 진출하고 있는 것을 알 수 있다. 더욱이 상세한 것을

〈표 3-10〉 연결재무제표로 본 대기업 사철의 다각화 사업 현황

기업명 도부(東武)	연결재무제표에 의한 사업 분류				
	운수	레저	부동산	유통	기타(건설)
세이부(西武)	도시교통·연선사업	호텔·레저	부동산	건설	하와이 사업	기타
게이세이(京成)	운수	유통	부동산	레저·서비스	건설	기타(유지·보수), 건설
게이오(京王)	운수	유통	부동산	레저·서비스	기타(빌딩유지·보수, 건설)	
오다큐(小田急)	운수	유통	부동산	기타(호텔, 레스토랑, 여행, 유지·보수)		
도큐(東急)	교통	부동산	생활서비스	호텔·리조트	비즈니스 서포트	
게이큐(京急)	교통	부동산	레저·서비스	유통	기타(철도차량의 유지·보수)	
소모(相模)	운수	건설	유통	부동산	기타(빌딩사업, 호텔)	
메이테쓰(名鉄)	교통	운송	부동산	레저·서비스	유통	기타
긴테쓰(近鉄)	운수	부동산	유통	호텔·레저	기타(케이블TV)	
난카이(南海)	운수	부동산	유통	레저·서비스	건설	기타(회계, 정보처리)
게이한(京阪)	운수	부동산	유통	레저·서비스	기타(신용카드)	
한큐·한신 (阪急·阪神)	도시교통	부동산	엔터테인먼트·커뮤니케이션	여행·국제운송	호텔	유통
니시테쓰(西鉄)	운수	부동산	유통	물류	레저·서비스	기타(IC카드, 철도차량의 유지·보수)

*출처 : 각 기업의 유가증권보고서, 2012

보면 광의의 서비스 산업으로 분류된 사업 대부분이 포함된 것을 알 수 있다.

또는 터미널 내부에서의 백화점, 편의점, 슈퍼마켓 등과 같은 소매업이 활발히 진출하고 있고 전체의 구분매출고에서 차지하는 비율이 높다. 부동산사업은 철도 선로 주변의 토지를 활용하고, 소매업은 선로 주변 토지뿐만 아니라 역 빌딩을 활용하는 경우가 많기 때문에 철도사업에서도 중요한 자산으로 활용되고 있는 물리적 자산을 적극적으로 활용한 다각화 전략을 전개하는 것이 가능하다. 그러나 이러한 단순한 자산의 적극적인 활용이라는 측면만이 아니라 대기업 사철에서는 부동산, 특히 역 터미널을 상업 시설로 개발하고, 판매·오락으로서의 이용을 촉진하는 것에 의해 철도 수요를 증진하였다. 이와 함께 역으로 철도이용객을 흡수한 역의 상업 시설을 이용시키는 것에 의한 사업으로 형성된 고객 자산을 다른 사업 부문에도 유효하게 활용하는 것을 꾀하고 있다는 점도 주목할 필요가 있다. 부동산, 소매업 이외에도 레저·서비스업도 대기업 사철의 주요한 다각화 사업이라고 할 수 있다. 많은 대기업 사철은 철도사업을 운영하는 지역을 중심으로 호텔사업을 하고 있지만, 그 가운데에서는 전국적으로 호텔·리조트사업이나 여행업을 하는 기업도 있다. 예를 들면 한큐·한신홀딩스 한큐교통사는 국내·국외여행 상품, 항공권 판매 등의 사업을 하고 있으며, 도쿄 도큐전철은 전국적으로 리조트나 스포츠시설을 소유하고 있다. 이러한 사업은 그 지리적인 위치가 철도사업의 영업지역 이외에도 전개하고 있는 상황이기 때문에 물리적인 자산의 활용이라고 말하기는 어렵고, 철도 서비스 제공으로부터 얻어진 고객서비스 노하우를 활용한 사용이라고 생각할 수 있다.

외국의 경우에서도 과거에는 영국의 메트로폴리탄철도와 같이 스스로 적극적으로 철도 선로 주변 개발을 행한 것으로 유명한 철도도 존재한다. 이 회사는 1919년에는 부동산회사를 설립하는 것까지 이르렀지만, 영국에서는 철도회사에 의한 이러한 부대 사업은 금지되어 결국은 1933년에 설립된 런던여객수송공사에 최종적으로 흡수되고 말았다. 그러나 일본에서는 사철에 대해서 부대 사업을 규제하는 법률은 결국 만들어지지 않았고, 철도선로 변의 서비스 시장을 모두 독점한다는 비판의 소리는 없었다. 오히려 국철 분할 민영화 때의 논의에서 상징되었듯이 사철 경영은 철도사업경영의 하나의 모범으로서 자리 잡고 있을 정도였다.

다각화 사업 전개의 양상은 토지·건물·고객이라는 자원을 공유한 시너지 효과를 목표로 전개하고 있다고 말할 수 있다. 그러나 자원의 공유에 의한 다각화로서만이 아니라, 다각화 사업의 대부분이 제조업 등의 영역이 아니고 서비스업이라는 점에서 이용객과의 관계를 중시하는 철도사업의 경험을 활용하고 있다고 할 수 있다. 즉 오랜 시간에 걸쳐 철도서비스의 제공에 의한 고객과의 관계 형성, 접객의 경험, 철도 주변 주민과의 애착 관계가 사철의 중요한 자원으로 형성되어 이를 활용했다고 생각할 수 있다. 그 결과 이러한 철도 선로 주변 주민들에 의해 사철기업은 그들의 도시 생활의 여러 가지 면에서 깊은 관련이 있다. 원래 지역에 뿌리를 둔 사업을 행하는 철도기업이 주변 지역과의 장기적인 거래 관계를 중요시하는 경향은 건전한 기업의 판단으로서는 충분히 이해가 되는 부문이다. 그래서 철도영업지역을 중심으로 철도와 일체적인 개발, 레저·오락사업에 의한 주변 지역의 가치 상승은 기업 이미지 향상에 연결되어 주변 지역의 브랜드라는 전략적 자산을 형성시키고 있다고 말할 수 있다. 실제로 일본에서는 대도시 철도선로 주변의 주민에게 사철 각사는 역사적으로 쌓아온 매우 친근한 존재이다. 이러한 다각화 사업으로 형성된 기업 이미지와 브랜드 효과는 본업인 철도사업의 수요 창출에도 긍정적인 영향을 미칠 가능성이 높다. 이러한 완전한 민간 부분에 의한 철도서비스의 실현을 제공한 사철의 존재는 중요하다. 일반적으로 민간 섹터는 공공 섹터보다 효율적이라고 이야기한다. 사철도 민간 기업이기 때문에 고객만족 가치향상에 높은 의식을 가지고 수요확보와 채산성을 확보하는 측면에서 보면 유연한 생각과 전략적 행동을 가지는 것이 가능하고 다채로운 서비스를 생산해 고객의 수요에 다양한 형태로 대응하는 것이 기대된다.

2019년 12월 중국 우한에서 시작된 신종 코로나바이러스 감염증(이하, COVID-19)의 유행은 이듬해 3월 세계보건기구(WHO)가 '국제적으로 우려되는 공중보건 비상사태(PHEIC)'를 선언하는 데까지 이르렀으며, 이후 장기간에 걸쳐 전 세계에 막대한 영향을 미쳤다. 그리고 3년 후인 2023년 5월이 되어서야 WHO는 비상사태 종료를 발표했다.

일본에서도 2023년 3월 실내에서 기본적으로 마스크 착용을 권장했던 방침을 개인의 판단에 맡기는 것으로 변경하였으며, 5월에는 COVID-19의 감염병법상 분류를 일반적인 인플루엔자와 동일한 5류로 조정했다.

이 기간 동안 일본에서는 긴급사태 선언과 만연 방지 등 중점 조치가 총 네 차례 발령되었으며, 국민들은 생활 유지 목적 이외의 외출을 자제하도록 요구받았고, 백화점 등 사람이 많이 모이는 시설은 영업 중단 요청을 받았다. 이러한 상황에서 철도운송량은 당연히 급감했다. 월간 데이터를 공표하는 주요 사철 12개사의 수송 인원을 살펴보면, 2020년 4월 첫 번째 긴급사태 선언 이후 4월부터 5월까지의 수송 인원은 2019년 같은 기간과 비교하여 40~50% 감소했다. 이후 점진적인 회복세를 보였으나, 2022년 3월이 되어서도 여전히 20% 정도 적은 수준이었다. 이로 인해 2020년 회계연도에는 주요 15개 철도회사의 철도·궤도 부문이 모두 영업 적자를 기록했으며, 2021년 회계연도에도 절반인 7개 회사가 여전히 적자를 기록했다.

유럽과 미국에서는 이러한 상황에 직면하자 당연히 철도 운영 사업자들에게 강력한 지원 조치를 취했다. 그러나 앞서 언급한 바와 같이 철도 여객 운송을 상업 운송에 맡기는 것을 기본원칙으로 삼아온 일본에서는 그러한 지원이 전혀 이루어지지 않았다. 반면, 철도를 비롯한 공공교통 사업자들은 긴급사태 선언 중에도 국민 생활과 경제 안정을 위해 필수적인 업무를 수행하는 사업자로 간주하여 혼잡이 발생하지 않도록 고려하면서도 사업을 지속할 것이 요구되었다. 또한 정부는 감염증 대책의 하나로 철도사업자들에게 시차출근을 장려하는 동시에, 승객들에게 철도서비스 이용을 자제하도록 요청하는 재택근무(텔레워크)를 적극적으로 추진할 것을 요구했으며, 이를 위해 차량 내 및 역내 방송을 통해 구체적인 안내 사례를 제시하며 홍보하도록 하였다.

앞서 언급한 것처럼 일본 철도사업자의 큰 특징 중 하나는 다각화 경영이다.

이 전략은 다각화된 사업과 본업 간의 시너지 효과 및 리스크 분산을 기대할 수 있다. 그러나 제조업과 달리, 서비스 산업에서는 자체 기술을 활용하여 전혀 다른 분야에 진출하기가 쉽지 않으며, 철도사업 역시 본업과 일정 부분 연관된 분야로 사업을 확장하는 것이 일반적이다. 일본의 사철기업들도 예외가 아니며, COVID-19로 인해 사회 활동이 크게 제한되면서 다각화된 사업 역시 큰 타격을 받았다. 주요 사철 그룹의 2020년 회계연도 연결재무제표를 보면, 경상이익이 흑자를 기록한 곳은 단 두 개 회사뿐이었으며, 나머지 모든 회사는 적자를 기록했다. 흑자를 기록한 난카이전철조차도 전년도 대비 6% 수준이었으며, 게이한전철은 1%에도 미치지 못하는 흑자였다. 그러나 민간 기업으로서는 당연한 일이겠지만, 2021년 회계연도 이후 실적이 회복되었으며, 현재는 모든 회사가 흑자를 기록하고 있다. 다만, 수요가 완전히 회복되지 않은 상황에서 2020년 회계연도의 적자를 해결하기 위해 시행한 다양한 조치들의 영향으로 여전히 어려움을 겪고 있는 것이 현실이다. 대형 사철회사들도 이러한 상황인데, 상대적으로 수요가 적은 지역에서 서비스를 제공하는 철도사업자들의 상황은 더욱 열악하다.

일본은 높은 밀도의 운송 시장이 존재하는 것을 바탕으로 상업 운송을 중시하고, 수익성 원칙 및 이용자 부담 원칙을 기반으로 철도정책을 유지해왔다. 그러나 이제는 수익성이 낮은 사례를 예외적으로 대응하는 임시방편적인 방식이 아니라, 철도의 기능과 사회적 가치를 고려하고, 단순한 철도 운영을 넘어 연선 지역과 장기적인 공존 관계를 구축·발전시켜온 철도회사의 역량을 활용하는 새로운 철도정책으로의 패러다임 전환이 시급한 과제가 되고 있다.

제3절

고속철도

요시다 유타카(吉田裕)

(간사이대학 교수)

1. 들어가면서

(1) 신칸센

일본의 고속철도는 신칸센이라고 불리는데, 궤간은 협궤(1,067mm)와는 달리 표준궤(1,435mm)이다. 고속 주행의 안전을 고려해서 건널목이 없는 전용궤도로 운행하고 전체 선로에 ATC(자동열차제어장치)가 설치되어 있다. 1970년에 제정된 '전국 신칸센 철도정비법'(1970년 법률 제71호)에 의하면, 신칸센은 '주된 구간을 열차가 시속 200km 이상 고속으로 주행이 가능한 간선 열차'로 정의하고 있다. 국철 시대에 개통된 4개 선의 영업 최고속도는 모두 시속 210km였지만, 그 후 개량으로 현재는 산요신칸센과 도호쿠신칸센에서 300km/h를 넘는 속도로 영업 운전을 하고 있다.

국철 분할 민영화 후에 개통된 호쿠리쿠신칸센(1997년~), 규슈신칸센(2004년~), 홋카이도신칸센(2016년~), 니시규슈신칸센(2022년~)의 4개 노선은 개통 초기부터 260km/h로 영업 운전을 하고 있다.

　신칸센 개통은 많은 사람들의 이동시간 단축과 현지에서의 체재시간 연장 등의 효과를 가져왔다. 신칸센 이용자는 1964년 개통 이래 62억 명, 연간 3억 명을 넘어 영업적으로 큰 성과를 거두고 있다. 고속으로 운행되고 1개 열차당 평균 지연 시간은 매년 1분 이하로 정확성, 높은 편리성, 차내 쾌적성 등이 성공 요인이라고 할 수 있다. 〈그림 3-4〉는 수송 인·킬로의 추이를 나타낸 것으로 도쿄와 오사카, 오사카와 후쿠오카를 연결하는 도카이도 및 산요신칸센은 일본의 신칸센 수송의 약 4분의 3을 차지하고 있는 것을 알 수 있다. 각 노선 모두 이용자 수는 증가 추세였지만, 2019년보다 세계적으로 대유행한 코로나19의 영향으로 승객은 크게 감소하여 2020년은 전년 대비 46.7%를 기록했다.

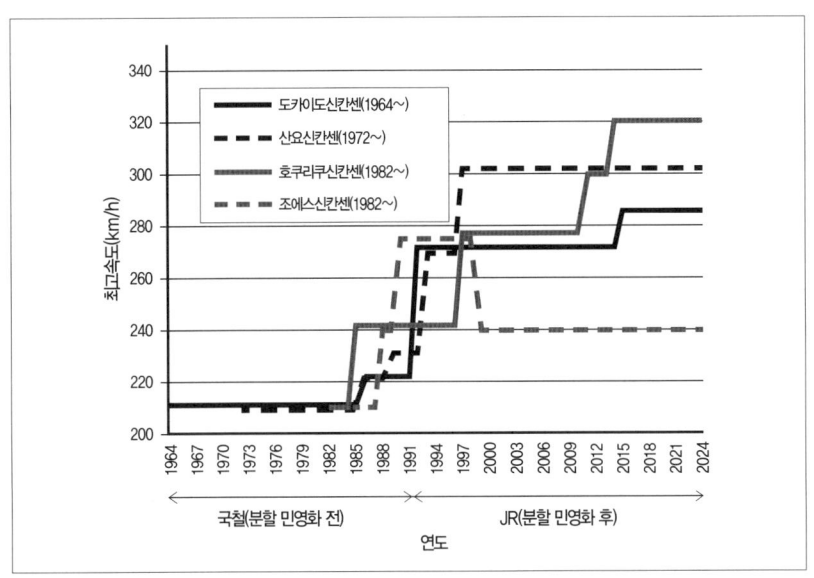

*출처 : 교통협력회(2015년), 《신칸센 50년사》, 교통신문사, p.721로 필자가 작성

〈그림 3-3〉 신칸센 노선명 최고속도 추이

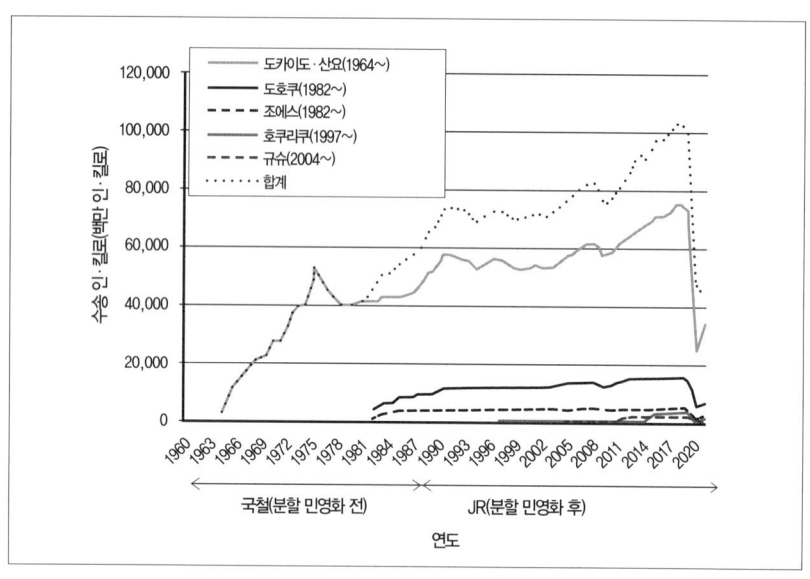

*출처 : 교통협력회, 앞의 책, p.721로 필자가 작성

〈그림 3-4〉 수송 인·킬로 추이

(2) 신칸센 네트워크

2016년 3월 홋카이도와 혼슈를 세이칸터널(전체 연장 53.9km의 세계 최장의 해저 터널)로 연결하는 홋카이도신칸센이 하코다테까지 잠정 개업하여 홋카이도에서 규슈까지 연결되었다. 2022년에는 니시규슈신칸센의 일부 구간, 2024년에는 호쿠리쿠신칸센(가나자와~쓰루가)의 연장 개업에 의해 〈그림 3-5〉와 같이 10개 노선의 신칸센 네트워크(이 중 2개 노선은 전국 신칸센 철도정비법에 근거하지 않는 미니 신칸센)가 형성되어 현재도 2개 노선에서 건설되고 있다. 〈그림 3-6〉은 신칸센 총연장의 변천으로 도호쿠신칸센(오미야~모리오카 간) 및 조에쓰신칸센(오미야~니가타 간)이 개업한 1982년에는 큰 폭으로 증가하고 있는 것을 알 수 있다. 2016년 현재 전국 신칸센 철도정비법에 근거한 신칸센의 총연장은 8개 노선에서 약 3천km로, 일본은 중국에 이어 세계 제2위(2009년까지는 세계 제1위)의 고속철도 대국이다.

*출처 : 교통협력회, 앞의 책, p.671 참조

〈그림 3-5〉 신칸센 네트워크

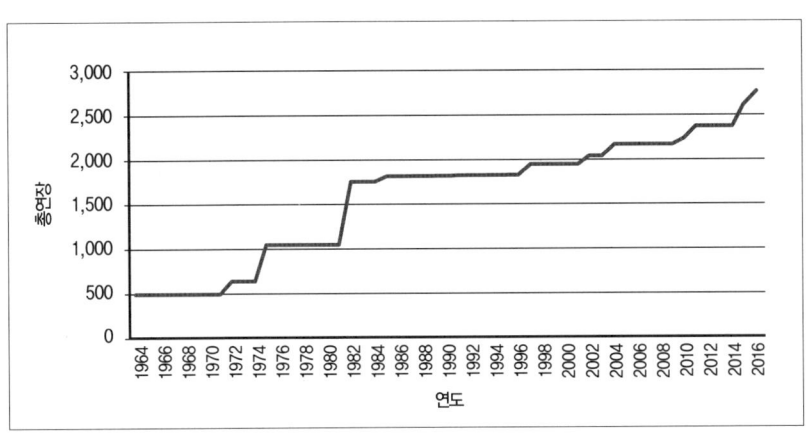

*출처 : 교통협력회, 앞의 책, pp.731~755 참조

〈그림 3-6〉 신칸센 노선연장의 변천

2. 신칸센의 탄생

(1) 전쟁 전의 신칸센 계획

일본의 철도는 1872년에 협궤(1,067mm)로 개통되었다. 그 때문에 장래에 수송력 증강과 고속화가 늦어져 표준화(1,435mm)로의 개축에 관한 논쟁이 정치가나 민간자본가를 중심으로 1920년까지 계속되었다. 그러나 당시의 철도건설은 '철도부설법'에 기초하여 지방의 신선 건설에 중점을 두었기 때문에 표준궤로의 개량공사가 실현되지 않았다.

전국 노선망의 정비가 일단락된 1930년대에는 기존의 간선 강화와 도시교통의 정비가 중점적으로 추진되었다. 특히 아시아대륙과의 연결수송을 담당하는 도카이도·산요선의 수송력이 한계에 달했기 때문에 도쿄~시모노세키 구간에서 고속운전용 신선의 건설에 관한 검토가 1938년부터 본격화되었다.

그래서 1940년대에는 15년에 걸쳐서 신칸센 건설공사라는 거대한 프로젝트가 시작되었다. 먼저 난공사 구간인 전체 7,880m의 신단나터널을 시작으로 몇 군데의 터널 건설과 용지 매수 등이 행해졌다. 그런데 4년 후인 1944년에 전쟁상황

〈표 3-11〉 전쟁 전의 신칸센 계획과 도카이도신칸센 개통 시의 개요

구분	전쟁 전의 신칸센계획	도카이도신칸센
궤간	1,435mm	1,435mm
최소곡선반경	2,500m	2,500m
궤도중심간격	4.2m	4.2m
최급구배	10‰	20‰
최고속도	150km/h	210km/h
전철화 방식	직류 3,000V 단, 도쿄~시즈오카, 나고야~히메지 간만 전철화	교류 25kV
도로와의 교차	폭원 2.7m 이상의 도로와는 입체교차	전선 입체교차

*출처 : 지다신야(地田信也)(2014), 《탄환열차계획》, 성산당서점, pp.127~134. 교통협력회, 앞의 책, p.11, 59, 210을 기초로 필자 작성

이 악화됨에 따라 신칸센 건설은 중단되었다. 〈표 3-11〉은 전쟁 전의 신칸센 계획과 도카이도신칸센 개통 시의 개요를 비교한 것이다. 당시의 계획에 의하면 현재의 것과 다르게 터널이 많은 도쿄~시즈오카와 나고야~히메지 구간에는 전기기관차, 그 후 구간에는 증기기관차를 견인할 예정이었다. 여객열차 외에 화물열차의 운전도 계획되어 화물용 전기기관차나 화물터미널 역의 건설도 검토하였다. 이 신칸센 계획은 '탄환 열차 계획'이라고 불렸지만, 전철화 방식 이외에 궤간, 최소곡선반경, 궤도중심간격, 입체교차 등 도카이도신칸센의 건설에는 사용되지 못하였다.

(2) 신칸센의 실현을 위한 기술 향상

표준궤 고속철도의 개발은 그때까지 협궤가 일반적이었던 일본에서는 실적이 없고, 그 원류는 1906년에 설립된 남만주철도주식회사(이하 만철)까지 올라간다. 일본과 대륙과의 호환성을 목적으로 만철에서는 협궤가 아닌 대량수송이 가능한 표준궤를 부설하였다. 그 가운데에서도 만주의 수도인 장춘(신경)과 대련을 연결하는 연경선은 대련항을 통해 일본행 정기선과 연결되는 주요 간선이었다. 만철은 연경선의 수송력 향상을 위해 일본인에 의해 최초로 표준궤도 고속열차의 개발을 시작하여 1934년에 시속 120km/h의 '아시아호'가 등장하였고, 그 후 하얼빈(대련~하얼빈 간 943.3km를 12시간 30분에 연결)까지 연장 운행되었다. 표준궤 고속철도의 선구였던 '아시아호'는 신칸센의 원류라고 할 수 있다.

2차 세계대전 후 일본에서는 주요 재래선 전철화도 추진되어 그 중 신칸센에 연결되는 각종 개발이 협궤 재래선에서 행해졌다. 첫 번째 개발은 장거리 고속운전이 가능한 전기철도용 대차 개발과 가감속 성능 향상에 의해 운행시간이 단축되는 동력분산방식이 채택되었다. 1950년에는 승차감이 개선된 신형 대차가 개발되어 모하 80형 전기철도의 등장에 의해 장거리 전기철도로 실용화되었다. 고속주행시험도 계속되어 1957년에는 오다큐 전기철도 SE차에 의해 최고속도 145km/h, 또한 1959년에는 모하 20형 전기철도로 163km/h의 최고속도를 기록했다. 두 번째 개발은 교류전철화기술(철도의 동력을 증기나 디젤, 특히 직류 전력으로부터 교류전력으로 바꾸는 일)이다. 이것은 종래 직류전철화방식에 비해 전압이 높고, 변전소의 수를 줄이는 것이 가능하였다. 1954년부터 1년 반 동안 미야자키현의 센쟌센(仙山線)에서 교류전철화시설을 설치하여 시험을 실시하였다. 1957년 같은 선에서 일본 최초의 교류 전철화에 의한 영업 운전이 행해졌으며, 그 후 1960년대에 호쿠리쿠센, 도호쿠센, 조반센, 가고시마 혼센 등에서 교류 전철화가 잇달아 추진되었다. 그런데 신칸센의 구체적인 설계는 실내모형실험이나 이론분석과 함께 국철의 철도기술연구소에 의해 행해졌다. 주행 실험에서는 건설 중인 도카이도신칸센의 일부 구간(신요코하마~오다하라 간의 약 30.8km)이 이용되었다. 이 시험 구간은 모델선이라고 불려서 2종류의 시제차(2량 편성, 4량 편성)가 1962년 3월부터 1964년 4월까지 시험을 하였다(누적 주행거리는 25만 km). 이 시험으로 종래의 협궤 재래선에서는 한계가 있었던 속도대역에서 궤도와 전기, 시설, 차량 각각에서 성능과 특성이 확인되어 1963년 3월에는 최고속도 256km/h를 기록했다.

(3) 신칸센의 개통

1945년부터 1960년까지 일본에서는 전후 부흥이 비약적으로 추진되어 1956년의 《경제백서》에서는 "이제 전후가 아니다."라고 기술하였다. 도쿄, 나고야, 오사카 등의 대도시를 연결하는 도카이도선의 주변에는 공장이나 시가지 등이 계속 건설되어 전국의 공업생산액의 60% 이상, 전 인구의 40% 이상을 이 지역에서 차지하였다. 도카이도선은 문자 그대로 일본 경제의 대동맥이 되었다. 당시 도카이도선의 수송량은 여객, 화물 모두 4분의 1을 차지하여 증가하는 수요에 대응할 수 없는 상황이 되었다. 그래서 국철은 근본적인 수송력 증가를 위해서 1956년에 신칸센의 건설 구상을 공표하고 3년 후인 1959년에는 별도의 선인 표준궤 신선의 건설에 착수하였다. 그래서 도쿄올림픽이 개최되었던 1964년에는 세계 최초의 고속철도인 도카이도신칸센이 도쿄~신오사카 구간에 개통되었다. 이러한 신칸센의 구상 발표로부터 착공, 개통에 이르기까지 단기간에 이루어진 배경에는 전후의 고속 경제성장 이후 전쟁 전의 탄환열차 계획과 용지매수, 재래선에서 실증된 각종 기술 등을 들 수 있다.

3. 신칸센 네트워크의 확대

(1) 전국 신칸센 철도정비법

신칸센이 개통된 1960년대 당시부터 교통은 항공기나 자동차가 중심이 되고, 철도는 사양산업이라는 시각이 있었다. 그러나 안전성이나 고속성, 정시성을 겸비한 신칸센은 고도 경제성장의 담당자로서 세계에 자랑하는 높은 기술력으로 일본 국민에게 꿈과 희망을 주어 점차 국민의 지지를 받게 되었다. 1967년에는 산요신칸센의 건설이 착수되어 1972년에는 오사카(신오사카역)~오카야마 간, 1975년에는 오카야마~후쿠오카(하카타) 간이 개통되어 도쿄에서부터 규슈의 후쿠오카까지 약 1,180km가 연결되었다. 도카이도 · 산요신칸센은 재래선의 수송 능력 향상을 위해 '증선'이라는 목적으로 건설되어 승객도 매년 증가하였다. 신칸센의 성공은 지방으로의 신칸센 유치를 촉진시켰는데 '신전국종합개발계획'(1969년)에는 전국 신칸센 철도망의 건설 구상이 포함되었다. 다음 해인 1970년에는 신칸센의 전국적인 철도망 정비를 목적으로 하는 '전국 신칸센 철도정비법'(1970년 법률 제71호)이 공포되었다. 이 법령에 의하면 신칸센 건설은 '기본계획', '정비계획', '공사실시계획'의 3단계로 구성되며 '기본계획'이 정해진 노선은 '정비계획'으로 격상되고, 건설 지시를 받은 건설 주체가 '공사실시계획'으로 인가를 받아 신칸센이 건설되었다. 〈표 3-12〉와 같이 '기본계획'과 '정비계획'이 결정된 노선이지만 '정비계획'으로는 격상되지 않고 '기본계획'에 머무르고 있는 것이 지방을 중심으로 몇 개 노선에 있다는 것을 알 수 있다. '기본계획'은 1971년부터 1973년에 걸쳐 4회 그리고 '정비계획'은 1971년부터 1973년에 걸쳐 2회 결정되었지만,

〈표 3-12〉 신칸센의 기본계획과 정비계획

고시 연월	기본계획					정비계획		정비 신칸센	현황
	노선명	기점	종점	주요 경유지		결정 연월	구간		
1971년 1월	도호쿠 신칸센	도쿄	아오모리	우쓰노미야, 센다이, 모리오카		1971년 4월	도쿄 ~모리오카		공용
	조에쓰 신칸센	도쿄	니가타			1973년 11월	모리오카 ~아오모리	○	공용
	나리타 신칸센	도쿄	나리타			1971년 4월	도쿄 ~나리타		공용
1972년 7월	홋카이도 신칸센	아오모리	아사히카와	하코다테, 삿포로		1973년 11월	아오모리 ~삿포로		계획 실효
	호쿠리쿠 신칸센	도쿄	오사카	나가노, 후쿠야마		1973년 11월	도쿄~오사카	○	일부 공용
	규슈 신칸센	후쿠오카	가고시마			1973년 11월	후쿠오카 ~가고시마	○	일부 공용
1972년 12월	규슈 신칸센	후쿠오카	나가사키			1973년 11월	후쿠오카 ~나가사키	○	공용
1973년 11월	홋카이도 남순환 신칸센	오샤만베	삿포로	무로란				○	건설중
	우에쓰 신칸센	도야마	아오모리	니가타, 아키타					
	오우 신칸센	후쿠시마	아키타	요마가타					
	주오 신칸센	도쿄	오사카	고후, 나고야, 나라		2011년 5월	도쿄~오사카		건설중
	호쿠리쿠· 주쿄 신칸센	쓰루가	나고야						
	산인 신칸센	오사카	시모노세키	돗토리, 마쓰에					
	주코쿠 횡단 신칸센	오카야마	마쓰에						
	시코쿠 신칸센	오사카	오이타	도쿠시마, 다카마쓰, 마쓰야마					
	시코쿠 횡단 신칸센	오카야마	고치						
	히가시규슈 신칸센	후쿠오카	가고시마	오이카, 미야자키					
	규슈 횡단 신칸센	오이타	구마모토						

*출처 : 국토교통성 철도국 감수, '건설을 시작해야 하는 신칸센철도의 노선을 정하는 기본계획'(철도육법) 2011년판, 제1법규 p.1893. 교통협력회, 앞의 책, p.226을 기초로 필자 작성

'정비계획' 중 1973년의 5개 노선은 '정비 신칸센' 혹은 '정비 5선'으로 불린다.

(2) 신칸센의 건설

'정비계획' 중 1971년에 결정된 도호쿠신칸센(오미야~모리오카 간), 조에쓰신칸센(오미야~니가타 간)은 모두 다 국철 시대인 1982년에 개통하였지만, 국철의 재정 상황이 악화되어 정비 신칸센 계획은 그해에 일시 중지되었다. 도호쿠·조에쓰신칸센(도쿄~오미야 간)의 건설은 그 후에도 계속되어 1985년에는 우에노~오미야 간, 1991년에는 도쿄~우에노 간이 개통되었다.

한편, 1971년에 결정된 나리타신칸센(도쿄~나리타공항 간)은 공해문제 등에 의해 지역주민의 건설 반대 운동이 강해 도쿄역과 나리타공항 주변의 일부를 제외하고는 1977년에 공사가 중지되었다. 그래서 1986년에는 기본계획 자체가 무효가 되어 나리타신칸센은 실현이 되지 않았다. 다만, 그 후 그 시설은 2010년에 개통한 나리타 신고속철도(도심과 공항을 36분에 연결하는 공항 접근선) 등으로 사용되고 있다.

국철 분할 민영화 후 1987년에는 드디어 '정비 신칸센'의 중지가 해제되어 1989년부터 정비 신칸센의 본격적인 공사가 시작되었다. 정비 신칸센 건설은 당초 노선에 의해 국철 혹은 일본철도건설공단(현재 일본철도·운수기구)으로 나누어졌지만 분할 민영화에 따라 공단이 그 전체를 인수하였다.

4. 국철 분할 민영화 후의 신칸센

(1) 기존의 신칸센

국철 분할 민영화 시 기존에 있던 4개 신칸센의 철도 시설은 신칸센 철도보유기구가 일괄해서 보유하고 JR 3사(JR히가시니혼, JR도카이, JR니시니혼)에 빌려주는 구조가 만들어졌다. 4개의 신칸센 수익은 크게 차이가 있었기 때문에 그대로 JR 3사에 승계될 경우 3개 회사 간에 큰 경영 격차가 생기는 것이 염려되었기 때문이다. 신칸센 보유기구의 사용료는 신칸센을 운용하는 JR 3사의 재무·경영력에 기초해서 30년 원리금 균등 상환으로 JR히가시니혼이 30%, JR도카이가 60%, JR니시니혼이 10%로 되었다. JR도카이는 자산가치에 비교해 매우 높았고, JR히가시니혼은 낮은 편이었다(1989년 이후의 사용료는 〈표 3-13〉 참조). 이 제도는 장래에 있어서 사용료의 용도가 불투명했기 때문에 JR 각사가 주식을 상장할 때 투자가 보호상의 문제가 있을 것으로 여겨져서 1991년에는 JR 3사가 일제히 신칸센 시설을 보유기구로부터 구매하였다. 구매가는 30년분의 사용료로부터 이제까지 지불된 4년 반을 감액한 것에 새롭게 평가된 가치 1.1조 엔을 합한 9.2조 엔이었다. 이와 함께 이 기구는 폐지되었으며, 각 회사의 가격은 〈표 3-13〉과 같다.

〈표 3-13〉 사용료(1989년 이후)와 매수가격

회사명	1989년 이후 사용료(연간)		매수가격	
	사용료(억 엔)	비율(%)	매수금액(억 엔)	비율(%)
JR히가시니혼	2,191	30	31,070	34
JR도카이	4,326	59	50,957	55
JR니시니혼	763	11	9,741	11
합계	7,280		91,768	

*출처 : 교통협력회, 앞의 책, p.411~412

(2) 정비 신칸센

1982년에 중단된 정비 신칸센 계획은 1987년에 해제되었다. 다음 해인 1988년에는 '정비 신칸센 건설 촉진 검토위원회'가 설치되어 건설방식과 철도 시설의 보유방식, 건설재원, 개통 후의 병행 재래선의 존속과 연대 등의 정리가 행하여졌다. 그래서 처음으로 정비 신칸센 방식인 호쿠리쿠신칸센의 건설이 1989년에 착공되어 1997년에는 다카사키(高崎)~나가노(長野) 간이 잠정 개통되었다.

① 건설방식

국철 시대에 개통된 신칸센은 모두 표준궤(1,435mm) 신선으로 건설하는 통칭 '풀 규격'이라고 불렸다. 1991년에는 전국 신칸센 철도정비법의 개정이 이루어져 종래의 건설방식인 '풀 규격' 이외에 잠정적인 정비로서 신칸센 규격의 구조이며, 동시에 협궤(1,067mm) 신선으로 건설하는 통칭 '슈퍼 특급'이나 재래선의 궤도 개량공사에 의해 신선과 재래선을 직통 운전하는 통칭 '미니 신칸센'이 포함되어 이 3가지 방식을 조합하는 것으로 건설비 절감이 가능하게 되었다. 이와 함께 몇 개의 정비 신칸센은 그 일부 구간에서 '슈퍼 특급'이나 '미니 신칸센' 방식에 의해 건설이 계획되었지만, 최종적으로는 모두 '풀 규격'으로 수정되었다.

② 건설재원과 철도 시설의 보유

정비 신칸센의 건설자금은 당초 국가의 기본적인 교통망의 일원으로 국가와 국

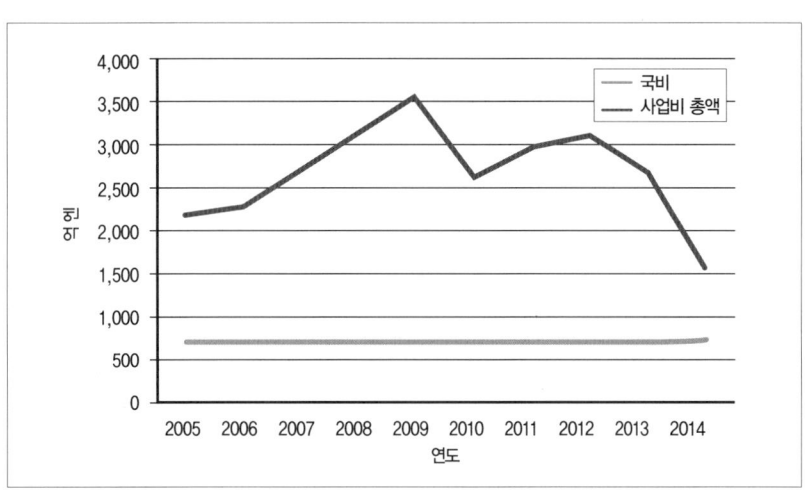

국가 부담	지방 부담	사용료
2	1	여객회사로부터 징수

여객회사로부터 징수된 사용료를 충당하고 남은 건설비를 국가가 3분의 2, 지방에서 3분의 1을 부담
*출처 : 교통협력회, 앞의 책, p.423

〈그림 3-7〉 정비 신칸센 재정구조

*출처 : 히라쿠 하치야(八矢拓)(2015년), '정비 신칸센에 대하여', 총무성

〈그림 3-8〉 정비 신칸센 관계 예산의 추이

철, 일본철도건설공단 3자가 부담하고, 지방은 어디까지나 임의였지만, 1984년에는 그 10%가 지방자치단체에서 부담하는 구조로 변경되었다. 그 후 1989년에는 여객회사가 50%, 국가가 35%, 지방이 15%를 분담하는 것으로 되고, 더욱이 1997년에는 전국 신칸센 철도정비법 개정에 따라 이후 정비 신칸센 사용료로 일부 보충하고 남은 부문에 대해서는 국가 3분의 2, 지방 3분의 1의 비율로 분담하는 것으로 되었다(〈그림 3-7〉). 2005년 이후의 정비 신칸센 관계 예산은 〈그림 3-8〉과 같으며, 국가가 부담하는 재원의 일부에는 기존 신칸센의 구매로 여객회사에 의해 지불된 양도금이 포함되어 있다.

③ 병행 재래선

병행 재래선이라는 것은 정비 신칸센의 개통구간에 병행하고 있는 재래선을 말한다. 이제까지 재래선을 달린 우등열차의 승객이 개통 후 신칸센으로 이전되는 것이 예상되어 병행 재래선을 어떻게 취급하는가는 정비 신칸센 건설에 따른 해

〈표 3-14〉 병행재래선 회사

이적 연도	여객회사에 의해 경영분리된 제3섹터 회사	정비 신칸센	신칸센 개업 전의 여객회사	도도부현	거리 (km)
1997	시나노 철도	호쿠리쿠신칸센 (다카사키~나가노)	JR히가시니혼	나가노	65.1
2002	IGR이와테 은하철도	호쿠리쿠신칸센 (모리오카~하치노헤)	JR히가시니혼	이와테	82.0
	아오이모리철도			아오모리	25.9
2004	히사쓰오렌지철도	규슈신칸센 (신야쓰시로~가고시마주오)	JR규슈	구마모토 · 가고시마	116.9
2010	아오이모리철도	호쿠리쿠신칸센 (하치노헤~신아오모리)	JR히가시니혼	아오모리	96
2015	시나노철도	호쿠리쿠신칸센 (나가노~가나자와)	JR히가시니혼	나가노	37.3
	에치고토키메키철도			니가타	37.7
					59.3
	아이노카제토야마철도		JR니시니혼	도야마	100.1
	IR이시카와철도			이시카와	17.8
2016	도난이사리비철도	홋카이도신칸센 (신아오모리~신하코다테호쿠)	JR홋카이도	홋카이도	37.8
				합계	675.9

*출처 : 교통신문사, 앞의 책

결해야 할 문제 중의 하나이다. 병행 재래선은 이제까지 JR 각사에 의해 운영되어 왔다. 그러나 신칸센 개통 후에도 계속해서 운영하는 것은 경영 효율상 어려움이 많아 지역과 JR 각사의 동의를 얻은 후에 JR 각사로부터 분리시켜 별도의 회사로 운영하는 방식이 채택되고 있다. 경영 분리에 의해 탄생한 새로운 회사는 안정된 경영이 곤란하기 때문에 현 단위로 지방과 민간 등이 출자하는 제3섹터 방식에 의해 운영하는 것이 일반적이다. 분리된 새 회사는 국가로부터의 지원책으로 JR 각사로부터 양도자금이 비과세로 된 세제 특별 조치를 받는 것이 가능하다. 2024년 3월에 호쿠리쿠신칸센(가나자와~쓰루가 간)의 개통에 의해 9개의 병행 재래선 회사가 탄생하였다(**표 3-14**). 또한 병행 재래선 중 후쿠오카~야쓰지로 구간과 같이 승객이 비교적 많은 구간은 신칸센 개통 후에도 JR 각사가 계속해서 경영을 하고 있다.

(3) 정비법에 의하지 않는 신칸센

1980년대 초반부터 정비 신칸센이 계획되지 않은 지방 도시로의 접근 방안이 국철 내에서 논의되었고, 국철 말기에 경영 적자가 심각하게 증가하였다. 그 때문에 풀 규격의 신칸센 건설이 아니라 협궤인 재래선에 표준궤의 신칸센 차량 운행이 가능한 궤도 개량방식, 혹은 대차 교환방식 등에 의한 신선과 재래선의 직통 운전이 검토되어 재래선의 궤도 개량방식에 의해 신선·재래선 직통 운전방식, 이른바 '미니 신칸센'이 도입되었다. 신선과 재래선 직통 운전은 소요시간을 단축하였고 환승의 불편을 해소하여 심리적인 부담을 경감시켰다. 국철 분할 민영화 후 1987년의 신칸센·재래선 직통운전조사위원회가 발족되어 선로 주변 인구와 도쿄로부터의 거리, 관광자원, 시공 측면 등의 관점에서 오우 본선 후쿠시마~야마가타 간(87km)이 신선·재래선 직통 운전의 모델 구간으로 선정되었다.

그 후 국가의 보조금제도와 야마가타현의 부담 등에 의해 건설이 시작되어 1992년에 개통되었다. 이것이 일본에서 최초의 신선·재래선 직통 운전이 시행된 야마가타신칸센이다. 신선·재래선 직통 운전의 효과로 그 후 지역인 야마가타현이 JR히가시니혼에 경제적인 지원을 하고 신조까지 연장공사가 결정되어 지역과 일체가 된 재래철도의 활성화를 목적으로 야마가타~신조 간(약 62km)이 1999년 개통되었다. 또한 도쿄로부터 소요시간이 4시간이 넘는 도시 중 정비 신칸센의 계획이 없는 아키타로의 신선·재래선 직통 운전이 요구되었다. 이에 따라 국가의 보조제도와 아키타현의 부담에 의해 아키타신칸센의 건설이 추진되어 모리오카~아키타 간 약 127km가 1997년에 개통되었다. 야마가타신칸센은 후쿠시마역, 아키타신칸센은 모리오카역에서 도호쿠신칸센과 연결되어 도쿄역까지 직통 운전이 가능하게 되었다. 야마가타신칸센이나 아키타신칸센은 고가방식의 구조가 아니라 건널목이 존재해서 시속 130km로 주행하기 때문에 법률상으로는 신칸센에 해당하지 않는다. 그러나 지역주민에게 통칭 '신칸센'이라고 불리고 있으며 그렇게 받아들여지고 있다.

궤도의 개량방식은 복선 구간과 단선 구간의 공법이 다른데 복선 구간은 영업 열차를 운행하면서 각 옆선에서, 단선 구간은 버스 대체운행에 의해 시행되어 종래 95km/h 운전에서 130km/h 운전이 가능하도록 표준궤도로 하는 공사가 행해졌다. 특히 단선 구간의 공기를 단축하기 위해 빅 원더(Big Wonder)라고 불리는 궤도 연속교환기가 개발되어 1일 시공량이 150m에서 500m까지 확대되었다. 또한 이 구간에서는 수많은 건널목이 존재하기 때문에 지역과의 협의를 통해 개량공사에 맞추어 건널목의 통폐합이 이루어지고, 모든 건널목은 차단기나 보안장치가 설치되었다. 신선과 재래선의 직통 운전 개량공사에는 열차의 운행을 중지시켜 버스 대체운행이 필요한 때가 있지만 신선 건설이 아니기 때문에 용지 취득이 필요하지 않아 공사비가 적은 장점이 있다. 그런데 종래의 신칸센 차량은 재래선 규격의 승강장이나 터널, 교량의 한계가 있기 때문에 재래선 구간에서도 주행 가능한 신칸센 차량의 개발이 필요하게 되었다. 이 차량은 종래의 신칸센 차량 폭(3,400mm)보다 약 400mm가 협소하고 표준궤 구간의 승강장에서는 차체 사이의 간격에 간극이 생기기 때문에 접을 수 있는 방식의 승강계단이 설치되어 있다.

5. 신칸센 각 노선의 개요와 새로운 기술에 대한 도전

(1) 기존 신칸센
① 개요

이제까지 개통된 신칸센의 현황은 **〈표 3-15〉**와 같다. 도카이도 · 산요 · 규슈신

〈표 3-15〉 신칸센의 현황

- 국철시대 개통

노선명		도카이도신칸센	산요신칸센	도호쿠신칸센	조에쓰신칸센
구간		도쿄 ~ 신오사카	신오사카 ~ 하카타	도쿄 ~ 모리오카	오미야 ~ 니가타
연선 정령지정도시		요코하마, 시즈오카, 하마마쓰, 나고야, 교토, 오사카	오사카, 고베, 오카야마, 히로시마, 기타큐슈, 후쿠오카	사이타마, 센다이	사이타마, 니가타
수송인원	천인	214,844		82,708	36,136
거리	km	515.4	553.7	496.5	275.0
건설시기	연도	1959~1964	1965~1975	1971~1991	1971~1982
개업시기	연도	1964	신오사카 ~오카야마(1972) 오카야마 ~하카타(1975)	오미야 ~모리오카(1982) 우에노~오미야(1985) 도쿄~우에노(1991)	1982
최고속도(개업 시)	km/h	210	210	210	210
최고속도(현재)	km/h	285	300	320	275
역 수(도중 역)	역	15 이 중 4개 역은 개업 후에 설치	17 이 중 3개 역은 개업 후에 설치	16 이 중 3개 역은 개업 후에 설치	8 이 중 1개 역은 개업 후에 설치
차량형식	-	N700A계, 700계 (과거) 0계, 100계, 300계, 500계	N700A계, 700계, 500계 (과거) 0계, 100계, 300계	E5계, H5계, E2계 (과거) 200계, E1계, E4계	E4계, E2계 (과거) 200계, E1계
편성	량	16	8, 16	7, 10 6+10, 7+10	8, 10 8+8
운영회사	-	JR도카이	JR니시니혼	JR히가시니혼	JR히가시니혼
구조물 비율	토공 %	53.0	18.0	5.0	1.0
	교량, 고가교 %	34.0	35.0	71.0	60.0
	터널 %	13.0	43.0	23.0	39.0

*주 : 도호쿠신칸센 도쿄~우에노의 개업은 용지 매수 등 다양한 문제로 인해 1971년에 착공한 후 20년 후(민영화 후)에 개업

- 정비 신칸센

노선명			호쿠리쿠신칸센	도호쿠신칸센	규슈신칸센 (가고시마 루트)	홋카이도신칸센
구간			다카사키 ~가나가와	모리오카 ~신아오모리	하카타 ~가고시마주오	신아오모리 ~신하코다테호쿠토
연선 정령 지정도시			없음	없음	후쿠오카, 구마모토	없음
수송인원		천인	9,805	82,708	12,093	-
거리		km	348.4	178.4	257	149
건설시기		연도	1989~2015	1991~2010	1991~2011	2005~2016
개업시기		연도	다카사키~나가노 (1997) 나가노~가나가와 (2015)	모리오카 ~하치노헤(2002) 하치노헤 ~신아오모리 (2010)	신야쓰시로 ~가고시마주오 (2004) 하카타~신야쓰시로 오미야(1985) 도쿄~우에노(1991)	2016
최고속도(개업 시)		km/h	260	260	260	260
최고속도(현재)		km/h	260	260	260	260
역 수(도중 역)		역	11	4	10	2
차량형식		-	E7계, W7계 (과거) E2계	E5계, H5계 (과거) E2계	N700계, 800계	E5계, H5계
편성		량	12	10	6, 8	10
운영회사		-	JR히가시니혼, JR니시니혼	JR히가시니혼	JR규슈	JR홋카이도
구조물 비율	토공	%	6.0	15.0	9.0	7.0
	교량, 고가교	%	47.0	17.0	41.0	28.0
	터널	%	47.0	68.0	50.0	65.0

*주 : 호쿠리쿠신칸센과 홋카이도신칸센은 2016년 현재 잠정 개업하였음.

칸센 주변은 인구 1,000만 이상의 도쿄를 기점으로 인구 70만 이상의 법령지정도시가 12개 포함되어 있다.

한편, 도호쿠 · 조에쓰 · 호쿠리쿠 · 홋카이도신칸센은 도쿄와 3개의 법령지정도시 이외에 30~40만 명 규모의 중핵 도시가 연결되어 있는 특징이 있다. 그 때문에 도카이도 · 산요신칸센의 수송량이 가장 많고 다음으로 도호쿠신칸센, 조에쓰신칸센 순이 되고 있다. 2016년 8월 현재 호쿠리쿠신칸센의 다카자키~나가노 구간의 개통에는 승객의 오해를 방지하기 위해 호쿠리쿠신칸센이라고 부르지 않

- 신선·재래선 직행운행

노선명		야마가타신칸센	아키타신칸센
구간		후쿠시마~신조	모리오카~아키타
연선 정령지정도시		없음	없음
거리	km	149	127
건설시기	년	1990 ~ 1999	1992 ~ 1997
개업시기	년	후쿠시마~야마가타(1992) 야마가타~신조(1999)	1997
최고속도(개업 시)	km/h	130	130
최고속도(현재)	km/h	130	130
역 수(도중 역)	역	9	4
차량형식	-	E3계 (과거) 400계	E6계 (과거) E3계
편성	량	7	4
운영회사	-	JR히가시니혼	JR히가시니혼

*출처 : 교통협력회, 앞의 책, pp.744~718, 교통신문사(2016), 'JR시각표', 총무성 홈페이지, '지정도시일람', http://www.soumu.go.jp/main_sosiki/jichi_gyousei/bunken/shitei_toshi-ichiran.html(2016년 6월 22일 접속) 이상을 기초로 필자 작성

고 2011년에는 나가노~가나자와 개통까지 '나가노신칸센'이라는 이름이 사용되었다. 2016년에는 신아오모리~신하코다테호쿠토 간에 잠정 개통한 홋카이도신칸센은 세계 최장의 해저 터널인 세이칸터널 구간(전장 53.9km, 1988년 개통)이 포함되어 있다. 국철 시대에 개업한 4개의 신칸센은 기술개발에 의해 이제까지 속도향상이 도모됐지만, 정비 신칸센은 전국 신칸센 철도정비법에 따라 시속 260km에 머무르고 있다. 다만, 1993년 이후 계획은 시속 360km로 주행이 가능한 선형이 확보되어 있어서 앞으로 정비 신칸센에서의 속도향상을 검토할 여지는 있다.

신칸센의 역 수(중간역)는 〈표 3-15〉와 같지만, 그중에서 지역의 요청에 따라 개업 후에 새롭게 신설된 역이 11개로 지역의 부담 때문에 건설되었다. 도카이도신칸센의 편성 수는 개통 초기 12량이었지만, 1970년에는 오사카 만국박람회의 개최에 맞추어 당시에 최고로 빠른 히카리호는 모두 16량으로 통일되어, 현재 모든 신칸센은 16량이 되었다. 산요신칸센에서는 도카이도 구간과 비교해 수송 인

원이 적은 이유로 1985년부터 도카이도선 구간에 직통 운전을 하지 않는 신칸센의 단편성화가 시작되었다. 이것에 의해 산요신칸센에서는 5종류의 편성 수(4량, 6량, 8량, 12량, 16량)를 가진 시기도 있었지만, 현재는 8량과 16량의 2종류로 통일되었다. 도호쿠 · 조에쓰신칸센에서는 미니 신칸센 또는 신칸센끼리의 연결이 이루어지고 있기 때문에 도카이도 · 산요신칸센과 비교해서 편성량 수의 종류가 많다.

한편, 정비 신칸센에서는 규슈신칸센을 제외하고는 모든 편성이 한 개의 종류로 되어 있는 특징이 있다. 신칸센의 좌석 수는 보통 차는 1열당 3석+2석, 그린 차(특실)에서는 2석+2석이 기본이 되고 있지만, 일부 신칸센에서는 보통 차가 2석+2석이나 3석+3석, 그랑클래스(Gran Class, 특실)에서는 2석+1석으로 되고 있다.

구조물은 도카이도신칸센을 제외하고는 토공의 비율이 적고, 정비 신칸센을 중심으로 터널 비율이 높다. 특히 도호쿠신칸센(모리오카~신아오모리)에서는 전체의 70%가 터널 구간이며, 그 구간의 육상터널에서는 일본에서 가장 긴 하코다테 터널(전장 26.5km)이 있다. 호쿠리쿠신칸센이나 규슈신칸센 등은 도호쿠 · 조에쓰신칸센이나 산요신칸센 등의 상호 직결운행으로 도쿄역이나 신오사카역을 기점으로 하고, 도중 역에서 환승이 불필요하여 편리성이 높다. 그 효과는 미니 신

〈표 3-16〉 신칸센의 직결운행

신칸센	구간	열차명
도카이도, 산요	도쿄~하카다	노조미, 히카리, 고다마
산요, 규슈	신오사카~가고시마주오	미즈호, 사쿠라
도호쿠, 홋카이도	도쿄~신하코다테호쿠토	하야부사, 하야테
도호쿠, 조에쓰	도쿄~니가타	도키, 다니가와
도호쿠, 조에쓰, 호쿠리쿠	도쿄~가나기와	가가야키, 하쿠타카, 아사마
도호쿠, 야마가타	도쿄~신조	쓰바사
도호쿠, 아키타	도쿄~아키타	고마치

*주 : 야마가타 · 아키타신칸센은 전국간선법에 의해 신칸센이 아닌 신재래선 직통운전
*출처 : 교통신문사(2016), 'JR시각표'를 기초로 필자 작성

500계

칸센이 야마가타신칸센, 아키타신칸센 등에서도 현저하게 나타나고 있으며, 상호 직결운행의 상황은 〈표 3-16〉과 같다.

② 신칸센의 고속화

이제까지 많은 고속철도 시험주행이 있었고 현재의 최고속도는 개통 당시 210km/h를 100km/h 이상 상회한 320km/h이다. WIN350이나 300X, STAR21, FASTECH 360처럼 주행시험을 위해 시험용으로 개발된 차량도 있고, 300계나 400계처럼 시험 후에는 영업차로 활약하고 있는 차량도 있다. 각 시험에서 얻은 지식은 신칸센 차량의 개발에 반영되어 WIN350은 500계, 300X는 700계로 계승되어 갔다. 500계는 일본에서 처음으로 시속 300km의 영업 운전(산요 구간)을 한 신칸센 차량이며, 300X는 1996년 고속주행시험에서 국내 궤

N700

E5계

도에서 최고속도인 시속 443km를 기록했다. 700계는 그 후, 곡선이 많은 도카이도 구간을 차체 경사에 의해 고속으로 운전이 가능해진 N700계의 개발로 이어져, 현재는 한층 더 안전성, 안정성, 신뢰성이 향상된 N700A(A는 Advanced)이나 N700S(S는 Supreme)로 진화해 갔다. N700A의 등장으로 지금까지 최고속도가 시속 270km였던 도카이도 구간이 시속 285km가 되어 도쿄~신오사카 구간이 최단 2시간 22분 만에 연결될 수 있게 됐다. N700S는 N700A로, 최고속도는 변함없지만, 차량 내에서는 간접조명과 대형 액정화면이 도입돼 차분함이 느껴지는 차내가 됐다. 또 좌석 개선과 차내 정적성, 위급 시 안전성이 높아졌다. 그동안 신칸센 개발에서는 끊임없이 속도를 추구해왔으나 N700S보다 기존 주행성능을 유지하면서 질을 높인 새로운 발상으로 전환됐다.

한편, 도호쿠 · 조에쓰 구간에서는 STAR21의 주행시험에서 얻은 데이터를 근거로 하여 영업 열차의 최고속도 360km를 목표로 한 FASTECH360이 제조되어, 60만 킬로의 주행에 의해 시속 320km의 영업 운전이 가능한 E5계의 개발로 이어졌다.

(2) 개통이 예정된 신칸센

① 정비 신칸센(리니어신칸센 제외)

정비 신칸센 중 향후 개업이 예정되어 있는 것은 홋카이도신칸센 하코다테~삿포로 간, 호쿠리쿠신칸센 쓰루가~오사카 간, 니시규슈신칸센 신도스~다케오온천 간이지만, 모두 개업 시기는 미정이다. 2024년 9월 현재 인가를 받아 공사 착공되고 있는 것은 〈표 3-17〉과 같이 홋카이도신칸센뿐이며, 호쿠리쿠신칸센 및 니시규슈신칸센은 몇 가지 안에 의해 검토가 이루어지고 있다.

호쿠리쿠신칸센에 대해서는 〈그림 3-9〉와 같이 쓰루가~교토 간에 3 루트, 교토~오사카에서 2 루트의 안이 있었다. 2024년 9월 현재는 쓰루가~교토 간에 2 루트(〈그림 3-9〉의 오바마 루트, 마이바라 루트), 교토~오사카 간은 〈그림 3-9〉의 아래쪽 루트로 좁혀지고 있다. 정부가 계획하는 오바마 루트는 140km로 마이바라 루트의 50km에 비해 배 이상의 거리가 있고, 비용 대비 효과도 마이바라 루트의 약 절반으로 추산되고 있다. 고하마 루트는 현재 환경 영향 평가의 지연 등에 의해 착공 목표가 정해지지 않고 있으며 재원도 미정이다. 또 교토역까지의 완성에는 최대 28년이 소요될 전망이기 때문에 이미 호쿠리쿠신칸센이 개

〈표 3-17〉 건설중인 정비 신칸센

노선명			호쿠리쿠신칸센	규슈신칸센 (나가사키 루트)	홋카이도신칸센
구간			가나자와~쓰루가	다케오온천~나가사키	신하코다테호쿠토~삿포로
거리		km	125	67	212
인가		연도	2012(풀 규격)	2008(슈퍼 특급) 2012(풀 규격)	2012(풀 규격)
개업 예정시기		연도	2022	2022	2030
역 수(도중 역)		개	5	3	4
구조물 비율	토공	%	3	3	4
	교량, 고가교	%	65	31	17
	터널	%	32	61	76

*출처 : 교통협력회, 앞의 책, pp.563~575

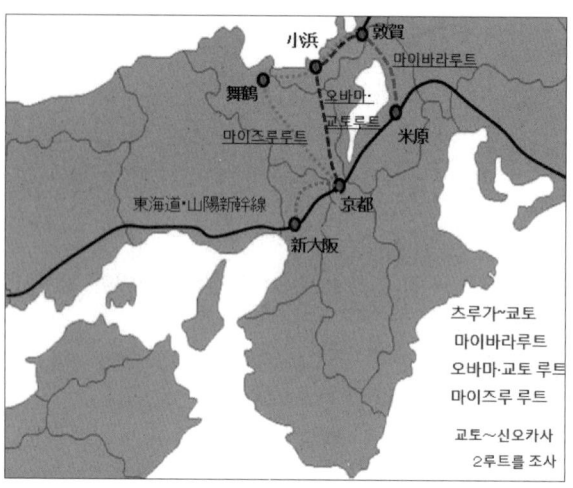

*출처 : 〈아시히신문〉 DIGITAL(2016년 4월 28일), '호쿠리쿠신칸센 종점은 신오사카, 국토교통성, 연장노선 조사에 대하여', http://www.asahi.com/articles/ASJ4X01PSJ4WPLFA00H.html(2016년 6월 15일 접속) 참고하여 필자 작성

〈그림 3-9〉 호쿠리쿠신칸센 루트(쓰루가~오사카)

업하고 있는 도야마현이나 이시카와현으로부터 '마이바라 루트에의 재고'가 요구되고 있다.

　니시규슈신칸센에 대해서는 당초 하카타~신도스 간은 기존의 규슈신칸센(가고시마 루트)에서 표준궤, 신도스~다케오온천 간은 재래선에서 협궤, 다케오온천~나가사키 간은 풀 규격으로 표준궤와 궤간이 2회 바뀌는 방식으로 검토되고 있었다. 그러나 주행시험에서 발생한 문제점 대처를 위한 개발의 지연으로 인해 현재는 규슈신칸센(가고시마 루트)의 신야쓰시로~가고시마중앙 간 개업(일부 구간의 선행 개업) 시에 신야쓰시로역에서 채용된 릴레이 방식도 아울러 검토되고 있다. 릴레이 방식이란 재래선의 특급과 신칸센과의 환승을 용이하게 하기 위해 개찰구 없이 동일한 홈에서의 대면 접속이 이루어지는 것이다. 환승에 수반하는 이동 거리의 최소화를 목적으로 지정석도 최대한 같은 호차, 좌석 번호가 되도록 고안되었기 때문에 신야쓰시로역에서는 불과 3분 만에 신칸센과 재래선과의 환승을 가능하게 했다. 홋카이도신칸센의 삿포로 연장 때문에 도쿄와 홋카이도의 행정·경제의 중심인 인구 약 200만 명의 삿포로가 하나의 레일로 연결된다. 전선 개통 후 도쿄~삿포로의 소요시간은 약 5시간이지만 항공과 경쟁에서 이기기 위해서는 재래선(화물열차)과의 공용주행 구간인 세이칸터널(시속 140km/h)과 정비 신칸센으로 개통된 모리오카~삿포로 간(시속 260km/h)의 속도향상이 필요하다.

② 리니어 주오신칸센

주오신칸센은 1970년대에 기본계획 중 하나의 노선으로 정해졌지만 오랜 기간 정비계획으로 격상되지 못하였다. 개통 이래 50년이 경과한 도카이도신칸센의 노후화와 동남해 지진에 의한 대규모 재해에 대한 준비로부터 주오신칸센은 도카이도신칸센의 대체 수송 루트로서 역할이 기대되어 왔다. 그 때문에 도카이도신칸센을 운영하는 JR도카이는 2007년에 초전도 리니어 방식에 의한 주오신칸센의 건설 구상을 제안하였다. 그 후 야마나시 시험선에 주행시험을 계속하여 2008년에 JR도카이는 국토교통성에 지형·지질 등에 관한 조사보고서를 제출했다. 이를 접수한 국토교통성은 2011년에 주오신칸센 도쿄~오사카 간의 정비계획을 결정하고 JR도카이에 초전도 리니어 방식 및 남알프스 루트의 건설을 지시했다. 개통 후의 소요시간(도쿄~오사카 간)은 현재 신칸센의 절반 이하인 67분으로 계획되고 있다. JR도카이는 2027년에 도쿄~나고야 구간을, 2045년에 나고야~오사카 간의 개통을 목표로 2014년에 주오신칸센의 공사에 착수했다. 하지만 지하 40m 이상의 대심도 지하와 표고 3,000m 산들이 연이어 있는 남알프스의 약 25km의 최장 터널 건설 등 철도선로 주변의 환경문제 해결 등의 많은 과제가 남아 있다.

③ 기본계획 노선에 머무른 신칸센

정비계획으로 격상되지 않았던 기본계획 노선의 일부에는 정비 신칸센과 같이 지형·지질조사가 행해졌다. 그 하나가 본토와 시코쿠를 연결하는 시코쿠신칸센(오사카~도쿠시마~에히메~오이타)이다. 에히메~오이타의 해저 터널 부분은 시추 조사가 실시되었고, 교량 부분인 아와지시마~도쿠시마에는 오나루도교로서 개통했지만, 장래에는 신칸센 계획을 염두에 두어 자동차도로의 하부에는 건설 당초부터 신칸센용 공간이 확보되어 있다. 최근 지방에서는 지역 간 교류 확대를 목적으로 고속철도화 필요성이 대두되어 정비 계획선으로의 격상이 요구되고 있는데, 시코쿠신칸센을 비롯하여 시코쿠 횡단신칸센(오카야마~고치), 규슈신칸센(후쿠오카~오이타~미야자키~가고시마 간) 등의 지역이 이러한 예이다.

(3) 새로운 기술에 대한 도전

① 초천도 자기 부상식 철도

초전도 자기 부상식 철도(이하 '리니어 모터카'라고 부른다)는 자기에 의해 차체를 부상, 추진하는 새로운 방식의 철도로 새로운 발전이 요구되어 일본에서는 1962년부터 연구가 추진되었다. 리니어 모터는 종래의 회전 모터를 직선(리니어)으로 편 것을 의미한다(〈그림 3-10〉). 리니어 모터카는 레일과 차축과의 점착력에 의존하는 종래의 철도에서는 불가능한 속도로 주행이 가능하다. 1972년 도쿄에 있는 국철의 철도기술연구소에서는 약 200m의 시험용 주행선로가 만들어지고, 1975년에는 자기력에 의해 완전 비접촉 주행에 성공했다. 1977년에는 미야자키에서 약 1.3km(그 후 약 7km로 연장)의 시험선이 건설되어 1979년에는 무인 주행으로 시속 517km를 기록했다. 그리고 1980년부터 유인으로 주행시험을 수행하여 1995년에는 시속 411km를 기록했다. 그런데 미야자키 시험선은 터널

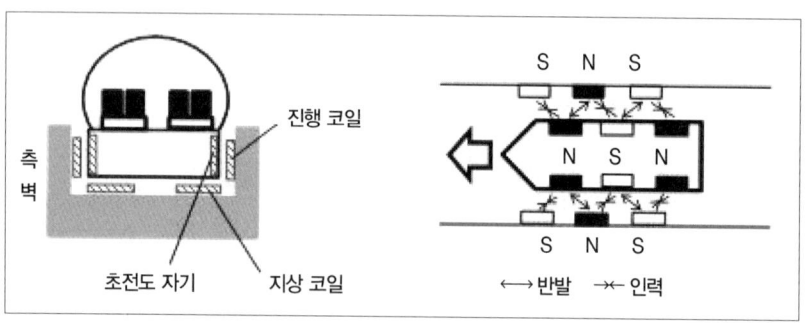

*출처 : 구노 만타로(1992), 《리니어신칸센 이야기》, 동우관, p.24로 필자 작성

〈그림 3-10〉 초전도 자기 부상식 철도의 원리

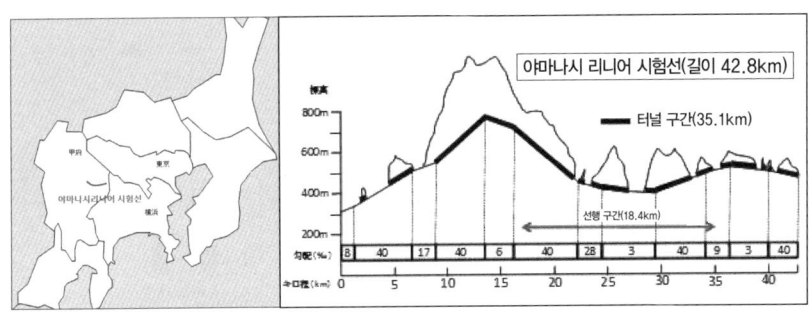

*출처 : 철도운수기구 홈페이지 야마나시 시험선, http://www.jrtt.go.jp/02Business/Construction/const-jutakuLinear.html(2016년 6월 22일 접속)로 필자 작성

⟨그림 3-11⟩ 야마나시 리니어 시험선

이 없고 거의 직선으로, 구배가 5‰ 정도였기 때문에 1997년에는 야마나시에 약 18.4km(2013년에는 약 42.8km)의 시험선이 건설되어 모든 시험이 이곳에서 이루어지게 되었다(⟨그림 3-11⟩). 이 시험선의 구배는 최대 40‰로 터널 구간이 전체 길이의 약 80%이다. 여기서는 고속 교행이나 터널 주행이 시행되어 2009년에는 영업선에서 필요로 하는 기술이 총망라되어 체계적으로 정비되었다고 기술평가위원회에 의해 평가되었다. 2013년에는 영업선 사양의 L0(엘 제로)계 12량에 의한 주행시험이 시작되어 2015년에는 유인 주행에 의한 세계 최고속도 603km/h를 기록했다. 현재는 일반인들의 초전도 리니어 체험 시승 행사도 진행되고 있다. 야마나시 시험선은 앞으로 주오신칸센의 일부 구간으로서 활용될 예정이다.

② 궤간 가변 전차

궤간 가변 전차(GCT : Gauge Change Train)는 궤간 가변 대차라는 특수한 대차(⟨그림 3-12⟩)에 의해 궤간이 다른 재래선(협궤)과 신칸센(표준궤) 사이에 직접 운전이 가능한 차량이다. 궤간 가변 전차는 'Free Gauge Train'이라고도 불리고 있는데 국토교통성 주도로 철도운수기구에 의해 1994년부터 개발이 시작되었다. 대차의 궤간 변환을 하는 것은 지상 측에서는 궤간 가변장치(⟨그림 3-13⟩)

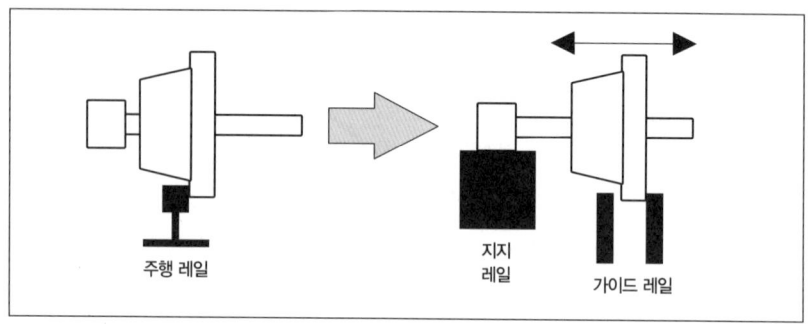

*출처 : 궤간가변기술평가위원회(2010년), '궤간 가변 전차의 기술개발에 관한 기술평가'

〈그림 3-12〉 궤간 가변 대차

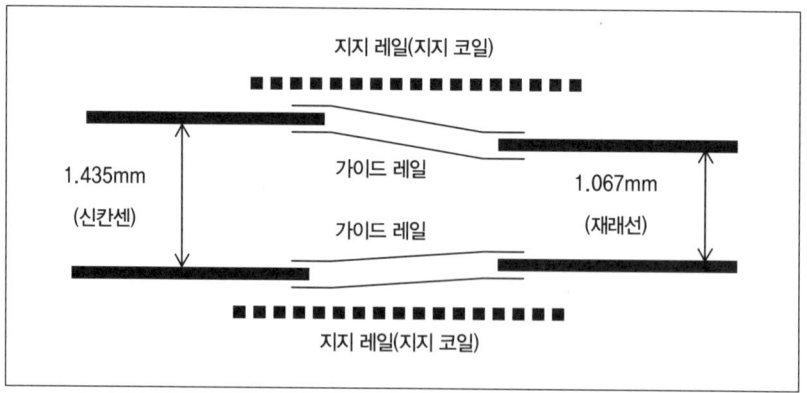

*출처 : 궤간가변기술평가위원회(2010년), '궤간 가변 전차의 기술개발에 관한 기술평가'

〈그림 3-13〉 궤간 가변장치

설치를 필요로 하지만, 미니 신칸센인 야마가타 · 아키타신칸센과 같은 개량사업은 필요하지 않다. 이 전차의 개발을 추진하기 위해서는 1998년부터 일본(협궤)에서 주행시험이 반복되어 1997년부터 2년간에 미국 푸에블로(Pueblo)에 있는 TTCI 시험선에서 표준궤로 고속 내구시험과 궤간 가변시험이 행해졌다. 2001년 이후에는 다시 일본에서 주행시험이 행해졌고, 국토교통성의 '궤간가변기술평가위원회의 개최 결과에 대하여'(2014년 2월)에 의하면 2011년에는 궤간가변기술

평가위원회에 의해 기본적인 주행성능에 관한 기술이 확립되었다고 평가되었다.

6. 신칸센 개통의 효과

신칸센 개통 때문에 도시 간 소요시간이 대폭 단축되어, 어떤 지역으로부터 다른 지역 혹은 도시로 많은 사람이 더 빠르게 이동할 수 있게 되었다. 예를 들면 나가노현과 군마현의 경계에는 교통상 매우 접근이 어려운 최고 구배 66.7‰인 우스이 고개가 있어 보조 기관차를 연결하고 분리시킬 필요가 있었기 때문에 도쿄~나가노 사이에 소요시간이 약 3시간이었다. 그런데 호쿠리쿠신칸센의 개통 때문에 소요시간은 지금까지의 반 이하인 1시간 19분으로 연결되게 되었고, 나가노 지역은 도쿄로부터 1일생활권으로 바뀌었다. 호쿠리쿠신칸센은 또한 도카이도신칸센 등 태평양의 주요 간선에 대해 대체 가능성 있는 노선으로서의 역할이 있다.

신칸센 개통에 의해 철도이용자는 어느 정도 증가했을까? 〈표 3–18〉은 개통구간별 수송 인원의 변화와 개통 후의 효과의 확인이 가능하다. 특히 통근·통학의 철도 이용이 크게 증가하였고 정기이용객이 매년 증가하는 경향이 있다.

그런데 신칸센 개통 효과는 개통구간만으로 한정되어 있을까? 〈표 3–19〉에서는 개통구간을 포함하여 주요한 도시 간 이용실적의 변화를 교통기관별로 표시한 것이다. 이동 거리 700km를 넘는 오사카~구마모토나 오사카~가고시마, 도쿄~아오모리에서 철도이용실적이 크게 증가하여 개통 효과가 광범위하다는 것을 알 수 있다. 또한 전체 교통량도 신칸센 개통 후에 증가했기 때문에 신칸센의 개통 때문에 단순히 항공이나 버스로부터 승객이 철도로 이전하여 분담률이 증가했을 뿐만 아니라 새로운 여행수요가 창출되었다고 생각할 수 있다. 이는 운수정책연구기구의 신칸센 이용자 설문 조사 결과를 통해 확인할 수 있다(철도운수기구, 2008년, 36페이지). 즉 1998년 11월에 실시된 앙케트 조사에 의하면 호쿠리쿠

〈표 3-18〉 대도시(도쿄, 후쿠오카)까지 시간 내 이동이 가능한 인구

호쿠리쿠신칸센(다카자키~나가노 간) 개업

도쿄까지의 소요시간	개업 전	개업 후
2시간권까지	6만 인	90만 인
2.5시간권까지	9만 인	115만 인
3시간권까지	44만 인	192만 인

도호쿠신칸센(하치노헤~신아오모리) 개업

도쿄까지의 소요시간	개업 전	개업 후
3.5시간권까지	0만 인	28만 인
24시간권까지	9만 인	66만 인
4.5시간권까지	39만 인	73만 인

규슈신칸센(하카타~신야쓰시로) 개업

도쿄까지의 소요시간	개업 전	개업 후
1.5시간권까지	208만 인	322만 인
2시간권까지	246만 인	359만 인
2.5시간권까지	335만 인	413만 인

*출처 : 철도건설운수시설정비지원기구(2015), '철도운수기구 팸플릿', pp.12~15

신칸센이 개통하지 않았다면 여행을 변경 혹은 이동하지 않았을 것이라고 대답한 승객이 전체의 20% 정도를 차지하고 있다.

신칸센과 재래선의 직통 운전을 하고 있는 미니 신칸센에서도 개업 효과가 인정되고 있다. 개통에 따라 환승 불편 해소나 속도향상으로 야마가타신칸센(도쿄~야마가타 간)의 소요시간이 3시간 9분에서 2시간 27분으로, 아키타신칸센(도쿄~아키타)은 4시간 37분에서 3시간 49분으로 크게 단축되었다. 야마가타·아키타신칸센에서 열차의 탑승률은 평균 80%~90%를 넘어 5량~6량 편성을 7량 편성으로 하는 객차의 증차 등 큰 성공을 거두었다. 신칸센의 개통과 함께 통행 시간의 단축으로 1일생활권화에 따라 숙박 시설 수나 객실 수 감소가 염려되었지만, 개통 후에 어느 노선에 있어서도 증가하는 경향이 있고 숙박을 동반한 여행객 수도 증가하고 있다.

여기서 신칸센을 많은 사람이 이용하고 있는 이유를 생각해 보자. 신칸센은 여

<표 3-19> 신칸센 개통 전후 각 교통기관의 이용실적

규슈신칸센			개업 전		신야쓰시로~가고시마주오 개업 후(2004)		하카타~신야쓰시로 개업 후(2011)	
			(만 인)	(%)	(만 인)	(%)	(만 인)	(%)
각 교통기관의 이용실태와 분담률	후쿠오카~구마모토 (118.4km)	항공	6	1.2	6	1.3	4	0.8
		철도	306	63.5	300	62.8	314	64..7
		버스	170	35.3	172	36.0	167	34.4
		계	482	100.0	478	100.0	485	100.0
	후쿠오카~가고시마 (288.9km)	항공	56	28.7	34	15.8	9	3.6
		철도	100	51.3	142	66.0	205	82.0
		버스	40	20.5	39	18.1	36	14.4
		계	195	100.0	215	100.0	250	100.0
	오사카~구마모토 (740.7km)	항공	80	74.8	74	72.5	54	42.2
		철도	23	21.5	25	24.5	73	57.0
		버스	3	2.8	4	3.9	1	0.8
		계	107	100.0	102	100.0	128	100.0
	오사카~가고시마 (911.2km)	항공	135	91.2	130	87.2	101	63.5
		철도	9	6.1	14	9.4	57	35.8
		버스	4	2.7	4	2.7	1	0.6
		계	148	100.0	149	100.0	159	100.0
철도 소요시간	후쿠오카~가고시마		3시간 40분		2시간 12분		1시간 17분	
	오사카~가고시마		6시간 30분		5시간 2분		3시간 42분	

도호쿠신칸센			개업 전		모리오카~하치노헤 개업 후(2004)		하치노헤~신아오모리 개업 후(2011)	
			(만 인)	(%)	(만 인)	(%)	(만 인)	(%)
각 교통기관의 이용실태와 분담률	미야기~아오모리 (361.9km)	항공	0	0.0	0	0.0	0	0.0
		철도	62	73.8	78	77.2	81	73.0
		버스	22	26.2	22	21.8	29	26.1
		계	84	100.0	101	100.0	111	100.0
	도쿄~아오모리 (713.7km)	항공	140	52.0	109	31.4	78	21.2
		철도	107	39.8	221	63.7	259	70.4
		버스	22	8.2	18	5.2	31	8.4
		계	269	100.0	347	100.0	368	100.0
철도 소요시간	도쿄~아오모리		4시간 27분		3시간 59분		2시간 59분	

*출처 : 철도건설운수시설정비지원기구(2015), '철도운수기구 팸플릿', pp.12~15

행시간이 대폭 단축되는 것 이외에 기후로 좌우되는 다른 교통수단과 비교해 겨울에도 정시성이 높고, 탑승의 번잡함이 없으므로 출발 직전에도 승차할 수 있다. 또한 대량수송이 가능하고 차내에서 쾌적성이 뛰어나며 다빈도의 열차운행 때문에 많은 승객이 이용하기 편리하다. 더욱이 신칸센은 환경친화적인 교통수단으로 승객 1인을 1km 이동하는 데 배출하는 이산화탄소가 항공의 약 6분의 1, 자동차의 4분의 1 정도이다. 호쿠리쿠신칸센(나가노~가나자와) 개통과 함께 다른 교통수단으로부터 신칸센으로의 수요가 전이하는 것에 의해 기대되는 이산화탄소 배출량의 감소는 연간 약 10.4만 톤(약 13,000헥타르분의 삼나무 이산화탄소 흡수량)으로 추산되고 있다(철도운수기구, 2012년, 48페이지).

신칸센은 일본인의 생활과 일본 사회를 어떻게 변화시켜왔는가? 신칸센은 이제까지 교류가 적었던 지역 간의 인적 교류의 활성화와 생활비가 싼 지역으로의 이주, 단신으로 부임하는 사람들의 집에서의 통근이 가능케 하는 등 사람들의 흐름과 생활패턴을 크게 변화시켰다. 또한 신칸센의 존재는 주민에게 거리나 지역에 대한 자랑이나 교류 기회 증가에 따른 만족도, 언제나 이용 가능한 안도감을 주고 있다. 이러한 신칸센은 생활패턴뿐만 아니라 선로 주변 주민의 사고까지 변화시켰다. 더욱이 신칸센의 높은 편리성은 선로 주변의 지가를 상승시켜 그 지역의 인구 유출을 억제하는 것에 머무르지 않고 지역 외부로부터의 전입이 기대되었다.

그런데 모든 신칸센이 통과하는 지역의 인구가 증가한 것이 아니고 감소하는 지역도 적지 않았다. 신칸센 정비의 단점으로 지역의 인구나 물자가 인근의 대도시권으로 흡수되는, 이른바 '빨대 현상'을 들 수 있다. 하지만 이 빨대 현상의 유무는 연구자에 따라 견해가 다르고 지역마다 다양한 영향 때문에 인구감소가 빨대 현상에 의한 것이라고 결론을 내리기는 곤란하다. 승객을 확보하기 위해서는 신칸센을 활용한 지역발전프로그램을 지방자치단체와 함께 만들 필요가 있다. 신칸센의 개통으로 건설된 신역 주변에는 토지구획 정비사업으로 새로운 지역발전 프로그램이 만들어지고 있다. 예를 들면 호쿠리쿠신칸센의 사쿠다이라역 주변에는 기존에 형성된 도시가 아니라 전원지대가 있었지만 역 주변에 대형 쇼핑센터나 도시형의 맨션, 이벤트홀 등의 건설이 이루어져 상업을 중심으로 하는 지역이 형성되었다. 또한 신칸센의 역에서는 통근객이나 관광객의 증가를 목적으로 파크 앤드 라이드(Park and Ride)라고 불리는 대규모의 주차장(신칸센 이용자는 무료)이나 관광자원센터, 관광지로의 접근 등의 2차 교통이 정비되고 있다. 더욱이 기업 유치나 회의 기회의 증가를 목적으로 자치단체의 조성제도가 활용되고 있다. 이러한 신칸센의 개통은 소비자 활동이나 설비투자의 확대로 경제 활성화와

〈표 3-20〉 신칸센 개통에 의한 경제효과

선명	개업구간	인적 교류 호쿠리쿠 ~간토	인적 교류 호쿠리쿠 ~나가노	도쿄~가나가와 간 시간단축 효과	가나가와 발 도쿄에서의 현지 체재 증가 시간	경제 파급 효과 (억 엔/년)
호쿠리쿠 신칸센	나가노 ~가나자와	약 1.3배	약 1.1배	△1시간 20분	2시간 40분	1,020

*참고 : 다카사키~나가노의 선행 개업에서는 도쿄~나가노 간 △1시간 30분, 경제 파급 효과는 1,350억 엔

선명	개업구간	인적 교류 오사카 ~가고시마	인적 교류 산요 ~가고시마	오사카 ~가고시마 간 시간단축 효과	오사카 발 가고시마에서의 현지 체재 증가 시간	경제 파급 효과 (억 엔/년)
규슈신칸센	하카타 ~신야쓰시로	약 1.3배	약 1.9배	△1시간 20분	2시간 50분	734

*참고 : 신야쓰시로~가고시마주오의 선행 개업에서는 하카타~가고시마 간 △1시간 30분, 경제 파급 효과는 290억 엔

선명	개업구간	인적 교류 하코다테 발 센다이~간토	인적 교류 하코다테 ~도호쿠	도쿄 ~하코다테 발 센다이 간 시간단축 효과	하코다테 발 센다이	경제 파급 효과 (억 엔/년)
홋카이도 신칸센	신아오모리~ 신하코다테호쿠토	약 1.1배	약 1.2배	△1시간 10분	1시간 40분	480

선명	개업구간	인적 교류 호쿠리쿠 ~칸토	인적 교류 호쿠리쿠 ~나가노	도쿄 ~아오모리 간 시간단축 효과	아오모리 발 도쿄까지의 현지 체재 증가 시간	경제 파급 효과 (억 엔/년)
도호쿠신칸센	하치노헤 ~신아오모리	약 1.1배	약 1.13	△1시간 00분	2시간 20분	235

*참고 : 모리오카~하치노헤의 선행 개업에서는 도쿄~하치노헤 간 △30분, 경제 파급 효과는 430억 엔

관광이나 비즈니스의 생산효율을 향상시켰다. 회사는 지방으로 본사 기능을 이전시키거나 새로운 공장을 증설해서 경비 축소가 기대되고 있다.

〈표 3-20〉은 신칸센 개통에 따른 경제 파급 효과의 추정액이지만 인적 교류의 증가나 시간 단축 효과를 포함한 지역성에 의해 그 금액의 차이가 나는 것으로 보인다.

7. 신칸센의 안전 대책 등

(1) 안전 대책

① 개황

시속 200km 이상으로 고속 주행하는 신칸센에서는 건널목이 없는 전용궤도에서의 운행이나 차내 신호방식을 가능하게 한 ATC(자동열차제어장치) 등 지금까지의 철도에는 없는 새로운 개념의 안전 대책이 시행되었다.

그 결과 신칸센의 열차사고(열차 충돌이나 열차 탈선 등을 포함) 건수는 개업 이후 수건의 발생에 머물러, 1964년 개업으로부터 50년간에 걸쳐 열차사고에 의한 사상자 수는 '0'을 계속 지켰다.

한편, 차량 고장 등에 의해 일정 시간의 열차 지연을 동반하는 수송 장애의 열차 100만 km당 건수는 1964년의 개업 당초 연간 30건 이상 있었지만, 안전 대책의 효과에 의해 큰 폭으로 감소하여 2022년에는 연간 0.76이 되었다(〈그림 3-14〉). 국철 분할·민영화가 이루어진 1987년 이후 신칸센은 연간 0.5~1건으로 거의 제자리걸음을 하고 있지만, 재래선은 증가 경향(1987년에 비해 2022년은 약 4배로 증가)에 있어 2022년에는 신칸센의 약 12배가 되었다.

신칸센의 속도는 재래선의 2배 이상으로 열차 충돌이나 열차 탈선 등의 열차사고가 발생했을 경우 심각한 피해 발생이 염려된다. 그 때문에 국철에서는 재래선의 안전 대책과 분리시켜 신칸센의 독자적인 안전 시스템을 구축할 필요가 있다

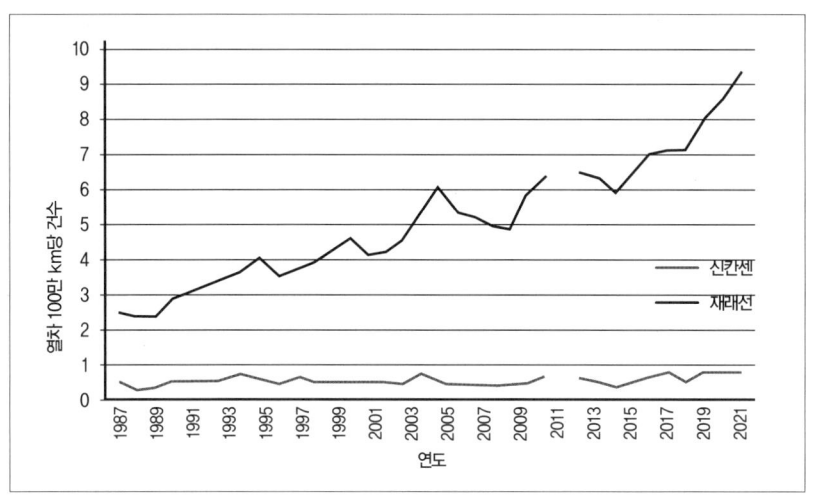

*출처 : 교통협력회, 앞의 책, pp.563~575, 국토교통성 홈페이지, '철 궤도 수송의 안전에 관계되는 정보'를 기초로 필자 작성

⟨그림 3-14⟩ 신칸센의 수송장애 건수(열차 100만 km당)

고 생각하여 개업 전부터 기술적인 심의를 했고, 심의의 결과 신칸센에서 받아들여진 주된 안전 대책은 다음과 같다.

② 열차사고에 대한 안전 대책

첫째, 신호 오인에 의한 열차끼리의 충돌사고 등을 방지하기 위해 고속운전에 대해 열차 간격과 열차 진로의 확보를 보장하는 ATC가 개발되었다. 이 장치는 지금까지의 지상 신호기 방식과는 달리 운전대에 신호를 연속적으로 표시시키는 차내 신호방식, 고속에서 브레이크 조작의 시기와 정도를 올리기 위해 브레이크를 자동 제어하는 운전 제어방식이 채용되고 있다. ATC는 신칸센의 안전 시스템에 대해 중요한 근간이 되고 있다.

둘째, 보수 작업에 기인한 사고를 방지하기 위해 보수 작업은 모두 야간대의 전면적인 선로 폐쇄 후, 이른바 보수 작업시간대에 집중하여 실시하게 되었다. 또 보수 작업 후의 안전 확인은 중요하기 때문에 첫 열차를 운전하기 전에 확인차로 불리는 차량을 운행시켜 선로상의 안전 확인을 하고 있다.

셋째, 재래선에서 많은 건널목 사고를 방지하기 위해 선로와 도로와의 교차는 모두 입체 교차화하였다. 또 외부로부터 사람이나 자동차 등의 침입을 막기 위해 출입 방지책이나 전락 방지설비 외에 만일 선로상에서 열차 방해나 토사 붕괴 등 비정상인 상태가 발생했을 경우에는 정지 신호 현시나 자동으로 브레이크를 작동시켜 열차를 확실히 정차시키는 열차 방호장치가 정비되었다. 열차 방호장치에는 승무원이나 지상 계원이 이상을 발견하고 스위치를 취급하는 것이나 전락물이 선로 내를 지장했을 경우에 자동 검지하는 것이 있다. 이상과 같은 물리적인 대책 외에 '신칸센 철도에 있어서의 열차운행의 안전을 방해하는 행위의 처벌에 관한 특례법'(1964년 법률 제111호)이 제정되어 재래선의 선로 내에 들어갔을 경우보다 엄격한 법적 규제를 시행하고 있다.

③ 자연재해에 대한 안전 대책

자연재해 가운데 여기에서는 지진과 설해 대책에 대해 논하고자 한다.

• 지진 대책

지진 발생 시 고속 주행은 위험하므로 당초에는 변전소마다 설치된 감진기가 40Gal(지반가속도) 이상의 지진동을 계측했을 경우 정전에 의해 자동적으로 브레이크를 작동시키는 방식을 취하고 있었다. 1970년대에 들어서는 진원에 의해 가까운 해안선에서 지진 발생을 검지하고 주진동이 도달하기 전에 열차운행을 제어하는 조기 지진 검지 경보시스템이 개발되었다. 그 후 신칸센의 고속화가 도모되는 가운데 보다 빠른 시점에서 경보 판단을 실시하여 지진의 규모에 따라 경보를 발하는 범위를 설정할 수 있는 '조기 지진 검지·경보 시스템(유레다스)'의 개발이 이루어졌다. 유레다스는 지진동 중 전파 속도가 빠른 P파(초기 미동)의 약 3초간의 데이터에 의해 지진의 위치나 규모(매그니튜드)를 추정함으로써 열차의 정차가 필요한 구간에 '보다 빠르고, 정확한 경보'를 실시하는 것을 가능하게 했다. 유레다스는 당초 해구형의 대지진을 대상으로 해 왔지만, 1995년의 한신·아와지 대지진과 같은 내륙형(직하형) 지진에도 대응할 수 있도록, P파의 약 1초간의 데이터로 경보의 판단을 실시할 수 있도록 콤팩트 유레다스가 개발되었다. 그 후에도 조기 지진 검지 · 경보 수법의 연구 개발은 진행되었으며 관측된 기록을 즉시 해석할 수 있는 수법이 고안되어, 이 기술이 이용된 지진계가 2006년까지 신칸센 전선에 도입되었다.

또 지진에 의한 피해 확대를 방지하기 위해 격렬한 흔들림에 의해 열차의 탈선을 억제하는 탈선 방지 가이드나 만일 탈선해도 선로를 따라서 주행하는 것을 목적으로 한 일탈 방지 가이드 등이 지상 측 혹은 차량 측에 설치되어 있다.

• 설해 대책

강적설 구간을 운전하는 신칸센에서는 차량 밑부분에 있는 기기의 착설이 고속 주행중 낙하하는 것으로, 자갈을 비산시켜 기기 손상이나 유리창 파손을 일으키는 경우가 있다. 선로상의 적설을 차량 밑에 착설시키지 않게 하기 위해 제설 기계를 배치하는 것 외에 선로 측에 스프링클러를 설치하고 있다. 또 고가교에는 영업 열차의 스노우 쟁기에 의해 배설된 눈을 선로 측면에 모으는 저설식 고가교가 채택되고 있다.

물리적인 대책 외에 착설이 낙하해도 자갈을 비산시키지 않기 위해 열차의 운전 규제(시속 70km~160km 주행)를 하고 있다.

(2) 그 외

안전문제 외에 고속운전을 실시하는 신칸센에 대해 고려해야 할 중요 사항으로는 연선 주민에게 영향을 미치는 환경문제(소음 · 진동)를 들 수 있다.

소음의 발생원은 팬터그래프 등의 차량 상부와 차량 바퀴, 레일 등의 차량 하부, 터널 등의 구조물이며, 부위마다 대책을 취해 왔다. 그중에서도 고속 주행에 따르는 공기류의 혼란, 이른바 바람 가르는 소리인 공력음은 속도에 비례해 커지기 때문에 차량 형상의 변경, 팬터그래프 커버나 대차 커버의 설치 등에 의해 그 저감을 도모하고 있다.

8. 소결

　세계 최초의 고속철도인 신칸센은 자동차에 뒤처져 사양산업으로 전락한 철도를 크게 변화시켜, 일본을 '고속철도 대국'으로 만들었다. 1964년에 개통한 도카이도신칸센의 성공으로 1970년에는 '전국 신칸센 철도정비법'이 제정되어 7개 노선이 정비되도록 결정되었다. 국철의 재정 상황 악화에 따라 1982년부터 정비계획이 약 5년간 중단되었지만, 국철 분할 민영화 이후인 1990년대 후반부터 신칸센이 계속 개통되었다.

　2016년 현재 전국 신칸센 철도정비법에 따른 신칸센의 총연장은 7개 노선 2,765km이며, 건설 중인 3개 노선을 포함한 일본의 신칸센 네트워크는 계속 확대되고 있다. 국철 시대에 개통한 4개 간선의 철도 시설은 JR여객회사에 의해 보유되었지만 분할 민영화 후에 개통된 신칸센은 철도·운수기구에 의해 보유되어 여객회사는 사용료를 지불하고 시설·설비를 사용하고 있다. 시속 210km로 영업을 시작한 신칸센은 점차 속도를 향상시켜 2014년엔 320km/h로 100km/h 이상 속도가 향상되었다. 앞으로 화물열차와 공용구간인 아오모리터널을 비롯하여 분할 민영화 후에 개통된 구간의 속도향상이 기대된다. 신칸센의 건설방식은 표준궤(1,435mm)를 신선으로 건설하는, 이른바 풀 규격 이외에 건설비의 절감을 목적으로 재래선의 궤도 개량공사에 의해 신칸센과 재래선의 직통 운전을 하는, 이른바 미니 신칸센이 있다. 야마가타·아키타신칸센에서 적용하고 있는 미니 신칸센은 환승의 불편을 해소하여 심리적인 부담을 경감시키고 있다.

　신칸센은 다빈도 운행과 대량수송이 가능하고, 안전성과 고속성, 정시성을 구비하고 있다. 또한 상호 직통 운전과 재래선과 동일 역에서의 환승 등 편리성이 향상되어 승객수도 점차 증가하고 있다. 신칸센의 개통에 의해 다른 교통수단으로부터 철도로 단순히 이동하는 것이 아니고 새로운 여행수요를 창출하고 있다. 또한 여행시간의 단축에 의해 예전에는 불가능했던 1일생활권으로 인한 여행과 출장, 자택에서의 통근·통학이 가능하게 되어 일본인들의 생활을 크게 변화시

컸다.

신칸센의 개통은 생활 스타일뿐만 아니라 신칸센 역 주변의 지역을 크게 변화시켜 상업 시설 건설이나 기업 유치, 회의 기회의 증대, 교류가 적었던 지역 간의 유대 강화 등 지역경제의 발전·활성화에 기여하여 왔다. 또한 신칸센 통과지역의 가치를 높여 인구 유출의 억제와 지역 외부로부터의 인구 유입을 촉진시켰다.

신칸센은 열차 충돌이나 열차 탈선 등 매우 심각한 열차사고를 방지하기 위해 개업 당초부터 ATC(자동열차제어장치)의 개발, 전체 선로의 입체화 등 안전 대책으로, 1964년 개업 이후부터 50년간 열차사고에 의한 사상자 수는 '0'을 유지하고 있다. 또한 지진이나 설해 등의 자연재해, 소음 및 진동 등 연선 주민에 영향을 주는 환경문제에 대해서도 다양한 대책을 수립하여 시행하고 있다.

이상과 같이 신칸센은 단순한 경제 파급 효과뿐만 아니라 안전성 면에서도 뛰어나고, 이산화탄소 배출량 억제 효과도 가지고 있으며, 환경친화적인 교통수단으로 인정받고 있는 매우 유용한 교통수단이다.

제4절

화물철도의 변화와 발전

요시다 유타카(吉田裕)

(간사이대학 교수)

1. 서론

일본의 화물철도 수송은 일찍이 국내 화물수송의 50% 이상을 차지해 일본의 물류를 지탱하고 있었다. 〈그림 3-15〉는 2021년 일본 국내에서의 화물수송분담률로서 왼쪽 그래프는 수송한 화물의 양을 나타내는 수송 톤수(톤 기준), 오른쪽은 수송한 화물의 양에 수송한 거리를 곱한 수송 톤·킬로(톤·킬로 기준)이다. 일본의 국내 화물 총수송량은 톤 기준으로는 연간 약 43억 톤, 톤·킬로 기준으로는 4,050억 톤·킬로이며, 그중 트럭수송이 차지하는 비율(분담률)은 각각 91.4%, 55.4%로 톤 기준과 톤·킬로 기준 모두 분담률은 4개의 수송기관 중에서 가장 높다.

한편, 화물철도 수송이 차지하는 비율은 각각 0.9%, 4.4%로 트럭과 비교했을 때 톤 기준에서는 약 100분의 1, 톤·킬로 기준에서는 약 12분의 1의 수준을 나타내고 있다. 이 자료를 통해 국내 화물수송에 대해 차지하는 화물철도 수송의 비

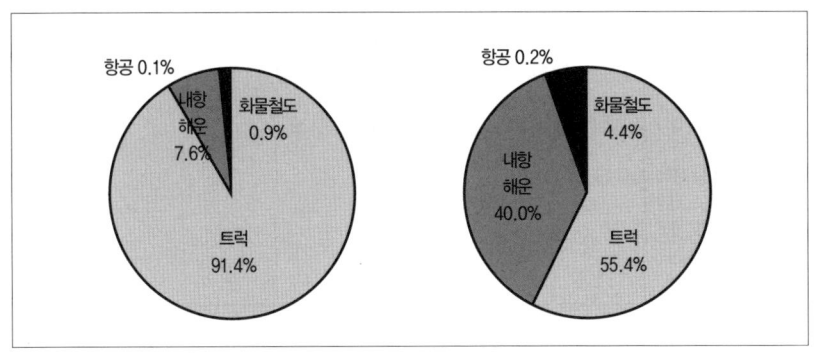

〈그림 3-15〉 일본 내 화물수송분담률(2021년)

율은 톤 기준의 분담률은 낮지만, 수송한 거리를 가미한 톤·킬로 기준에서는 트럭수송과의 차이가 10분의 1 정도 줄어들어 화물철도의 수송 거리가 트럭보다 길다고 말할 수 있다. 화물철도는 수송 거리가 500km를 넘은 거리부터 트럭보다 속도나 비용 등에서 유리한 것으로 알려져 있다. 또 내항 해운의 톤·킬로 기준 분담률은 40.0%로 높아 화물철도와 마찬가지로 장거리 수송용임을 알 수 있다. 내항 해운은 대형 화물을 값싸게 대량으로 운반할 수 있지만, 날씨의 영향을 받기 쉬우며 또한 환적 작업이 발생하는 내륙 도시로의 수송에는 적합하지 않다.

한편, 항공의 톤·킬로 기준은 톤 기준과 마찬가지로 분담률은 매우 낮은 값이다. 항공기는 1,000km가 넘는 장거리를 짧은 시간에 실어 나를 수 있지만 한 번에 실어 나를 수 있는 화물량은 화물 전용기로도 140톤 정도이고 크기도 제한되어 작은 화물에 이용되고 있다.

〈그림 3-16〉은 수송기관별 1톤의 화물을 1km 운반하는 데 필요한 에너지 소비량이다. 화물철도의 에너지 소비량은 트럭인 영업용 화물차의 20분의 1 이하, 내항 해운의 3분의 1 정도인 반면, 항공은 영업용 자동차의 약 6배로 에너지 소비량이 매우 높다는 것을 알 수 있다. 〈그림 3-17〉은 수송기관별 이산화탄소 배출량으로, 화물철도는 영업용 화물차의 약 10분의 1, 내항 해운의 약 2분의 1 수준이다. 이처럼 화물철도는 에너지 효율이 높고, 환경친화적인 수송수단이라고 말

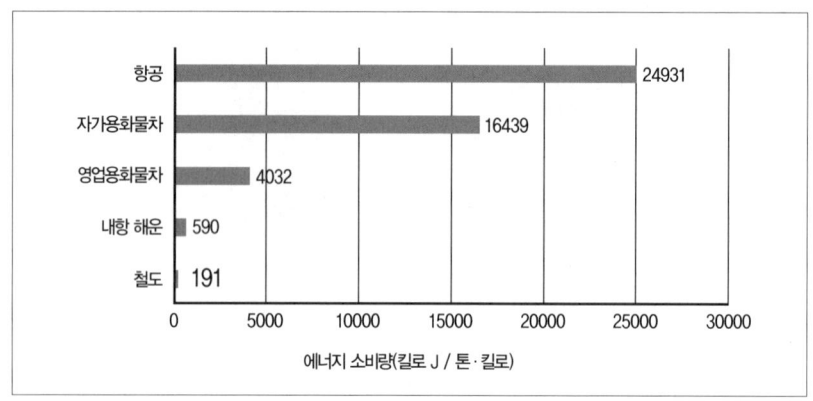

〈그림 3-16〉 1톤 킬로미터 수송에 필요한 에너지 소비량(2021년)

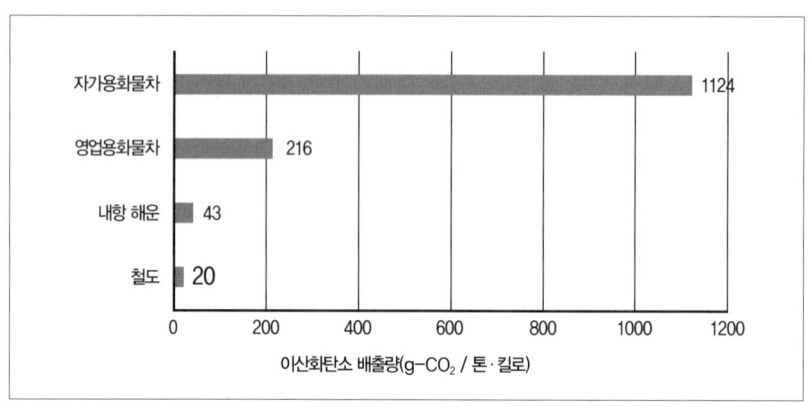

〈그림 3-17〉 이산화탄소 배출량(2021년)

할 수 있다.

다음으로 트럭수송과 화물철도 수송의 장단점을 비교해 보면, 우선 트럭수송의 장점은 유연성에 있다. 화물철도와 같은 정해진 운행 시간표가 없어 트럭과 운전사가 갖춰지면 언제든지 화물을 수송할 수 있으며 비교적 저비용이다. 그 때문에 화물의 출발을 1시간 기다리는 것이나 갑자기 의뢰된 화물을 지금 바로 보낸다고 하는 화주의 요청에 대해 유연하게 대응하는 것이 가능하다. 또 발화주(화물을 보내는 사람)로부터 착화주(화물을 받는 사람)까지 다른 수송기관과 제휴하지 않고 단독으로 운반할 수 있다. 트럭수송의 단점은 다양한 차량이 주행하는 공공도로를 주행하기 때문에 교통체증과 교통사고 위험을 피할 수 없다. 또 트럭과 운전자는 출발지로 돌아가야 하므로 장거리를 달릴수록 비용이 많이 드는 데다 운전자의 신체와 생활에 대한 부담도 크다.

다음으로 화물철도 수송의 장점은 대량 및 장거리 수송에 적합하다는 것이다. 컨테이너 열차의 경우 한 열차로 최대 10톤 트럭 65대분, 650톤의 화물을 실어 나를 수 있다. 도쿄~오사카 간의 경우 3명의 기관사가 2~3시간마다 릴레이 방식으로 교대로 승무하며 또한 정해진 선로 위를 열차시간표에 따라 운행되기 때문에 시간이 정확하다. 화물철도는 원칙적으로 매일 운행되기 때문에 트럭이나 운전자의 수배가 필요한 트럭수송과 달리 지속적으로 화물을 운송할 수 있다.

화물철도 수송의 단점은 발화주와 착화주 사이에 반드시 선로가 놓여 있는 것은 아니기 때문에 집화·배달 시에는 트럭 등 다른 수송기관과 제휴하지 않으면 안 된다. 이로부터 화물철도가 탄생한 당초부터 화주와 화물역 사이의 수송사업을 담당하는 화물철도 취급업(통운 사업)이 존재하고 있었다. 이와 같이 화물철도 수송에서는 화물의 중계를 2회 이상 수행할 필요가 있으므로 단거리 수송에서는 트럭수송에 비해 효율이 낮다. 또한 열차운행시간이 정해져 있기 때문에 화주의 갑작스러운 요청에 대해 유연하게 대응할 수 없다. 이상과 같은 단점은 있지만, 화물철도는 환경친화적이고 장거리 대량수송을 정기적이고 고속으로 수송하는 수단으로서 우수하다고 생각된다.

철도사업법에 근거하는 사업 허가를 취득하고 있는 철도사업자 중 화물수송을 시행하고 있는 사업자는 2024년 현재, 일본 국내에 18개 회사가 존재한다. 18개 사는 크게 구 국철의 화물 부문을 계승하여 발족한 일본화물철도(이하 'JR화물'이라고 한다), 국철이나 현지 자치단체, 기업 등의 공동 출자로 설립된 제3섹터 방식의 임해철도(전체 9개 회사), 그 외 민철(전체 8개 회사)의 3개로 분류할 수 있다. 톤 기준에서는 화물철도 수송 전체에서 차지하는 JR화물의 비율은 약 70%에 그치지만, JR화물은 전국 네트워크를 가지고 간선구간에서 장거리 수송(평균 수송 거리 : 컨테이너로 약 900km, 차량 취급으로 200km 미만)을 시행하고 있어 톤·킬로 기준에서는 99%가 된다. 덧붙여 일부의 선구나 화물역 구내를 제외하고 JR화물은 선로를 보유하지 않고, 선로를 보유하고 있는 JR여객회사(구 국철의 여객 부문을 계승해 발족한 6개의 여객회사)에 선로 사용료를 지불하고 열차를 운행하고 있다. 반면 임해철도나 민철은 컨테이너·차량 취급 모두 평균 수송 거리가 10km 정도에 불과하다. 이 장에서는 일본 화물철도의 대다수를 차지하는 구 국철 및 JR화물에 대하여 설명하고자 한다.

2. 화물철도의 개관

(1) 화물수송의 탄생과 화물철도의 수송량, 영업거리 추이

일본의 화물철도 영업은 철도 창업 이듬해인 1873년부터 도쿄~요코하마 간 (29km)에서 시작된 후 2023년으로 150년이 지났다(**그림 3-18**). 창업 당시의 화물은 소량 화물이 많아 무개화차 등으로 수송되고 있었으며 개업 시는 국내 산업이 아직 발달하지 않은 데다가 단구간에서의 영업이었기 때문에 국내 화물수송에서 화물철도의 비율은 미미했다(1873년의 연간 화물수송량은 2천톤) 그 후, 교토~고베 간을 시작으로 한 노선 확대나 세이난 전쟁(1877년)에 따른 군사 수송 등으로 인하여 9년 후인 1882년에는 약 100배인 23만 5천톤까지 증가했다.

일본에서는 1875년경부터 면사 방적업을 중심으로 하는

〈그림 3-18〉 개업 당시의 화물철도

경공업과 농촌에서의 수공업이 급속히 발전하여 도시와 생산지, 도시 간의 유통이 활발해져 철도 수요의 증가를 가져왔다. 1889년의 도카이도선(도쿄~오사카 간)이나 1891년의 일본철도(도쿄~아오모리 간)의 개통을 중심으로 철도망은 확대되어 물류 변혁에 큰 영향을 미쳤다. 또한 1900년경부터 도쿄 근교, 게이한신, 기타큐슈 지구에서 철도망이 새롭게 건설되기 시작하여 수송 시간의 단축이나 수송비용의 경감을 목적으로 기존의 도로 수송(마차), 내륙 수로, 연안 항로를 이용하던 화물이 철도로 이전되었다. 도쿄~오사카 간의 화물수송에서는 5~10톤 정도는 화물철도로, 대량화물은 연안 항로를 이용하는 경향으로 변화되었다.

1906년부터 1907년에 걸친 철도 국유화에서는 17개(영업거리 약 4,500km)의 사철이 매수되어 국철이 되었다. 매수 전인 1905년의 국철 영업거리는 약 2,562km이며, 매수 후인 1907년에는 약 3배인 7,153km가 되었다(화물의 영업거리는 7,150km). 국유화 전에는 일관 수송서비스를 도모하기 위해 국철과 사철 간에 연대 수송이 이루어졌지만, 사철이 다수가 됨에 따라 상호 취급과 운임 정산이 복잡해졌다.

철도 국유화가 이루어진 20세기 초, 일본에서는 석탄과 전력을 중심으로 광산·제철·조선 등 중공업이 급속히 발전하게 되었다. 중공업의 약진에 따른 경기 상승은 화물철도 수송수요의 대폭적인 증가를 가져왔으며 1908년의 화물수송량은 2,390만 톤으로 전년도보다 약 30% 증가하였고, 1915년 이후 매년 약 15% 증가하여 1918년은 5,416만 톤이 되었다. 이러한 상황에서 1907년경부터 화물철도의 수송력 부족이 문제가 되어 역에서는 화물수송의 체화가 눈에 띄게 되었다. 그 대책으로 기관차의 증설과 화차의 신조, 연결차수의 증가, 정거장 설비의 개량 등이 이루어졌으나 수송력 부족 상황은 1919년까지 계속되었다. 또한 철도 국유화 10여 년 후인 1918년에는 전국 통일운임체계를 완성하여 영업 체제의 기반을 정비하였다. 20세기 초, 화물철도는 당시 에너지원인 석탄 수송이 중심이었는데, 출탄량의 약 60%를 화물철도가 담당하고 있었다.

제1차 세계대전에 의한 근대 산업의 비약적인 발전은 관동 대지진의 발생과 금융 공황에도 불구하고 화물철도 수송의 증가에 기여하여 1920년부터 8년간 약 50% 증가하여 큰 폭으로 증가하였다. 1929년 미국 주식 폭락으로 인하여 일본 경제에도 큰 영향을 주었고 이에 따라 운송실적도 4년간 부진한 상황이 지속되었다. 1930년경부터 철강업이나 기계기구공업, 화학 공업이 급속한 발전을 이루어 1936년에는 철도의 황금시대를 맞이하여 화물수송량은 1억 1만 톤에 조금 못 미치는 9,760만 톤(1930년부터 6년간 38% 증가)이 되었다. 1940년 이후의 화물철도 수송량은 1943년에 1억 7,800만 톤으로 과거 최고를 기록하였으며 제2차 세계대전에 의한 철도의 운행 미비로 인하여 일시 감소하지만, 고도 경제성장기인 1960년대 전반에는 2억 톤까지 다시 증가하였다(최대 수송량은 1964년의 2억 660만 톤).

일본의 간선 고속도로 계획은 1957년에 '국토개발 종관자동차 도로건설법'이 제정되어 메이신 고속도로(나고야~고베 간)가 착공되어 도카이도신칸센 개업의 1년 전인 1963년에 부분 개통했다(전 노선 개통은 1965년). 그 후 도메이고속도로(도쿄~나고야 간)(1968년 부분 개통, 1969년 전선 개통), 호쿠리쿠 자동차도로, 간에쓰 자동차도로를 시작으로 새로운 노선을 포함한 '국토개발 간선 자동차 도로건설법'이 1966년에 제정되었다. 고속도로 외에 일반도로의 개량도 진행되어 일본 국민 사이에서 자동차의 개인 소유가 확대되었다. 이와 같이 기동력이 뛰어난 자동차 교통의 환경 정비로 1960년대는 이른바 자동차 시대가 도래하여 육상 수송에 있어서 화물철도의 지위에 큰 영향을 미쳤다. 이로 인해 1982년의 화물철도 수송량은 피크 시의 절반 이하가 되는 1억 톤으로 줄어들었고, 국철 분할·민영화가 이루어진 1987년에는 피크 시의 27%인 5,627만 톤이 되었다. 〈그림 3-19〉는 화물철도의 영업이 시작된 1873년부터의 국철 화물수송량, 〈그림 3-20〉은 국유화 후의 국철 화물 영업거리의 추이이다. 〈그림 3-19〉의 소량 취급에는 컨테이너를 포함한다.

한편, 영업거리가 가장 길었던 것은 1964년의 20,525km인데, 국유화된 1907년보다 증가세를 보여 1943년부터 1981년까지의 38년간은 약 2만 km로 횡보

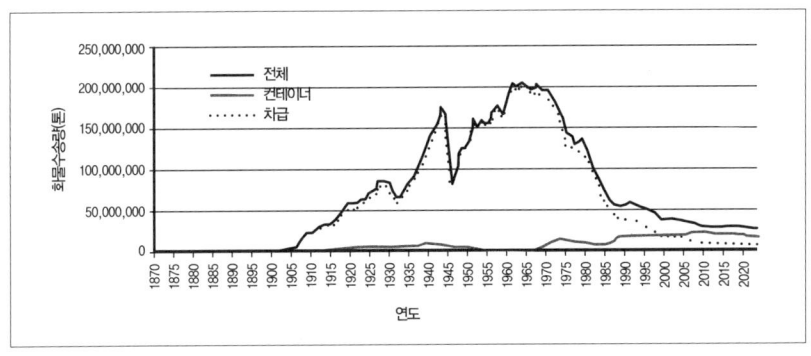

〈그림 3-19〉 화물수송량 추이

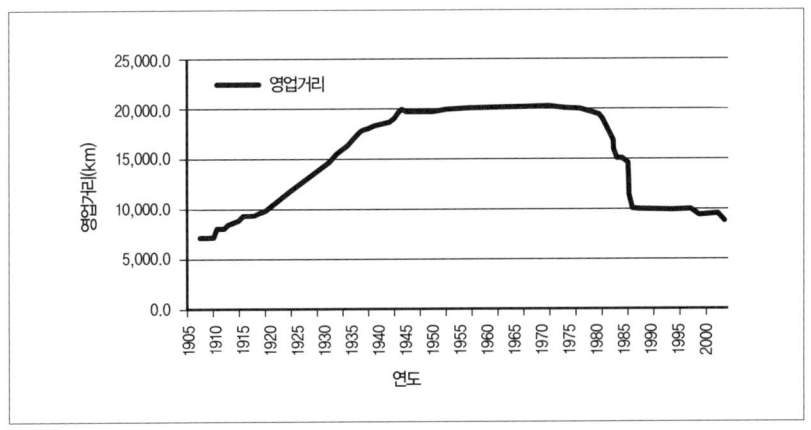

〈그림 3-20〉 영업거리 추이(국유화 후~2023년)

상태가 지속되었다. 그 후 국철의 경영 악화와 함께 주요 간선을 중심으로 한 영업선구 재검토로 인해 1987년의 영업거리는 10,154km로 전성기의 절반이 되었다. 〈그림 3-20〉은 2003년까지의 자료로서 2010년의 영업거리는 8,242km, 2023년은 7,806km가 되었다.

(2) 통운사업

화물철도에 의한 수송은 열차에 의한 수송만으로는 완결되지 않으므로 화물역

(출발역, 도착역)에서 자동차 수송이 이루어질 필요가 있다. 화물철도와 연계하여 화주와 화물역 사이의 수송사업은 '화물철도 취급업', 그 사업자는 '소운송업자'이며 통칭으로서 각각 '통운사업', '통운사업자'라고 불렸다. 통운사업의 구체적인 업무는 화물을 보내고 싶은 사람에게 가서 화물을 받아 화물열차가 출발하는 역까지 화물을 수송하여 화물열차에 싣거나 화물열차가 도착한 역에서는 열차에서 화물을 내려 배달처까지 수송하는 것이다. 통운사업은 통운사업법에 의거한 면허사업으로 화물철도가 시작된 1873년부터 있었다. 당초의 통운사업은 파발꾼도매상이 전신으로 정부의 보호 아래 있던 내국 통운회사 등 몇 개의 회사가 독점하고 있었지만, 1879년부터 사업 자유화가 진행되어 많은 사업자가 참가하였다. 1918년에는 약 8천 개의 사업자가 존재하여 서로 치열한 경쟁을 전개하였다. 이 중에는 비공인 신규 사업자나 부당 비리를 저지르는 업체도 나타났다. 당시의 국철을 운영하고 있던 철도성에서는 통운사업 업계의 혼란을 수습한 후 화물철도 수송의 효율과 서비스 향상을 도모하기 위하여 위원회를 설치하고 통운사업 본연의 자세에 대해 검토하였다. 그 결과 1937년에는 국책회사 '일본통운주식회사'를 발족시켜 약 8,000개의 사업자와 가맹점 계약을 맺고 합병 통합 등이 이루어져 전국 사업자는 일본통운의 일원적 운영 하에 놓이게 되었다.

제2차 세계대전 이후의 GHQ 설치에 의해 독점금지법이 적용되어 일본통운은 특수회사에서 순수 민간회사로 개편되었다. 또, 1949년에는 통운사업법이 제정되어 1역 1업자로부터 1역 복수 사업자 체제가 되어 1946년에 274개사였던 통운사업자는 1950년에는 706개사, 1960년에는 868개사, 1970년에는 984개사로 증가하였다.

제2차 세계대전 전까지는 국철을 운영하고 있던 철도성이 통운사업자를 관리 감독하는 입장이었지만, 2차 세계대전 후 운수성(철도성으로부터 재편)과 국철의 분리에 따른 통운사업의 면허권은 운수성에 있게 되었으며, 국철과 통운사업자와의 관계는 법제상 운수성에 대해 병렬관계가 되었다. 같은 시기 일본에서는 도로망의 정비에 따라 자동차 수송이 발달하여, 특히 단거리 수송의 경우 화주로부터 위탁받은 화물을 화물철도에 옮겨 싣는 것보다 트럭으로 직접 운반하는 것이 효과적이기 때문에 트럭수송을 겸업으로 하는 통운사업자가 증가했다. 이와 같이 국철과 통운사업자는 화물철도 수송에 대해 서로 빼놓을 수 없는 존재로서 서로 의지하면서, 한편으로는 협력하는 경쟁자로서 고객 획득 경쟁을 계속하고 있었다. 1970년대 들어 국철은 노사관계가 악화돼 노동쟁의가 빈발하고 화물열차의 운휴와 대폭 지연이 늘어나면서 통운사업자의 국철 이탈이 한층 많아졌다. 또, 1970년대 후반 이후 급격하게 진행된 화물역의 폐지와 집약은 통운사업자에 대해 많은 비용 부담을 강요하게 되었다. 통운사업자에게 있어서 화물수송은 비용이 높고 또한 유연성이 결여된 수송이 되었기 때문에 많은 통운사업자는 트럭수송을 주체로 한 물류 기업으로 변화해 갔다. 화물역 집약이 급격히 진행된 것도 영향을 미쳐 1975년에 1,019개였던 통운사업자 수는 국철 분할·민영화가 이루어진 1987년에는 746개가 되었다.

1989년에는 통운사업법이 폐지되면서 통운사업은 물류 3법 중 하나인 '화물운송취급사업법' 중 '철도이용운송사업'으로 명칭을 바꿨다. 이에 따라 통운사업은 다른 수송수단과 동일한 화물사업의 한 형태가 되었고 트럭운송회사의 화물철도 이용은 지금까지와 비교해 매우 낮아졌다. 또한 화물철도의 수송이 원칙적으로 컨테이너 수송으로 통일됨에 따라 트럭 운송사업자는 쉽게 화물철도를 이용할 수 있게 되었다. 그 때문에 철도이용 운송사업자(구 통운사업자) 수는 2000년 현재 902개사로 다시 증가했다.

환경문제와 트럭 운전자 부족 문제에 직면한 오늘날 트럭운송사업자나 기존의 통운사업자는 화물철도와의 유대를 강화하고 있다.

(3) 화물철도의 취급형태

화물철도의 취급형태는 창업 시부터 소량 취급, 차량 취급(이하 차급)의 두 종류가 존재하고 있었다. 화물운송 외에 화물전용차량으로 운송되는 소화물 서비스도 한때 존재했지만, 편리성과 기동성이 뛰어난 트럭 주체의 택배 발달로 인하여

1986년 폐지되었으며 이 장에서는 소화물을 제외하고자 한다.

차급은 운송인의 희망에 의한 1차량 전세 취급이 시작으로 되어 있다. 개업 초기에는 소량 취급이 대부분을 차지했지만, 점차 차급이 증가하여 1897년에는 총 수송량의 약 80%를 차급이 차지하게 되었다. 차급 품목은 석탄이 가장 많고 시멘트, 석회석이 뒤를 이었다. 석탄 수송량은 1961년의 4,159만 톤을 정점으로 감소 경향을 보였다. 1970년대 후반부터 차급 품목에서 가장 많은 것은 석유로 나타났으며, 그 경향은 현재도 마찬가지이다. 2023년의 자급 전체에서 차지하는 석유의 비율은 약 70%이다.

한편, 소량 취급에서는 1898년부터 급송 서비스인 급행편 소량 취급이 이루어지게 되었다. 1926년에는 종래의 급송 서비스에 집까지의 배달 서비스를 더한 특별 소량 취급이 시작되어 인지도를 높이기 위해 명칭을 '택송'이라고 하였다. 택송의 효과에 의해 소량 취급의 수송량은 급증하여 1940년의 소량 취급은 979만 톤으로 최대의 수송량을 기록하였으며, 이 택송은 1959년에 소량 화물의 집약을 위해 소량 취급으로 통합되었다.

국철은 소량 물품의 수송수단으로서 1925년부터 컨테이너 검토를 시작하여 1931년부터 컨테이너의 취급이 시작되었으나, 제2차 세계대전에 의한 자재 사정의 악화로 1939년에 폐지되었다. 당초의 컨테이너는 1톤용이었지만, 그 후 150kg용의 것도 제작되어 소량 취급의 수송 용기로서 보급되었다. 당시 제작된 컨테이너는 폭이 좁고 지게차 등의 하역기계가 실용화되지 않아 하역이 매우 불편하였다. 세계대전 후 경제의 자유화와 자동차의 급속한 발달을 고려하여 컨테이너에 의한 수송방식의 검토가 재개되었고, 1955년에는 선어(鮮魚) 등 저온수송을 필요로 하는 소량 화물을 대상으로 300kg과 600kg의 소형 냉장 컨테이너의 수송이 시작되었다. 또한 당시의 하역기계와 자동차의 성능 등에서 3톤 컨테이너가 최적이라고 판단되어 1956년부터 시험 운용, 1957년부터 취급이 시작되었다. 1959년에는 5톤 컨테이너가 시작되었고, 같은 해에는 도쿄~오사카 간에 최초의 컨테이너 전용열차(명칭은 '다카라호')에 의한 수송이 시작되었다. 당시의 컨테이너 수송은 소량 취급의 특수취급이라고 평가하였다.

(4) 화물철도의 수송방식

화물철도를 통한 수송은 몇 개의 화차가 모여 열차가 되고 기관차가 이를 견인하는 것으로 이루어지고 있다. 화물철도의 수송방식에는 '화차집결 수송방식'과 '거점 간 직행 방식'의 두 종류가 있다.

'화차집결 수송방식'이란 각지의 거점에서 같은 방면 혹은 같은 행선지의 화차를 모아 1개의 화물열차로 만들어 운전하는 방식이다. 〈그림 3-21〉은 2003년까지의 화물역 추이인데, 최성기인 1940~1950년대에는 전국에서 3,800개가 넘는 화물역이 존재하였다. 역에 따라 취급량이 다르기 때문에 화차 1량부터 배차되고 그 행선지는 분산적이었다. 이들 화차는 정해진 시간에 역으로 오는 화물열차에 연결돼 지역의 거점이 되는 화차 조차장(야드) 등까지 수송됐다. 화차 조차장에서는 대략적인 행선지별로 구분되어 하나의 화물열차로 조성된 후에 출발하기 때문에 출발 일시는 출발하는 화물의 양에 따라 크게 다르게 나타난다. 화차 조차장에서 편성된 화차는 목적지의 거점이 되는 화차 조차장 등까지 운송되어 구분·편성된 후에 목적지가 되는 역으로 수송되었다. 화차집결 수송방식에 의한 화물수

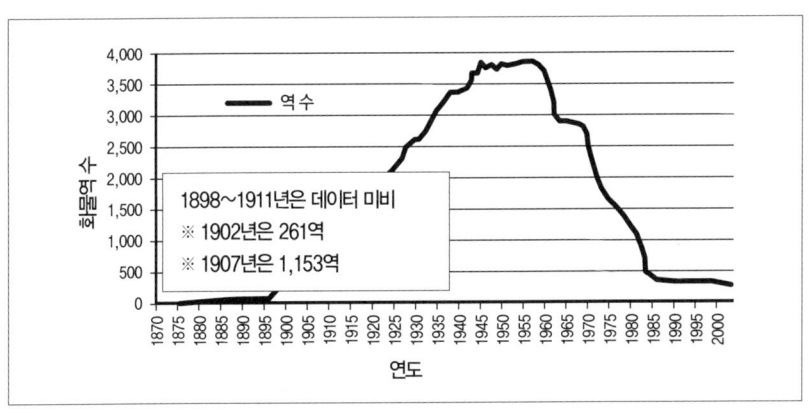

〈그림 3-21〉 화물역 수의 추이(2023년까지)

송은 대량수송과 행선지가 다양한 화차를 목적지로 보내 전달하는 데는 효율적인 시스템이었으나 거점역이나 화차 조차장에서 구분하여 열차를 조성하는 작업에 시간이 너무 걸리고 화주로부터 화물을 수탁받았을 때 목적지의 도착일시를 확정할 수 없다는 문제점이 있었다. 덧붙여서 1960년대의 화차집점 수송방식에 의한 도쿄~오사카 간의 소요 시간은 28시간 20분이었는데 그중 실제 주행했던 시간은 13시간 10분이며, 도쿄 및 오사카의 화차 조차장에 머물던 시간이 각각 약 8시간, 약 7시간으로 총 약 15시간이 소요돼 주행 시간보다 길다는 것을 알 수 있다. 자동차 시대를 맞이한 1960년대에 있어서 트럭수송 등 다른 교통기관에 비해 불리했던 것을 엿볼 수 있다.

국철의 경영 상황이 악화되는 정세에 대응하기 위해 일본 정부가 1983년에 설치한 위원회에 의해 '거점 간 직행 수송방식'으로의 전면 전환이 제언되었다. 이것은 대량으로 고속, 정시 수송이라고 하는 화물철도 본래의 특성을 발휘시키기 위해 1984년의 열차 시간표 개정 시에 시장의 요구에 맞는 서비스를 제공하기 위해 화차 조차장을 사용한 집결 수송을 폐지하고 직행계 수송방식으로 전면 전환하는 것이었다. 이에 따라 컨테이너 수송은 종래의 지역 간 한정의 수송체계에서 전국적인 수송망에 의한 수송체계가 되었다. 직행 수송 체제로의 전환과 함께 화물역이 800역에서 460역으로 축소되고 모든 화차 조차장이 폐지되었다. 〈그림 3-21〉은 2003년까지의 화물역 수의 자료로서 2003년의 화물역은 307역, 2023년은 237역으로 더욱 감소했다. 직행 수송 체제로의 전환은 1987년에 국철의 화물 부문을 계승하여 탄생한 JR화물의 정비 만들기로 이어졌다.

(5) 운전속도 향상과 운전시간의 단축

화물열차의 운전속도를 제약하는 것은 기관차의 견인성능과 제동성능이다. 〈표 3-21〉은 도쿄~고베 또는 오사카 간의 최고속도와 표정속도, 수송시간의 추이이다. 창업 당시의 화물열차는 소형 탱크기관차였고, 화차의 제동 장치는 완급차에 마련된 수용 제동기와 일반 화차의 사이드 제동기만 있고 관통 제동기는 설치되어 있지 않았기 때문에 평탄한 구간의 최고속도는 40~48km/h, 구배 구간에서는 32~40km/h였다. 1893년에 도쿄~고베 간(약 590km)에서 첫 직통 화물열차의 운행이 시작되었는데, 수송시간은 33시간 45분이었다. 1898년에는 첫 급행 화물열차 운행에 맞춰 진공 제동기가 장착되어 운전속도는 50km/h 정도가 되었고, 도쿄~고베 간의 수송시간은 30시간 23분이 되었다. 열차 편수의 증가와 운전속도의 향상에 따른 제동력 부족이 원인인 열차 충돌 등의 사고가 증가하기 시작했기 때문에 1919년에는 자동 공기 제동기의 채용이 결정되었다. 이에 따라 1937년에는 75km/h까지 향상시켜 도쿄~오사카 간(약 550km)의 수송시간은 15시간 15분이 되었다. 도쿄~오사카 간의 정차역이 11개 역으로 많았고 도중 정차역에서는 하역 작업에 의해 정차 시간이 길기 때문에 최고속도에 비해 표정속도가 낮아 수송 시간이 많이 걸렸다.

 제2차 세계대전 이후 고도 경제 성장과 함께 도로 정비와 트럭의 발전이 두드러지면서 경쟁력을 높이기 위해 국철은 다시 화물열차의 고속화에 나서게 되었다. 1959년에는 도쿄~오사카 간에 첫 컨테이너 전용 직행열차(다카라호)가 최고속도 85km/h로 운행되어 수송시간은 10시간 55분이 되었다. 1966년에는 100km/h 운전이 가능하도록 공기스프링 대차, 전자자동공기제동기 등 신기술이 도입된 고성능 컨테이너 차량이 개발되었다. 이에 따라 1969년에는 고속으로 거점 간을 직행하는 프레이트 라이너가 등장하여 도쿄~오사카 간의 수송시간이 8시간 51분이 되었다. 1970년대부터 1980년대 중반까지는 차량 취급 열차의 철저한 효율화와 열차 감축에 중점을 두었기 때문에 최고속도의 향상이나 수송시간에 큰 변화가 없었다. 1984년에 실시된 화차집결 열차의 폐지나 차급 열차의 직행화 등에 의해 본선의 선로 용량과 화물역의 작업에 여유가 생겨 열차의 고속화나 수송시간의 단축화가 대처하기 쉬워졌다. 이에 따라 1986년에는 슈퍼라이너라고 칭하는 고속 컨테이너 열차가 도쿄~오사카 간 수송시간을 처음으로 7시간대로 단축하였다. JR화물 발족 이후에도 수송시간의 단축을 목적으로 다양한 방안이 이루어졌는데 그중에서도 특기할 만한 것은 2004년 '슈퍼레일 카고'로 불리는 세계 최초의 컨테이너 전동차의 탄생이다. 트럭수송이 중심이 되고 있는 택배화물을 대상으로 하여 도쿄~오사카 간을 6시간에 수송하는 것을 목표로 개발이 행해졌다. 종래보다 화차를 견인하는 전기 기관차를 보다 경량화하고 곡선 통과 속도의 향상으로 화물열차에서는 처음으로 120~130km/h 운전을 가능하게 했다. 이에 따라 도쿄~오사카 간 수송시간이 6시간 11분, 표정속도가 90.5km/h로 세계적으로 가장 빠른 화물열차가 되었다.

〈표 3-21〉 도쿄~고베 또는 도쿄~오사카 간의 최고속도, 표정속도, 수송시간

연도	구간	최고속도 (km/h)	표정속도 (km/h)	수송시간	비고
1893	도쿄~고베	48	17.8	33시간 45분	최초 직통화물 열차
1898	도쿄~고베	55	19.8	30시간 23분	최초 급행화물 열차
1929	도쿄~오사카	65	23.4	23시간 35분	
1934	도쿄~오사카	65	35.2	15시간 45분	
1937	도쿄~오사카	75	36.3	15시간 15분	
1950	도쿄~오사카	75	38.2	14시간 15분	급행소화물열차
1959	도쿄~오사카	85	50.8	10시간 55분	특급화물 다카라
1969	도쿄~오사카	100	62.6	8시간 51분	프레이트 라이너
1986	도쿄~오사카	100	79.3	6시간 59분	슈퍼라이너
2000	도쿄~오사카	110	83.5	6시간 38분	고속화물 열차
2004	도쿄~오사카	130	90.5	6시간 11분	슈퍼레일카고

3. 화물철도의 근대화와 수송체계의 개선

1960년대 들어 시작된 고도 경제 성장은 일본의 산업구조에 영향을 미쳐 석탄이나 철광석 등은 감소하고 석유나 시멘트 등이 증가하는 상황이 되었다.
한편, 도로의 정비에 따른 트럭수송이 발달하여 화물철도는 종래부터 추진해 온 수송량의 강화 외에 수송시간의 단축, 하역의 기계화, 수송방식의 근대화 등에

대응한 수송체계로의 전환이 요구되었다.

(1) 화물조차장의 자동화

화물철도의 영업이 시작되었을 무렵은 여객·화물 모두 수송량이 적었기 때문에 객차와 화차의 조차는 동일 역 구내에서 수행되고 있었다. 그 후 화물수송량의 증가와 함께 1910년경부터 역에서의 취급을 여객과 화물을 분리하여 화차의 구분이나 연결·해방 작업을 할 수 있는 화차조차장(야드)이 교외 등에 건설되게 되었다. 1914년에는 일본 최초의 화차조차장이 교토에 건설되었고, 그 후 도쿄, 오사카, 센다이, 나고야를 비롯한 전국 각지에 건설되어 갔다.

화차조차장은 철도 고유의 특수 작업인 화차 조차법에 따라 소량으로 행선지가 분산적인 물자수송을 위해 화차를 집결·분리하여 열차를 조성하는 설비이며, 이 수송방식을 '화차집결 수송방식'이라 부르고 있었다. 이 방식은 수송량이 많고 행선지가 다방면·복잡화된 화차 수송에는 매우 유효한 수송방식이었으나, 수송량이 감소하면 비효율적이고 경쟁력이 낮은 수송방식이 되었다. 화차조차장에서의 작업은 많은 직원을 필요로 하여 1970년경에는 전국 약 500개의 화차조차장에 약 4만 명의 직원이 근무하고 있었다. 수송 형태별 수입지출의 평가(1981년)에 의하면 컨테이너의 거점 간 직행 수송에서는 흑자(영업 계수는 85)인 반면, 채산성이 낮은 화차집결 수송방식은 적자(영업 계수는 200)를 나타냈으며 국철의 화물 부문 전체 적자(영업 계수는 154)로 연결된다고 여겨졌다. 게다가 연결 수에 의한 화차 올라타기와 내리기에서의 화차 조작이었기 때문에 산업재해가 많이 발생했다. 화차 조차장에서의 작업은 화물철도의 업무 중에서도, 특히 노동집약적이고 위험작업이 많았기 때문에 화차 조차장의 생력화나 조차 능력의 향상이 요구되어 주요 간선상의 화차조차장을 중심으로 화차조차장의 자동화나 정보시스템 도입에 대한 검토가 이루어졌다.

화차조차장 자동화는 신설된 고리야마 조차장(1968년)을 비롯한 전국의 조차장에서 시도됐다. 자동화의 구체적인 내용은 화물열차의 연결·해방 작업에 있어서 화차의 속도 제어나 진로 제어, 연결·해방 정보의 송수신이나 통지서의 작성·전송 등이다. 또 작업계획 작성이나 화차정보 관리에 관해서도 자동화가 이뤄졌다. 그 외 '칼리타다'라고 불리는 궤도 화차 제어장치나 효과적인 배선 설계의 검토가 이루어졌다. '칼리타다'는 험프식 조차장의 험프 정상(높이 4m 정도의 언덕)에서 중력을 이용해 경사로를 내려오는 화차의 바퀴를 궤도상에 설치된 제동 거더로 끼워 화차의 전송속도를 조정하는 장치로 1918년 독일에서 제작된 것이 세계 최초로 알려져 있다.

(2) 거점화물역의 정비

그동안 화차집결 수송방식의 개선책으로 화차 조차장의 자동화를 설명하였지만, 화차를 1량씩 분리하는 것 자체는 종전과 다름없이 많은 시간을 필요로 하기 때문에 트럭수송에 맞설 수 있는 상황은 아니었다. 화물철도의 특성은 대량의 화물을 중장거리로 수송할 때 발휘된다. 화물철도의 영업부터 시작된 전국에 위치하는 화물역의 배치와 획일적인 수송 체제는 고객의 요구에 바로 응할 수 없을 뿐만 아니라, 화물철도의 특성을 막는 원인이 되고 있었다. 그 때문에 국철은 1950년대 후반부터의 자동차 시대에 대응한 수송방식으로의 재검토와 그 수송방식에 입각한 설비의 정비가 요구되었다.

국철은 1956년에 화물설비근대화위원회를 설치하여 화물역의 배치나 기능 등에 대한 검토를 시행했다. 1950년대 화물역은 약 3,800개가 존재하여 역에 따라 취급량이 크게 달랐으며 소규모 화물역의 존재가 화물철도 수송의 특성을 저해하고 있다고 생각되어 중소 화물역의 집약이 이루어졌다. 제1차 화물역 집약에서는 1958년부터 5년간 연간 취급 2만 톤 이하인 약 1,000역의 화물역을 폐지하였고 제2차 화물역 집약에서는 1969년부터 연간 취급 3만 톤 이하의 화물역을 폐지 대상으로 했다. 위원회에서는 화물철도와 트럭과의 협동 수송방식에 의한 화물역의 집약과 정비가 화물수송 근대화의 기반이라고 제시되어 1950년대 후반부터 트럭과의 협동 수송 속에서 물류의 중심이 되는 컨테이너 수송의 추진을 위한 거점화물역의 정비가 이루어졌다. 거점화물역이란 거점 간을 연결하는 직행 수송방식과 트럭수송과의 일관된 합리적인 집배 체제를 확립시키기 위한 물류 거점으로, 1969년에는 대체로 연간 50만 톤 이상을 취급하고 있는 약 100개 역이 선정되었다. 이러한 역에서는 하역의 작업성을 배려한 구조, 입환 작업을 효율화하기 위한 선로 배치의 개선, 환적 외 보관이나 물류 가공 등의 복합 기능이 요구되었다.

(3) 출발·도착선 하역방식과 하역기계의 강화
① 출발·도착선 하역방식

1986년에 전국의 화차 조차장이 폐지되어 화차집결 수송방식에서 거점 간 직행 수송방식으로 완전히 전환되어 화물철도의 특성을 발휘할 수 있는 대량 정형수송에 특화되게 되었다. 직행 수송방식이 진행되는 가운데 야마구치에 있는 화물역에서 입환작업이 불필요한 출발·도착선(본선상)에서의 컨테이너 하역시험이 실시되어 전국으로 확대되었다. 이 출발·도착선 하역방식은 E&S(Effective & Speedy Container Handling System)로 불리며, 열차가 역에 도착한 직후에 출발·도착선상에 있는 하역 승강장에서 하역 작업을 실시하고 그대로 발차할 수 있는 것이다. 그동안 열차 도착 후 기관차를 가선이 없는 하역선으로 입환하여 환적작업을 했으나 출발·도착선을 정전시킴으로써 입환작업 없이 하역을 할 수 있게 되었다. 2024년 현재 E&S 타입의 역은 전국에 31개 역이 있으며 역 구내에서의 복잡한 입환 작업이 필요 없기 때문에 대폭적인 리드 타임의 단축과 비용 절감을 가져오고 있다. 또한 E&S 타입의 역에서는 종래 타입의 역과는 달리 컨테이너를 본선 열차에 직접 실을 수 있기 때문에 지입마감 시간에 여유가 생겨 출발과 도착 모두 원활한 하역 작업을 실시할 수 있게 되었다. 종래 타입의 역에 비해 E&S 타입의 역은 단순하기 때문에 E&S화에 의해 필요 없는 용지를 확보하여 용지 일부는 구 국철의 장기채무 상환에 충당되었다. 장기채무 상환에 충당된 구 국철 용지의 대부분이 화물역 집약에 의한 것이었다. 도쿄의 구 시오도메역이나 오사카의 구 우메다 화물역의 철거지는 재개발 사업에 의해 현재는 시오도메시오사이트, 우메키타로서 새로운 거리로 재탄생했다.

② 하역기계의 강화

하역기계의 강화는 하역 작업 시간의 단축으로 이어져 매우 중요하다. 제2차 세계대전 전에서는 1톤 컨테이너의 하역 설비로서 겐트리크레인이 이용되고 있었다. 세계대전 후에는 컨테이너 수송이 본격적으로 시작되어 5톤(길이가 12ft) 컨테이너가 중심이 되어 하역 작업은 기동성이 좋은 지게차나 자동차 크레인에 의해 수행되었다. 1960년대 후반부터 프레이트 라이너가 운행되면서 기존의 5톤 컨테이너와 새롭게 10톤 컨테이너가 사용되게 되었다. 이에 따라 10톤 컨테이너용 대형 지게차가 도입되었고 그 후 물류 개선의 중요한 수송 기자재인 컨테이너의 사양·규격의 재검토가 시행되어 12ft 컨테이너 외 트럭수송에 대한 경쟁력 향상을 위해 새롭게 31ft의 대형 컨테이너가 규격화되었다.

JR화물이 소유하는 컨테이너 대부분은 12ft이지만, 화주 기업에 있어서 바람직한 것은 대형 트럭과 적재용량이 거의 같은 31ft 컨테이너이다. 31ft 컨테이너는 지게차 하역에 적합한 윙 기능이 있기 때문에 출하단위나 포장 모습을 변경하지 않고 철도 컨테이너 수송으로의 모달 시프트가 가능해진다. 화주의 요구에 대응해 가기 위해 JR화물은 31ft 컨테이너를 대폭 증가시킬 필요가 있다.

JR화물은 파렛트 이용에 관한 부담 경감을 목적으로 화물역 구내에 설치된 파렛트데포(통칭 '역 파렛트')에서 파렛트의 대여 및 반납을 할 수 있도록 했다. 또한 철도 컨테이너의 적재 효율 향상과 화물 사고방지를 위해 컨테이너 내에서 활용하는 폴드 데크(2단 적재 기재)의 대여도 실시하고 있다(**〈그림 3-22〉**).

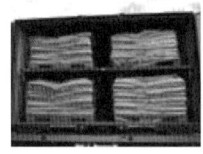

〈그림 3-22〉 폴드 데크(이단 적재 기자재)

JR화물은 31ft 컨테이너 등 대형 컨테이너의 하역용 기계로서 탑 리프터(탑 핸들러 또는 리치스태커)를 도입했다. 지게차는 컨테이너를 기울여 하역 작업을 하기 때문에 하역 작업 중 컨테이너 내 화물을 파손시킬 우려가 있다. 반면 탑 리프트는 수평하역을 하기 때문에 화물에의 충격을 경감시키는 이점이 있으며 또한 탑 리프트는 하역 작업 중에 가선에 접촉하지 않도록 상승량을 제한시키는 안전장치가 장착되어 있어 E&S 타입의 역에서 가선 아래에서의 작업이 가능하다. 2024년 현재 탑 리프트는 약 60개 역에서 합계 107대가 도입되고 있는데 E&S역 확대와 함께 더 늘리는 것이 바람직하다.

(4) 정보시스템의 개발

JR화물은 2005년부터 철도 컨테이너 수송의 종합적인 관리 시스템인 'IT-FRENS & TRACE 시스템'을 사용하고 있다. 'IT-FRENS 시스템'은 운송사업자의 예약 작업의 경감과 화주에의 신속한 대응을 목적으로 1994년부터 사용되고 있던 열차수송예약 시스템 'FRENS(Freight Information Network System)'를 개량한 것이다. 구체적으로는 자동형태 조정기능에 의해 가급적 빨리 도착해야 하는 컨테이너와 늦게 도착해도 상관없는 것을 자동적으로 배분하는 것이 가능해져 보다 효과적으로 운송하는 것이 가능해졌다.

'TRACE(Truck and Railway Combinative Efficient System) 시스템'은 GPS와 ID 태그(무선 IC 태그)를 조합하여 화물역 구내에서의 컨테이너 하역기계의 작업을 관리하는 시스템이다. 이 시스템에 의해 화물역 구내에서 컨테이너의 위치 파악이 수십 cm 단위로 가능해져 하역 시간의 단축과 수송의 정확성을 높였다.

이러한 시스템의 가동으로 지금까지의 '경험과 감'에 의지해 온 낡은 업무처리 방식 구조가 '시스템에 의한 자동화'로 진화하였다.

4. 타 수송기관과의 경쟁 및 협동 수송

(1) 제2차 세계대전 이후 국내 화물수송과 화물철도의 쇠퇴

종전 직후인 1946년 국내 화물수송의 톤·킬로 기준 분담률은 화물철도가 64%, 내항 해운 28%, 트럭수송은 불과 7%였다. 국철의 분담률이 높은 이유로는 제2차 세계대전에 의한 내항 해운의 피해가 심했다는 점, 트럭수송이 필요로 하는 도로가 발달하지 못했다는 점을 들 수 있다. 이와 같이 화물철도는 일본의 전후 부흥을 담당하고 있었지만, 항만이 복구되자 내항 해운은 본래의 장거리·대량 수송의 역할을 회복하여 1960년에는 톤·킬로 기준으로 화물철도를 앞질렀다. 또한 1950년대 후반부터 자동차 시대의 진전에 의해 트럭수송은 단기간 내에 장거리 수송까지 진출하여 1966년에 톤·킬로 기준으로 화물철도를 앞질렀다.

그 후 화물철도의 수송량은 1970년의 624억 톤·킬로를 정점으로 계속 감소하여 1985년의 분담률은 5%가 되었다. 화물철도를 쇠퇴시킨 이유로 도로·항만의 정비, 에너지 혁명의 진행에 따른 내륙·국내원료 의존형에서 임해·수입원료 의존형으로의 변화 등을 들 수 있다. 특히 화물철도 수송의 중심이었던 석탄 수송이 1960년부터 1975년까지 15년 동안 약 6분의 1까지 감소하였다. 수입원료로 가공된 제품은 임해에서 내항 해운으로 수송되었으며, 또한 일본의 경제 성장의 주력이 된 가공 조립형 산업은 소량 다빈도의 수송에 최적인 트럭수송이 담당하였다.

산업구조의 변화 속에서 트럭수송 및 내항 해운의 수송량은 순조롭게 증가하였으나, 화물철도의 수송량은 반대로 감소하였다. 컨테이너나 석유, 시멘트 등의 수송은 비교적 적은 감소였지만, 화차조차장을 경유한 집결 수송은 수송시간이 길고 도착일의 확정이나 저렴한 운임 등의 요구에 대응하는 것이 곤란했기 때문에 급속히 경쟁력을 잃었다. 수입의 부진 등에 의해 국철은 1969년 누적 손실을 발생시키는 사태를 맞이했고, 1973년 석유 파동으로 운영 비용이 급증하고 국철의 경영 상황이 점점 악화하자 1975년부터 1984년까지 8차례에 걸친 운임 제도의 개정이 이루어졌다. 또한 이 시기에는 국철의 노사관계가 악화되어 노동쟁의가 빈발하였고, 화물열차의 운휴 및 대폭 지연이 증가하여 가격 경쟁력 저하와 이용자의 신뢰를 크게 잃었다. 특히 1975년 11월에는 국철 전 열차가 8일간 운행을 중단하는 사상 초유의 파업이 벌어져 368만 톤의 화물수송에 영향을 미쳤다. 이 파업으로 화물철도 이탈이 급속히 진행되어 트럭수송을 성장시키는 계기가 되었으며, 이에 따라 일본의 화물수송(톤·킬로 기준)에서 차지하는 화물철도의 분담률은 1955년 52%에서 20년 후인 1975년에는 13%까지 낮아져 화물철도의 시장성이 약화되었음을 알 수 있다. 〈표 3-22〉는 화물철도의 쇠퇴 요인을 국철의 조직 내, 조직 밖으로 나누어 정리한 것이다.

〈표 3-22〉 화물철도의 쇠퇴 요인(조직 내·조직 외)

조직 내 요인	조직 외 요인
• 노조의 강한 저항 때문에 가격 경쟁력을 높이기 위한 근대화·합리화가 늦어짐. • 여객열차의 큰 폭의 확대로 속도가 느린 화물열차가 열차운행을 중단하면서 수송시간이 더 길어짐. • 종적 관계가 강해 진정한 고객 중심 경영이 어려움 • 상품 제작 및 판매 전략이 불충분, 경영력 부족 • 시장 동향을 고려하지 않고 잦은 운임 인상 실시	• 운수 정책의 중점이 도로·항만의 정비에 놓여 고속도로나 국도망이 급속히 정비됨(트럭수송의 편리성은 대폭 향상). • 트럭수송을 전제로 하는 물류 시스템 확립 • 석유와 천연가스 등의 에너지 전환이 진행되어 철도의 주요 수송 품목이었던 석탄 생산 격감 • 중공업에서 전자공업으로의 산업구조 변화로 트럭수송용 소형·경량 화물 증가 • 항만과 임해공업지대의 정비가 진행되어 대량의 원재료나 연료는 해상수송으로 전환

(2) 프레이트 라이너의 등장

1960년대 이후 일본은 고도 경제 성장에 의해 물동량은 증가하는 경향이 나타났지만, 국철의 화물수송은 유연하게 대응할 수 없어 어려운 상황에 직면해 있었다. 전술한 바와 같이 1959년에는 5톤 컨테이너가 시작되었고, 같은 해에는 도쿄~오사카 간에 최초의 컨테이너 전용 열차(명칭은 '다카라호')에 의한 수송이 시작되었지만, 트럭과의 본격적인 협동 일관 수송에는 이르지 못했다.

컨테이너는 대차에서 분리가 가능한 다양한 화물을 담기 위한 규격화된 상자로

박스 그대로의 이동이 가능해 포장비용이 최대한 억제되며 운송 도중의 손상도 적다는 장점이 있다. 더욱이 지게차를 통한 하역으로 화물철도와 트럭 사이에 있어서 환적의 효율을 향상시킬 수 있고, 발송·도착지 간의 일관수송에 의해 수송비용의 삭감이 기대된다. 국철재정재건추진회의(1968년 설치)에서 심의된 결과, 프레이트 라이너 방식을 축으로 한 수송 근대화가 권장되었다. 프레이트 라이너 방식이란 대량 고속성을 가진 화물철도와 기동성을 가진 트럭사업자와 연계한 협동 일관 수송서비스로 1965년 영국에서 시작됐다. 프레이트 라이너는 컨테이너 차량의 고정편성에 의한 거점 간 수송을 대량·고속·직행으로 실시하는 정기편인 것이 특징이며, 화물열차의 여객열차화라고 할 수 있다. 일본에서는 토메이고속도로가 개통하기 직전인 1969년 4월부터 도쿄~오사카 간에 5 왕복의 프레이트 라이너의 영업이 시작되었다. 운행 초기에는 컨테이너 총수송량의 15%에 불과했으나, 3년 후인 1972년에는 22개 구간 75개를 운행하여 총수송량의 약 50%를 차지하게 되었다.

프레이트 라이너는 컨테이너운반차 고정편성을 통한 거점 간 직행으로 저녁 시간 출발, 이른 아침 도착을 기본으로 하는 야간대 고속운전이 이뤄졌다. 프레이트 라이너와 기존 컨테이너 전용 열차의 차이는 화물역에서의 집배 거리를 20km에서 30km로 확대하고 트럭사업자가 화물철도를 이용할 수 있게 된 점이다. 프레이트 라이너의 운행에 맞춰 물류의 대동맥인 태평양 벨트 지대의 4지구(도쿄, 나고야, 오사카, 후쿠오카)에 건설 예정이었던 화물조차장은 고도의 하역 기능을 가진 프레이트 라이너 전용 복합기지로 변경되었다.

수송기지의 대량, 집중적으로 발착하는 컨테이너의 하역 작업 및 수송기지·컨테이너 영업시간의 이송작업 등을 효율적으로 실시하기 위해 화물철도와 트럭수송이 일체가 되어 이들 업무를 일원적으로 운영하는 체제가 필요하다. 이를 위해 국철과 통운사업자는 공동 출자에 의해 업무의 일원적인 운영을 시행하는 일본프레이트라이너주식회사를 설립했다.

프레이트 라이너의 명칭은 컨테이너 전용화물 열차를 중심으로 한 거점 간 직행 수송체계로의 변혁에 의해 1980년에 소멸되어 고속 컨테이너 열차로 재편성되었다.

(3) 화물철도에 의한 국제물류

해외와의 물류에 있어서 비행기나 선박, 트럭, 화물철도라고 하는 복수의 수송기관을 조합하여 화물을 운반하는 것을 '국제복합 일관수송(인터모달 수송)'이라고 부른다. 한국이나 중국 등의 동아시아권과 일본 간에서 국제물류와 국내물류를 일체적으로 고려한 신속하고 연속성 있는 물류를 목표로 하여 JR화물은 일본 국내와 같은 다빈도·소량으로 정시성이 높은 수송서비스 'SEA&RAIL 서비스'를 제공하고 있다. 이 서비스에서는 페리나 고속 RORO선 등에 의한 해상수송과 고속화물수송과의 연결을 통해 '배보다도 빨리, 항공기보다도 싸게'를 캐치프레이즈로 하고 있다. 한일 RAIL-SEA-RAIL 서비스에서는 한국철도공사와 제휴하여 2006년부터 화물철도의 우위성을 최대로 발휘한 복합 일관 수송을 실현하였는데, 이 서비스는 국제물류에서 JR화물의 12피트 컨테이너(적재중량 5톤)를 수송하는 첫 사례이며, 소량 단위화물에서 사용하기 쉬운 Door to Door 서비스이다(수송일수는 최단 4일). 해상 교통은 부산~하카타·시모노세키·오사카의 3개 노선을 이용하고 그중 부산~하카타는 매일 운항의 고속 페리(뉴카멜리아호)를 이용하기 때문에 1일 SEA&RAIL 서비스를 제공할 수 있었다(**〈그림 3-23〉**). 선박 이름인 카멜리아(Camellia)는 영어로 한국 부산광역시의 시화인 동백나무를 뜻한다.

한편, 하카타(후쿠오카시)의 시화는 쓰바키과의 산차화(사잔카)이며, 이 페리가 한일 교류의 가교로서의 정기항로가 될 수 있도록 양 시에 공통되는 시꽃으로 명명되었다. 화물철도의 수송구간은 한국 국내에서는 부산진역에서 의왕역, 일본 국내에서는 후쿠오카 화물터미널역에서 일본 국내 전역으로 되어 있다. SEA&RAIL 서비스는 일본의 항만까지는 해상수송을 하고, 일본 국내는 환경친화적인 화물철도의 수송을 이용하고 있어 현시점의 동아시아권과 일본을 연결하

<그림 3-23> JR화물과 국제 페리의 연계사례(한일 간) 뉴카멜리아호와 수송시간

는 모든 국제 일관수송 중에서 가장 환경 영향이 적은 그린 물류라고 생각된다.

5. 장래 화물철도의 역할

(1) 환경문제

JR화물은 2022년 물류 전체의 탈 탄소화 및 일본 정부가 정하는 2050년 탄소 중립을 시작으로 한 녹색 사회의 실현에 공헌하기 위하여 'JR화물그룹 탄소 중립 2050'의 수치 목표와 로드맵을 공표했다. 2013년의 이산화탄소 배출량을 기준으로 2030년에는 JR화물그룹에서 50% 삭감, 2050년에는 JR화물그룹 전체에서 실질 제로('0')를 목표로 했으며, 배출량 삭감에는 에너지 절약 시책의 추진과 재생 가능 에너지를 활용하여 추진하는 2종류가 있다.

에너지 절약 시책 추진의 구체적인 방안으로는 ① 차세대 에너지 절약형 차량의 적극적인 도입, ② 건물·설비의 에너지 절약기술 도입 및 전철화 추진, ③ DX 등에 의한 열차운전 및 역 구내 작업의 효율화 등 3가지를 들 수 있다. ①에는 수송력을 증강하면서 환경부하를 저감하기 위하여 하이브리드 기관차의 도입이나 회생 제동 장치를 채용한 신형 기관차의 개발 등을 들 수 있다. ②에는 하역 작업에 사용하는 지게차의 에너지 절약화(이산화탄소 배출량 삭감)나 화물역 구내조명의 에너지 절약화(소비 전력이 적고 수명이 긴 LED 조명의 도입) 등을 들 수 있다. ③은 운전자보조시스템인 PRANETS(Positioning System for Raik Network and Safety Operating)를 활용한 운전자 정보 제공 추진을 들 수 있다. PRANETS란 운전사의 휴먼에러 방지를 목적으로 모니터 화면이나 음성에 의하여 운전사에게 서행 구간의 예고나 제한속도 주의 환기 등을 실시하는 '운전사 지원 기능' 외에 GPS에 의해 관측되는 열차의 위치 정보 등을 수집하여 열차의 위치 정보나 지연 시분 등의 제공을 실시하는 '열차 위치 정보 파악 기능'을 가지는 시스템이다.

재생에너지 활용 추진의 구체적인 방안으로는 ① 재생에너지 전력 도입, ② 대체 액체연료 도입 등 2가지를 들 수 있다. ①에는 재생에너지 전력 중 태양광 발전의 PPA(전력구입 계약), ②에는 이산화탄소의 배출 제로가 되는 바이오 연료나 수소연료전지의 활용을 들 수 있다.

그 외에 JR화물이 추진하는 환경 대책의 하나로 에코레일 마크(Eco Rail Mark) 사업을 들 수 있다. 에코레일 마크 사업은 일정 비율 이상으로 화물철도의 수송을 이용하고 있는 경우에 에코레일 마크의 인정을 받을 수 있는 구조로서 2005년부터 국토교통성과 화물철도협회에 의해 시작되었다. 그동안 기업들이 친환경 화물철도 수송에 나섰다고 해도 일반 소비자들은 상품이 어떻게 수송되는지 알 수 없어 기업들의 노력이 잘 나타나지 않는 문제가 있었다. 인정을 받은 상품은 〈그림 3-24〉의 에코레일 마크를 표시할 수 있어 그 기업이 환경에 대처하고 있다는 것을 소비자에게 알리고 상품을 선택받을 수 있을 것으로 기대된다. 인정되는 상품의 기준은 500km 이상 육상화물수송 중 화물철도를 30% 이상 이용하고 있는 상품으로, 에코레일 마크 사업은 환경문제를 대처하는 기업과 소비

〈그림 3-24〉 에코레일 마크

자가 하나가 된 노력이라고 할 수 있다.

(2) 모달 시프트의 추진

일본에서는 2024년 이후 트럭 운전자의 시간 외 노동시간 상한 규제로 인해 수송력 부족이 우려되고 있는데 지금 그대로 방치하면 2030년에는 수송 능력의 약 20%가 부족해진다고 하는 예측 결과도 있다. 또한 일본 정부가 정한 2050년 탄소 중립 실현을 위해 트럭수송에서 화물철도수송으로의 모달 시프트는 필요 불가결하다고 생각한다. 그런데 1985년 이후의 화물수송이 차지하는 철도의 점유율에 큰 변화가 보이지 않아 모달 시프트가 진전되고 있다고는 말하기 어렵다. 화주기업에 있어서 화물철도는 트럭에 비해 본질적으로 사용하기 어려운 것이 되어 있지 않을까? 모달 시프트를 촉진하는 데 있어서 화물철도를 이용하기 쉽도록 역의 근대화, 컨테이너나 하역기계의 대형화라고 하는 인프라의 정비 등이 요구된다. 여기에서는 JR화물의 모달 시프트 촉진의 대책을 소개한다.

첫 번째로 '화물역의 고도 이용에 의한 물류 결절점 기능의 강화'가 있다. 구체적으로는 '레일 게이트(Rail Gate)'라고 불리는 다중임차형 대규모 창고나 역내·역 지하 창고의 개설, 환적 스테이션의 설치를 통하여 트럭 운전사의 부담 경감이나 물류 효율화에 공헌하는 것과 동시에 물류 결절점의 강화를 통하여 연속적인 물류 네트워크의 실현이 기대된다.

두 번째로 '새로운 수송서비스의 전개'가 있다. 구체적으로는 블록 트레인과 정온 화물열차의 신설이다. 블록 트레인에는 열차 1편성 또는 일부 전세 수송전용 블록 트레인과 여러 기업이 공동으로 철도 컨테이너 수송을 활용하는 혼재 블록 트레인이 있다. 정온 화물열차는 식품, 의료품, 정밀기기 등 온도관리가 필요한 화물의 전용 열차로 열차 1편성 모두 정온 컨테이너를 적재하는 것이다. 이는 첫 번째의 물류 결절점과의 조합에 의해 운전자 부족이나 환경부하 저감에 공헌할 것으로 기대된다.

(3) 디지털전환(DX : Digital Transformation) 및 신기술 도입을 통한 화물역의 진화

화물역의 효율화나 생력화, 안전성 향상을 위해서 JR화물은 'JR화물그룹 장기비전 2030'에 대하여 스마트화물터미널 구상을 제시하였다.

'신사업·신기술에의 도전'에서는 철도 물류·부동산 사업에 이은 제3의 주요 근간이 되는 신규 사업의 창조를 목표로 한다. 또, 역 구내창고에서 컨테이너 승강장 간 컨테이너 이송에 무인운전 트럭을 활용하고 지게차 자율주행, 입환 기관차 원격조종, 하역을 자동화한 차세대 컨테이너 화차 개발, 기관차와 화차 IoT화, AI를 이용한 위험예지 등 신기술을 그룹 성장을 위해 적극적으로 활용한다.

그 밖에 컨테이너 핸들링 매니지먼트 시스템(CHMS)의 개발이나 지게차의 반자동화·가이던스 기능의 개발, 컨테이너 폐문 자동검사나 적재검사 자동화에 대한 검토, 트럭 자동운전 등의 신 물류시스템과의 제휴의 검토 등 DX·신기술을 추진한다.

지역 및 해외 진출

제1절

지역 철도의 위기와
새로운 교통정책의 전개 방식

우쓰노미야 기요히토(宇都宮浄人)

(간사이대학 교수)

일본에서는 국철의 분할 민영화 성공과 세계적인 규제 완화의 흐름을 받아, 1990년대 이후 교통정책 측면에서 규제 완화가 더욱 모색되기 시작했다. 그러나 국철 개혁 과정에서 적자 지역 노선으로 여겨졌던, 이른바 '적자 로컬선'이 폐지되는 등 지역 철도는 계속 축소되고 있었다. 이러한 상황에서 2000년대에는 지역 철도를 둘러싼 교통정책도 계속 모색되었다.

이 장에서는 먼저 일본 지역 철도의 지금까지의 경위를 개관한 후, 2000년대의 지역 철도를 둘러싼 새로운 교통정책을 모색해 본다. 또한 새로운 교통정책 하에서의 지역 철도의 움직임을 소개하고, 일본 지역 철도를 전망해보고자 한다.

1. 일본 지역 철도 형성 경위와 개관

20세기 일본의 지역 철도는 대도시권과 마찬가지로 국철의 지역 노선과 각 지역의 사철이 상호 보완하며 담당해왔다. 사철의 경우, 인구 밀도가 낮은 한산한 노선은 일본에서 모터리제이션(자동차 보급)이 확산한 고도성장기에 폐지가 진행되어, 사철이 담당하는 지역 철도는 주로 지방 도시를 중심으로 한 일정 인구 밀집 지역에만 남게 되었다.

한편, 국철의 특정 지방 교통선은 1980년대 이후 폐지가 이루어졌으나, 비교적 넓은 지역을 연결하는 노선 등은 제3섹터로서 폐지를 면한 사례가 각지에 존속했다.

그러나 20세기 말이 되면서 지역 철도는 더 어려운 상황에 처했다. 일정 인구 밀집이 있는 지방 도시권의 철도도 전혀 채산이 맞지 않게 되었고, 제3섹터로 유지된 철도도 누적 적자 속에서 근본적인 개혁을 요구받았다. 그 배경에는 몇 가지 요인이 있다.

첫 번째 요인은 자가용차의 확산이다. 지방에서는 가구당 한 대에서 개인당 한 대의 시대가 되었다.

두 번째 요인은 모터리제이션의 진행에 따른 도시 구조의 변화이다. 자가용차가 보급되면서 교외 주택지가 개발되고 교외형 상점이 등장했다. 이는 기존 철도가 새로운 토지 이용과 맞지 않게 되어, 도시 교통으로서의 역할이 제한되는 결과를 낳았다.

세 번째 요인은 이러한 모터리제이션과 도시의 교외화를 가속한 도시계획이다. 도시의 교외에 도로 네트워크를 정비하고, 중심 시가지에 있던 관공서나 병원과 같은 공공시설이 완비된 '편리한 교외'로 이전시키는 도시계획이 세워졌다. 또한 1990년대 중반에는 버블 붕괴 후의 경기 침체 속에서 여러 차례 '종합경제대책'이 추진되었고, 각지에서 공공사업으로 도로 건설이 진행되었다.

네 번째 요인은 노선 주변 인구의 감소이다. 과소화가 진행되는 중산간 지역은 물론, 도시부에서도 지방의 경우 공장의 해외 이전 등 지역 산업의 쇠퇴에 따른 고용 감소가 몇 안 되는 통근객의 감소로 이어졌다. 또한 1990년대 후반, 단카이 주니어 세대(단카이 주니어 세대란 1945년 종전 직후 태어난 베이비붐 세대인 '단카이 세대'의 자녀들로 1970~1974년에 태어난 2차 베이비붐 세대를 일컫는다)가 고등학교를 졸업하면서 통학생의 감소가 뚜렷해졌다.

다섯 번째 요인은 지역 철도 사업자 자체의 문제이다. 수익이 악화하는 가운데 '합리화'로 인해 운행 빈도가 감소하고, 무인화 등이 진행되면서 서비스가 저하되었다. 이와 같은 상황에서 제3섹터와 같은 민관 협력 사업자 중에는 위기감이 없는 경영자 아래 사태가 악화된 경우도 적지 않았다.

여섯 번째 요인은 이러한 교통 사업자의 태도를 부추긴 보조금 정책이다. 표면적으로는 독립 채산을 표방하면서도 최종적으로 수익이 맞지 않아 정부나 지방자치단체가 실질적으로 발생한 적자를 보전해 왔다.

이러한 가운데 정부가 새로 추진한 정책이 규제 완화 정책이다. 운수 사업은 세계 각국이 정부의 엄격한 규제를 받아왔다. 그러나 규제를 받음으로써 조직이 비효율적으로 되고, 산업으로서의 활력이 상실되었다. 일본의 경우 국철 민영화가 일정한 성과를 거두어 철도사업의 서비스 수준이 국철 시대보다 눈에 띄게 개선되면서, 최종 적자가 사후에 보전되는 운수 사업자에 대해서는 엄격한 시선이 주목되었다.

앞서 언급했듯이 공공교통의 쇠퇴 배경에는 '보조금에 의존하는 사업자' 자신에게도 책임이 없지 않았다. 기존 방식으로는 새로운 교통 서비스를 제공하겠다는 혁신적인 발상은 싹트지 않을 것이며, 이것이 공공교통의 쇠퇴를 가속화하고 있다는 문제의식과 경제 전반의 규제 완화를 주도하는 논조가 철도나 버스의 규제 완화 논의로 이어졌다.

1996년 운수성은 운수 사업의 '수급조정 규제의 폐지'를 내세워 신규 진입과 경쟁 촉진을 꾀하게 되었다. 이어 2000년 3월 철도사업법이 개정되어 철도사업의 수급조정 규제가 철폐되고 요금 규제가 완화되었다. 또한 철도 사업자의 퇴출에 있어서도 기존의 인가제에서 신고제로 변경되었다.

그러나 어려운 상황에 놓인 지역 철도[81]는 퇴출이 자유로운 규제 완화가 트리거가 되어 신세기에 들어서면서 폐지가 가속화되었다. 앞에 언급한 대로 폐지된 철도의 대부분은 규제 완화가 없었더라도 조만간 막다른 길에 다다랐을 것으로 보이지만, 2000년도 이후 2024년도까지 1,275km가 폐지되었고, 코로나19 팬데믹을 거치면서 노선의 존폐 논의는 더욱 확대되고 있다. 서울~부산의 거리가 400km라는 것을 생각하면 그 규모를 알 수 있을 것이다(**〈그림 4-1〉**).

'지역 철도'는 정의에 따라 다르지만, 대형 민영 철도와 공영 지하철 등을 제외한, 이른바 지방 여객 철도를 말한다.

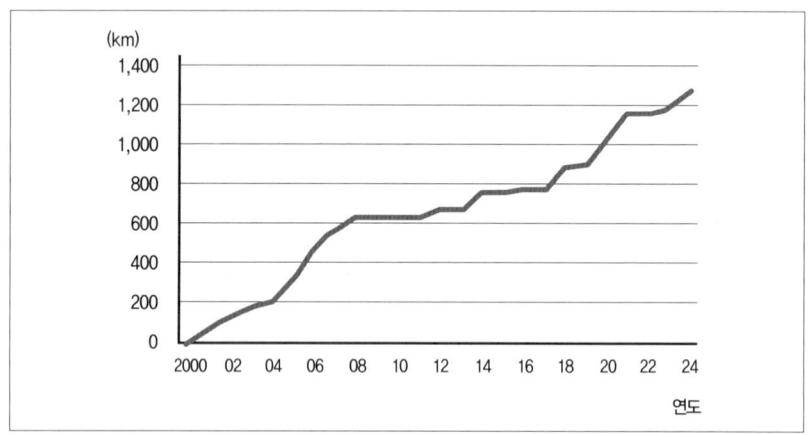

*자료 : 국토교통성 홈페이지

〈그림 4-1〉 2000년 이후의 전국 철도 폐지 노선의 연장 추이

....

81) 지역 철도라는 용어는 일본에서 대기업 민간철도사업자를 제외한 지방 여객 철도를 말한다.

2. 새로운 교통정책의 모색 – 지역 공공교통법의 성립

2000년대의 철도정책은 기존의 규제 완화 정책을 이어받는 형태로 시작되었지만, 지역 철도에는 너무나도 엄격했다. 이러한 상황에서 지역 철도에 대해서는 규제 완화와는 다른 새로운 모색이 시작되었다. 즉 공공교통을 기존처럼 민간 사업자에게만 맡기지 않고, 행정과 주민을 포함한 지역 전체의 정책으로 접근하려는 움직임이었다.

2000년대 초반 철도는 전체적으로 보면 폐선이 잇따랐으나, 일본해 쪽 호쿠리쿠(북륙) 지방의 도야마현 다카오카시에 있던 가에쓰노(加越能)철도는 사업자가 폐지 의사를 내비친 것에 대해 지역 자치단체와 시민이 일체가 된 존속 운동으로 만요선(万葉線)주식회사로 2002년에 재출발했다. 또, 같은 북륙의 후쿠이현에서는 두 차례 사고로 운행이 정지된 게이후쿠(京福)전철이 역시 후쿠이현의 전폭적인 백업과 지역 시민의 힘으로 에치젠철도로 2003년에 운행을 재개했다. 이 밖에도 2003년에 긴키일본철도에서 산기(三岐)철도로 사업이 이관된 주부 지방 미에현의 호쿠세이(北勢)선에서는 노선 주변 지자체가 용지를 보유하고, 그 외의 시설을 철도 사업자가 보유하면서 운행하는 '상하 분리'가 이루어져 그 후 지방 철도의 '상하 분리'의 선구가 되었다.

이러한 움직임과 함께 2002년 4월 국토교통성 철도국장의 검토회로서 '지방 철도문제에 관한 검토회'가 설치되어 1년간 지방 철도의 방향성이 논의되었다. 그곳에서의 검토회 보고서 '지방 철도 부활을 위한 시나리오 – 철도 사업자의 자조 노력과 국가·지방의 적절한 관여'에서는 향후 지방 철도의 방향성에 대한 '기본적인 생각'으로 다음 네 가지를 제시했다.

첫째, 지방 철도는 지역의 기초적인 사회적 인프라이며, 지역이 하나가 되어 지지하는 시각이 매우 중요하다.

둘째, 지방 중핵 도시에서는 '도시의 장치'로서 활용한다.

셋째, 수송 수요가 적고 채산성 확보가 상당히 어려운 지방 철도의 존속 여부는

하코다테전차

지역에서 판단한다.

넷째, 철도 사업자의 자조 노력과 국가·지방의 적절한 관여가 필요하다.

이는 즉 이 무렵부터 지역 철도가 '사회적 인프라' 및 '도시의 장치'로 자리 잡으면서 국가와 지방의 적절한 관여가 키워드가 되었다. 보고서에서는 "철도 사업자가 자립적인 경영을 지향하는 시각과 유럽의 철도 사정에 가까운 생각, 즉 수송밀도가 낮은 지방 철도를 유지해 나가기 위해서는 공적 부담이 필수적이라는 시각을 양립해 나갈 필요가 있다."라고도 언급하고 있다.

이 시기에는 지방 도시의 교통수단으로서 새로운 교통 시스템인 LRT(Light Rail Transit)나 BRT(Bus Rapid Transit)가 여러 방면에서 주목받기 시작했다. LRT는 차세대형 노면전차로 번역되지만, 단순히 노면전차의 차량을 새롭게 한 것이 아니라, 배리어프리와 다른 교통 모드와의 연속성을 보장하고, 전용 주행로를 기본으로 하는 새로운 중량 수송 시스템이다. 마찬가지로 BRT도 단순히 버스를 연결해 수송력을 높인 것이 아니라, 역시 전용 주행로를 기본적으로 확보하면서 버스에는 없는 속도와 정시성을 갖춘 새로운 중량 수송 시스템이다. 서울시의 BRT 도입도 널리 소개되었으며 큰 자극이 되었다.

2006년에는 도야마(富山)시에서 JR도야마항선을 LRT화한 도야마 라이트레일도 개업하여 주목받았다. 이에 따라 기존의 지방 철도의 재생에 더해 LRT나 BRT, 기타 해운 등을 포함한 지역 공공교통의 정비에 대해 국가로서 법제화하고, 보다 명확한 보조사업을 세운 것이 2007년의 '지역 공공교통의 활성화 및 재생에 관한 법률(이하 지역 공공교통법)'이 시행된 것이다.

신법하에서는 기존 교통 배리어프리 법에 근거한 '이동 원활화' 등의 보조로 담당된 커뮤니티 버스의 지원도 2008년도부터 '지역 공공교통 활성화·재생 사업'으로 재편되었다. 또한 민간 사업자가 담당했던 지역 공공교통의 활성화와 재생을 행정과 지역 주민과 일체가 되어 포괄적으로 수행하려는 흐름이 되었다. 이는 도시 만들기와 교통정책이 연계된 일본 최초의 법률이라 할 수 있다.

하지만 앞서 언급했듯이 철도 폐선은 계속되는 가운데 도야마시 이후 LRT의 논의는 각지에서 이루어졌으나, 실현된 사례는 2023년에 개업한 도쿄 북부, 도치기현의 하가·우쓰노미야 라이트레일까지 기다려야 했다.

3. 교통정책 기본법의 경위

교통 문제를 단편적인 대응이 아닌 도시 만들기와 일체화된 교통정책으로 추진하기 위해 지역 공공교통법 성립 6년 후에 새로 시행된 것이 교통정책 기본법이다. 여기서는 교통정책 기본법이 시행되기까지의 움직임을 살펴보겠다.

일본에서도 교통에 대해서는 오래전부터 다양한 법률이 존재해 왔다. 교통은 안전 규제 등 엄격한 사회적 규제가 필요하므로 철도사업법과 도로 운송법에 따라 각각의 사업이 규정되었다. 공적으로 정비된 도로에 대해서는 도로 자체를 관리하기 위한 도로법이 있는 한편, 공안위원회에서는 도로교통법을 정하여 도로교통의 안전과 원활한 운행을 위한 규정을 마련하고 있다. 또한 교통안전이라는 점에서는 도로교통뿐만 아니라, 널리 교통안전에 관한 제도의 확립, 교통안전 계획의 수립을 위한 기본법으로 교통안전 대책 기본법이 이미 존재하고 있다. 시대의 변화에 따라 교통 배리어프리 법과 같은 복지 정책적인 관점을 도입한 법률도 등장하고 있다.

그러나 이들 법률은 교통사업 규정, 교통 인프라로서의 도로 관리, 또는 교통안전법 등 기본적으로는 세로로 나누어진 제도로 남아 있다.

한편, 지역 철도를 포함한 지역 공공교통이 쇠퇴하는 가운데, 도시 만들기라는 관점에서 교통을 정책적으로 위치시키기 위해서는 도시계획과의 관계가 불가분하다. 일본의 경우 공공교통이 민간 사업자에 의해 운영되기 때문에, 대도시권에서는 철도회사 자체가 부동산 개발업체로서 노선 개발을 통해 도시를 만들어 왔다는 경위가 있다. 그러나 인구 감소하에, 특히 대도시권 이외에서는 지역 철도가 그러한 개발을 담당할 수 없다. 또한 지속 가능한 도시라는 관점에서 보더라도 지역 철도를 중심으로 공공교통을 핵심으로 한 도시 만들기가 필요해졌다.

교통에 관한 기본법이 필요하다는 생각은 1980년대부터 연구자들 사이에서 논의되어 왔다. 특히 1982년에 제정된 프랑스의 '국내 교통 기본법(LOTI, loi d'orientation du transport intérieur de 1982)'에서 '교통에 관한 권리(droit au transport, 이하 교통권이라고 한다)'라는 개념이 포함되었기 때문에, 일본에서도 이러한 생각을 적용하려는 움직임이 학회 수준에서 있었다.

이러한 '교통권'을 '이동권'이라 부르고 교통 기본법을 제정하려는 움직임은 야당이었던 민주당·사회민주당의 의원 입법으로 시작되었으며, 첫 법안은 2001년 국회에 제출되었다. 하지만 당시 정치 정세에서는 법안이 성립될 가능성은 없었고, 2006년에 다시 지방 분권 등을 포함한 수정 법안을 제출했지만 그대로 폐기되었다. 다만, 교통에 관한 기본 이념을 정리할 필요가 있으며, 법제화도 필요하다는 생각은 결코 야당의 자의적인 움직임이 아니다. '교통권'이나 '이동권'이라는 용어에는 찬반이 있었지만, 교통, 특히 사람들의 생활에 필수적인 공공교통이 계속해서 폐지되어 가는 사태에 대해 행정으로서도 눈앞의 대응이 아닌 큰 방향성을 제시해야 한다는 흐름에 있었다. 국토교통성에서는 내부적으로 프랑스의 국내 교통 기본법과 영국의 2000년 교통법(Transport Act 2000)의 공부를 시작하며, 새로운 제도 구축의 이론적 준비를 시작하였다.

2009년 9월 자민당에서 민주당으로의 정권 교체가 이루어지면서 2009년 11월 전 마에하라(前原) 대신이 참석한 가운데 교통 기본법 검토회가 시작되었다. 이때 민주당은 야당 시절의 법안을 재제출하는 것이 아니라, 교통에 관한 기본 이념을 처음부터 정리하고 법제화하려 했다. 그리고 초당파의 '신교통 시스템 의회 연맹'도 교통 기본법 성립을 목표로 한 긍정적인 공부를 시작했다.

교통 기본법의 제정에 있어서는 정부의 교통 기본법 검토회와 공공 의견을 토대로 2011년 3월 교통 기본법안이 각의 결정되었다. 그 법안에는 '교통권'이나 '이동권'이라는 문구는 사라졌지만, 교통에 대해 "국민의 교통에 대한 기본적인 수요가 적절하게 충족되어야 한다."(법안 제2조)로 규정하며, "교통의 기능 확보 및 향상이 도모되어야 한다."(법안 제3조)라고 요구하여, 수익성을 기준으로 교통의 존폐를 생각하는 기존의 원칙과는 선을 그었다. 또한 "교통에 관한 시책의 추진은 도시 만들기, 관광입국의 실현 등 관점을 바탕으로 해당 시책 상호 간의 연계 및 관련된 시책 간의 연계를 도모해야 한다."(법안 제6조)라고 명시되어 있으며, 법안의 핵심은 도시 만들기와의 연계가 포함되었다.

일본에도 기본법이 시행될 것이 확실시되었으나, 각의 결정 3일 후인 2011년 3월 11일에 발생한 동일본 대지진으로 논의는 중단되었다. 1년 이상 경과하여 중의원 심의가 시작되었으나, 그 시점에서 여당인 민주당의 정치적 기반이 무너져 정권 교체와 함께 교통 기본법은 폐기되었다.

2012년 정권 여당은 민주당에서 자민당으로 바뀌었으나, 본래 교통 기본법을 제정하는 것 자체는 정치적 입장과 관계없이 널리 받아들여졌다. 오히려 동일본 대지진을 겪으며 지역과 교통 문제는 더 사람들에게 인식되었다. 재해 시 대응이라는 관점에서 교통의 역할에 대한 중요성이 주목받게 되었다. 이런 상황 속에서

2013년 11월 이전의 교통 기본법안을 기반으로 하면서도 재해 시 대응 등을 새롭게 포함한 교통정책 기본법이 자민당 정권 아래에서 각의 결정되었다. 지방을 선거 기반으로 하는 의원이 많은 자민당에 있어 지역 공공교통 문제는 오히려 심각한 문제였다. 중의원, 참의원의 심의도 특별히 반대 의견이 나오지 않아 같은 해 12월 즉시 시행되었다.

4. 교통정책 기본법과 관련 법안

교통정책 기본법은 당초의 교통 기본법안과 비교하여 새로운 조문이 추가된 부분도 있지만, 기본적인 사고방식은 변하지 않았다. 교통 기본법안과 마찬가지로 제2조에서는 '교통에 관한 시책 추진에 있어서의 기본적 인식'으로 규정하며, '교통에 대한 기본적 수요의 충족'(제2조)이라는 기본 이념을 제시했다. 이어서 교통 기능의 확보 및 향상(제3조), 환경 부담의 저감(제4조), 적절한 역할 분담과 연계(제5조·제6조), 교통의 안전 확보(제7조) 등의 조문이 나열되었다.

제3조의 교통 기능의 확보 및 향상은 당연한 것으로, 제4조에서 교통으로 인한 환경 부담의 저감을 명확히 함으로써 자동차에 지나치게 의존하는 사회를 재검토하고, 제5조에서 자동차뿐만 아니라 보행과 자전거부터 공공교통까지 교통수단의 역할 분담과 연계를 기술한 점은 지금까지의 교통정책의 전환을 보여준다. 또한 제6조는 앞서 기본법안과 동일한 문구로 "교통에 관한 시책 추진은 도시 만들기, 관광입국 실현 등 관점을 바탕으로 해당 시책 상호 간의 연계를 도모"하도록 명시되어 있다. 이는 교통이 도시 만들기와 일체임을 나타내는 교통 도시 만들기의 핵심 개념이다.

교통정책 기본법에서는 구체적인 시책에 대해 '교통정책 기본 계획'의 각의 결정과 실행(제15조)이 요구된다. 2014년에 제1차 교통정책 기본 계획, 2021년에는 제2차 교통정책 기본 계획이 수립되었으며, 수치 목표도 제시되었다. 지역 철도와 관련된 시책으로는 승강구에 단차가 없는 저상식 노면전차의 도입 비율을 2020년도 약 34%에서 2025년도에는 42%로 끌어올리는 목표가 있으며, 콤팩트 시티 전략으로 지역 공공교통 계획을 입지 적정화 계획과 연계하여 수립하는 시정촌 수를 2020년도 257개 시정촌에서 2025년도에는 400개 시정촌으로 늘리는 것도 목표이다.

한편, 지역 공공교통 계획은 앞서 언급한 2007년 시행의 지역 공공교통법하에 새롭게 지역에서 정할 수 있는 계획이다. 교통정책 기본법 자체는 기본법의 성격상 예산 조치를 수반하는 구체적인 시책은 제시하지 않으므로, 2014년 지역 공공교통법과 도시 재생 특별조치법을 개정하여 콤팩트 시티로의 각 자치단체의 노력을 교통 계획과 도시 계획 양면에서 국토교통부가 지원하는 체계를 만들었다. 입지 적정화 계획에서는 일단 교외에 행정 시설이나 병원을 콤팩트 시티 이념에 따라 유도하는 등의 내용이 포함되어 있으며, 이때 사람들의 이동 수단으로서 편리한 공공교통이 필수적이다. 즉 확실한 지역 공공교통 네트워크가 있어야만 달성된다는 인식이다.

그러나 콤팩트 시티를 향해 지역 공공교통이 정비되었다고는 반드시 말할 수

가마쿠라고교마에역 노면전차

없다. 코로나19 팬데믹을 거치면서 오히려 지역의 공공교통 운행이 더욱 어려워진 사례도 많다. 이 같은 상황에서 지역 이동을 보장하기 위해 국가와 지방공공단체가 지역 공공교통에 주도적으로 관여할 필요가 커졌다. 이에 따라 지역 공공교통법의 2020년 개정에서는 지역 공공교통 계획 수립이 지방공공단체의 노력이자 의무가 되었다. 또한 2022년 개정에서는 목적 규정에 자치단체·공공교통 사업자·지역의 다양한 주체의 '연계와 협력'이 추가되었으며, 국가의 노력이자 의무로서 '관계자 상호 간의 연계와 협력 촉진'이 추가되었다. 또한 지방공공단체나 철도 사업자는 국토교통 대신에게 지역 철도의 방향성을 협의하는 '재구축협의회'의 조직을 요청할 수 있게 되었다. 지역 철도 운영에 대해 국가나 지방공공단체의 보다 깊은 역할이 요구되게 된 것이다.

5. 지역 철도의 새로운 움직임

교통 기본법 논의를 거쳐 교통정책 기본법이 제정되면서 변화도 있었다. 2010년대 중반 이후 감소를 계속해온 지역 철도 이용자도 일단은 감소세가 멈

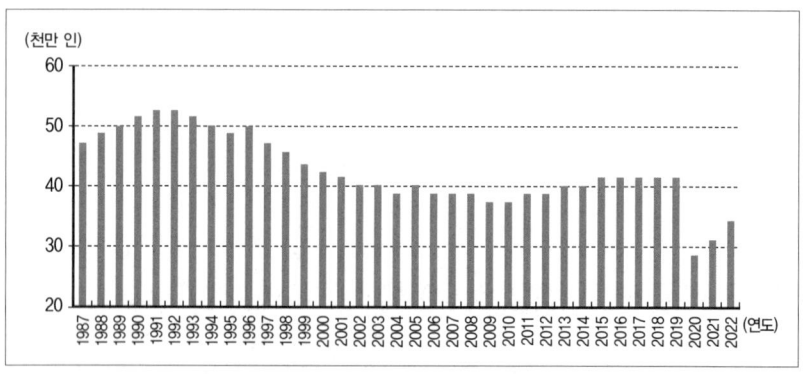

*출처 : 국토교통성, 《2023年版交通政策白書》

〈그림 4-2〉 지역 철도의 수송 인원 추이

췄다(〈그림 4-2〉). 코로나19 팬데믹으로 다시 어려운 상황에 처해 있지만, 여기서는 일본의 지역 철도 재생의 움직임을 소개하고자 한다. 일본 최초의 LRT를 도입해 선구자가 된 도야마(富山) 라이트레일, 사장을 공모하여 폐선 위기에서 부활하고 동일본 대지진의 피해도 극복한 히타치나카 해변철도, 지역 공공교통망 형성 계획(현 지역 공공교통 계획)의 제1호가 된 두 철도, 요카이치(四日市) 아스나로철도 및 교토(京都) 단고(丹後)철도, 그리고 2023년에 개업한 하가(芳賀)·우쓰노미야(宇都宮) 라이트레일까지 총 5개의 사례를 소개한다.

도야마(富山) 라이트레일

도야마현은 일본해에 위치하며, 가구당 자가용 승용차 대수도 1.71대로 전국 2위를 차지할 정도로 자가용차 의존도가 높은 현이다. 현청 소재지인 도야마시는 인구 42만 명을 가진 전형적인 지방 도시이다. 확산된 도시를 변화시키기 위해 2006년 개정된 중심 시가지 활성화법에 따라 콤팩트 시티 계획을 제시했다.

도야마시는 자가용차 의존도는 높지만, 기존 철도와 궤도 노선망이 발달해 있는 도시이다. 2006년 초 당시에는 일본해의 여러 도시를 연결하는 간선 JR호쿠리쿠 본선 외에, 도야마와 기후(岐阜)를 연결하는 JR다카야마 본선, 도야마와 외항 이와세하마(岩瀬浜)를 연결하는 JR도야마항선, 도야마에서 우나즈키(宇奈月) 온천, 다테야마(立山) 등을 연결하는 도야마 지방 철도 각 노선, 그리고 같은 도야마 지방 철도가 운영하는 노면전차 시내선이 있었다. 이 가운데 호쿠리쿠신칸센의 개통에 따른 도야마역의 고가화에 따라 JR도야마항선은 폐지 대상으로 여겨졌다. 이에 도야마시는 이를 인수하여 고가화가 아닌 일부 병용 궤도화를 포함한 전면적인 개선을 통해 2006년 4월 시가 출자한 제3섹터, 도야마 라이트레일(포트람) 7.6km를 개업했다.

또한 같은 해에는 시의 부담으로 도야마 시내를 운행하는 JR다카야마 본선에서 열차 증발 사회 실험을 개시하고 노선 주변에 파크 앤드 라이드 주차장을 설치하는 한편, 2008년 3월에는 임시로 신역(후추 우사카, 婦中鵜坂역)을 설치하는 시도도 있었다. 더불어 2009년 12월에는 기존 노면전차를 운영하는 도야마 지방 철도의 시내선을 연결하기 위해 시가 0.9km의 선로를 부설하여 순환선(센트럼)을 개업했다. 시설과 차량은 시가 건설·소유하고, 운행은 도야마 지방 철도가 담당하는 '상하 분리방식'이다. 궤도의 상하 분리는 앞서 언급한 '지역 공공교통법'에 의해 일본에서 처음 실현되었다.

도야마시는 버스 이용자에게 '외출 정기권'을 발매하여, 회원 고령자는 100엔이라는 파격적인 운임으로 시내 각지에서 중심 시가지에 접근할 수 있는 형태로 했으며, 이를 2008년에는 도야마 지방 철도의 철도선, 2011년에는 도야마 시내선과 도야마 라이트레일에도 이용 범위를 확대했다. 도야마시는 공공교통을 활용한 중심 시가지 활성화 대책을 잇달아 내놓고 있으며, 독특한 것으로는 지정 꽃집에서 꽃다발을 사면 시내 전차 등의 운임이 무료가 되는 '꽃 트램 사업'과 같은 것도 있다. 시내 호텔에 머무르면 라이트레일이나 순환선에 사용할 수 있는 공통 할인권이 배포되는 것도 환영받고 있다. 외국인의 경우는 무료이다.

여기에서는 이들을 나열하지 않겠지만, 중요한 것은 이러한 정책이 서서히 결실을 보고 있다는 점이다. 도야마 라이트레일의 경우, 과거 JR선 시대와 비교하면 운행 횟수가 크게 증가한 것 외에도 운행 시간 연장, 역 증설과 배리어프리 철저 등 편의성이 향상되어 이용자가 두 배로 증가했다. 개업부터 2018년도까지 8년간 평균으로 보면, 평일 이용자는 개업 전 대비 2.1배, 휴일은 3.9배가 되었으며, 평일 낮 시간대 고령자의 이용객도 눈에 띄게 증가했다. 도야마시의 조사에 따르면, 이용자의 약 10%는 JR 시대에 자동차를 운전했다고 답변했으며, 평일의 경우 이용자의 20%가 이전에는 이동을 자제했던 신규 고객이라고 한다. 도야마 라이트레일이 고령자의 외출을 촉진하고 있다.

또한 JR다카야마 본선에 대해서도 사회 실험 종료 후에도 이용자는 사회 실험 전과 비교해 10% 증가했고, 임시로 설치된 후추 우사카역도 상설 역이 되었다. 중심 시가지에 대한 영향이라는 점에서는 순환선 효과도 커서, 기존 도야마 지방 철도의 노면전차 이용자는 순환선 개업 당시 2009년에 비해 2012년에는 13%의

성장을 보였다. 2012년 중심 시가지 보행자 수는 2006년 대비 32% 증가했고, 빈 점포 수는 2009년 20.9%에서 19.4%로 감소했다. 그리고 콤팩트 시티 목표라 할 수 있는 인구 밀집도 고령화에 따른 자연 감소는 있지만, 전입과 전출의 차이로 보면, 중심 시가지에서는 전출 초과였던 인구가 2008년부터 전입 초과가 되었으며, 공공교통 노선 주변 지역으로 봐도 전출 초과는 감소하고 있다. 공공교통의 이용과 콤팩트 시티 형성에 대해 상당한 성과가 나타나고 있는 것이다.

2020년 도야마 라이트레일로 개업한 구간은 이전부터 존재하는 도야마 지방철도의 시내 전차와 통합되어 도야마 지방 철도 도야마항선으로 시내 전차와 직통 운전을 시작해 이용자가 더욱 증가하고 있다.

히타치나카 해변철도

히타치나카 해변철도는 도쿄에서 북동쪽으로 100km 남짓, 이바라키현 히타치나카시의 JR 가타역에서 해안선을 따라 아지가우라까지 연결하는 총길이 14.3km의 비 전철 철도이다. 히타치나카시는 1994년 이전에는 가타시와 나카미나토시로 나뉘어 있었으며, 이 노선은 해안가의 나카미나토시 주민을 JR의 간선인 조반선 연결 역인 가타역으로 운송하는 도시 간 철도였다. 경영 주체는 이바라키현에서 광범위하게 버스를 운행하는 이바라키 교통이다. 히타치나카시에는 대형 전자기기 제조업체인 히타치 공장도 있어 일정 인구 밀집이 있지만, 이바라키 교통이 합리화의 일환으로 폐지 의사를 내비치자, 지역 히타치나카시가 자가 출자하는 형태의 제3섹터 철도로서 2008년 이후 새로운 철도로 노선을 존속시켰다. 히타치나카시는 전례 없는 철도회사 사장 공모를 진행해 호쿠리쿠(北陸) 지방 만요선 재건에 힘을 발휘한 요시다 지아키(吉田千秋) 씨를 일본 최초의 공모 사장으로 맞이했다.

그 후 히타치나카 해변철도는 철도 팬에게 인기가 있는 구형 기동차를 운행해 관광객을 불러들이는 동시에, 본사가 있는 나카미나토역에서는 현지산 채소 직판회를 여는 등 공모 사장의 아이디어로 지역 밀착형 이벤트를 진행했다. 또한

2010년에는 도중 역의 열차 교환 시설을 정비했다. 폐지 직전이었던 철도가 신규 투자를 통해 열차 횟수를 늘릴 수 있게 되어 이용자 증가에 박차를 가했다.

2011년 3월 동일본 대지진에서는 노선 주변에 있던 저수지가 붕괴되어 노반이 유실되고 터널에도 균열이 생겼다. 복구비 3억 엔은 해당 철도의 연간 수익을 20% 이상 초과하는 금액이었으나, 현지 히타치나카시와 노선 주변 주민의 전폭적인 지원으로 피해 4개월 후인 7월에 전 노선 운행이 재개되었다. 이후에도 이용자는 계속 증가해 2015년도에는 새 회사 출범 이후 최고 이용자를 기록했다. 또한 히타치나카시의 혼마(本間) 시장은 종점 아지가우라에서 히타치나카 해변공원까지 약 3km의 연장 계획을 발표하고, 2020년 국토교통성에서 연장 계획이 인가되어 곧 착공될 예정이다. 폐선 위기에 처한 지역 철도가 노선 연장을 실현하게 된다면, 이는 일본 철도 역사에서도 획기적인 일이 될 것이다.

요카이치(四日市) 아스나로철도

요카이치시는 일본의 중앙 미에현에 있는 인구 31만 명의 공업 도시이다. 고도경제성장기부터 석유화학 콤비나트의 중심지이며, 나고야시로 통근하는 사람도 적지 않다. 요카이치의 철도는 JR뿐만 아니라 대형 민영 철도인 긴키닛폰철도(이하 긴테쓰(近鉄))가 사실상 간선 수송을 담당하며, 중심 시가지에 위치한 긴테쓰 요카이치역에서 긴테쓰의 지선 유노야마선, 그리고 여기서 소개할 요카이치 아스나로철도가 있다.

요카이치 아스나로철도는 2015년 4월에 시작된 회사로 요카이치에서 내부와 니시노의 두 방향으로 향하는 총 7km 철도이며, 이전에는 긴테쓰의 한 지선이었다. 이 철도회사는 긴테쓰는 JR 외에 일본 최대 노선 길이를 자랑하는 대형 민영 철도로 오사카시, 나고야시, 교토시, 나라시를 연결하며 도시권 수송도 담당하는 대기업이다.

그러나 요카이치의 한 지선은 수익성이 낮은 데다 선로 폭 762mm의 경편 철도였으며 현대화 전망도 밝지 않았다. 참고로 일본에서 현존하는 762mm 여객

철도는 요카이치 아스나로철도와 마찬가지로 미에현에 있는 산기철도 호쿠세이선 그리고 관광 철도인 도야마현의 구로베 협곡 철도 등 3개가 있다.

긴테쓰는 2012년 연간 3억 엔에 가까운 적자를 이유로 나로철도의 운행을 폐지하고, 선로를 버스 전용 도로로 전환한 BRT로 바꾸겠다고 제안했다. 이에 대해 요카이치시는 철도로 존속할 것을 요청하며 양측의 협의가 이어졌다. 이동 수단으로는 버스 전용 주행로를 확보하면 저렴한 비용으로 수요를 충족할 수 있다고 보는 긴테쓰와 피크 시 수요 대응에 대한 우려 외에도 철도가 도시에서 긍정적인 존재 가치를 발견하는 요카이치시 간의 괴리가 있었다. 7km 정도의 노선에서 연간 360만 명이 이용하는 철도는 결코 수송 밀도가 낮은 것은 아니다. 그러나 공적 자금을 민간철도에 투입하는 것을 망설이는 요카이치시와의 논의는 난항을 겪었으며, 한때는 BRT로의 재건이라는 방향으로 갈 뻔했다. 그러나 최종적으로 공유 민영방식의 상하 분리 사업으로 결정되었다. 즉 역이나 선로, 차량 등 철도 시설은 요카이치시가 보유하고, 열차운행은 긴테쓰가 75%, 시가 25% 출자하는 '요카이치 아스나로철도'가 담당한다. 철도 차량과 시설은 긴테쓰에서 요카이치시로 무상 양도되며, 철도 용지는 무상 대여로, 이를 요카이치시가 요카이치 아스나로철도에 무상 대여하는 방식이다.

요카이치시는 2014년 지역 공공교통법 개정 하에 지역 공공교통망 형성 계획(현 지역 공공교통 계획) 제1호로 인정받는 계획을 작성하고, '콤팩트 도시 만들기 추진과 교외 지역의 유지', '환경 선진 도시로의 노력'이라는 도시계획의 방침을 명확히 했다. 대형 민영 철도의 노선을 공적 자금 지원을 전제로 인수하고 철도 자산을 활용한다는 결정은 새로운 일본 지역 철도의 움직임을 상징한다.

요카이치 아스나로철도는 2015년도에서 2018년도에 걸쳐 차량 갱신을 진행해 전차 에어컨 장착 차량으로 변경하는 등 서비스 개선에도 힘쓰고 있다.

교토(京都) 단고(丹後)철도

교토 단고철도는 교토 부내에 있지만, 교토시에서 특급 열차로 2시간 정도 소

게이한 노면전차

요되는 동해 측을 달리는 총길이 114km의 철도이다. 이 철도도 요카이치 아스나로철도와 같은 시기에 지역 공공교통망 형성 계획(현 지역 공공교통 계획)의 제1호로 인정받은 계획으로, 이전에는 국철의 특정 지방 교통선을 이어받은 제3섹터 철도인 기타킨키 탄고철도(KTR)가 운영했다. 노선 주변에는 일본 삼경으로 알려진 아마노하시다테가 있으며, 교토부라는 지리적 이점이 있지만, 동쪽 기점인 마이즈루시는 한때 항만 도시로서의 번영은 없었다. 전체적으로 보면 과소화가 진행된 집락과 몇 개의 도시가 점재하는 지역으로 앞서 언급한 도야마시, 히타치나카시, 요카이치시와 같은 인구 밀집 지역은 없다. KTR은 교토부가 주요 출자자로 그 외 주변 자치단체도 출자하고 있었으나, 긴 노선을 보유하면서도 이용자 저조로 인해 일본에서 가장 적자가 많은 철도로 평가받고 있었다.

이 같은 상황에서 상하 분리로 제3섹터 철도인 KTR이 인프라를 담당하고, 운행 회사로서 새로운 사업자를 모집하는 방법이 채택되었다. 그 결과, 2015년에 새로운 운행 회사인 교토 단고철도가 시작되었다. 교토 단고철도의 운행이 흥미로운 점은 운행 회사가 기존 철도와 전혀 관계없던 고속버스 회사인 윌러익스프레스(Willer Express)가 참여했다는 것이다. 윌러익스프레스는 2000년대 규제

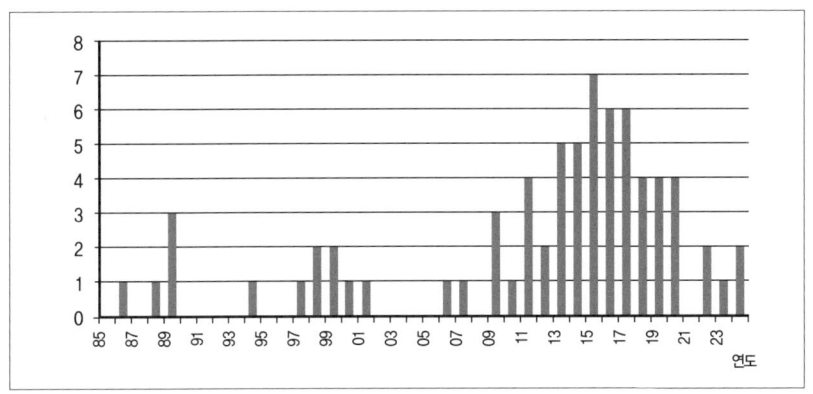

〈그림 4-3〉 개업 연도별 관광열차 수

완화의 흐름 속에서 전세 투어버스라는 형태로 도시 간 버스 수송을 시작한 뒤 고속버스 회사가 된 신흥 기업이다. 윌러익스프레스는 철도 운행 회사로서 윌러트레인즈(Willer Trains)라는 회사를 설립하고 2015년 4월부터 교토 단고철도로서 운행을 시작했다. 기존 시설과 차량의 범위에서 새로운 철도로 출발했으나 다양한 기획 승차권을 발매하고 있다. 예를 들어 편도 승차권으로 후쿠치야마에서 도요오카까지 89km를 타면 1,500엔이 드는 반면, 주말 전 구간 '가족 나들이 승차권'은 성인 1명, 소아 1명이 타고 인터넷으로 1,650엔에 구매할 수 있는 것 등이다. 홈페이지에는 '지역 가치의 향상'을 목표로 한다고도 적혀 있으며, 실제로 기존에 교류가 많지 않았던 교토부 일본해 측 각 도시 간 교류를 촉진하는 '대단철(大丹鉄) 축제'는 현지에서 호평을 받았다.

또한 교토 단고철도에는 '아카마쓰', '아오마쓰', '구로마쓰'라는 관광 열차도 있다. 이들 모두 유명 산업 디자이너 미토오카 에이지(水戸岡鋭治) 씨가 내부를 장식했으며, '구로마쓰'는 레스토랑 열차로 운행된다. 이러한 관광 열차는 교토 단고철도에 국한되지 않고 현재 일본의 지역 철도에서 유행하고 있으며(〈그림 4-3〉), 이것도 일본 지역 철도의 새로운 길의 하나로 볼 수 있다.

하가(芳賀)·우쓰노미야(宇都宮) 라이트레일

2023년 8월 우쓰노미야시에서 LRT(Light Rail Transit, 차세대형 노면전차)가 개업했다. 이는 우쓰노미야역에서 중심 시가지와는 반대인 동쪽으로 향해 인접한 하가마을까지 15km 노선으로 철도가 없었던 곳에 처음으로 LRT를 신설한 사례이다.

우쓰노미야시는 인구 51만 명, 도치기(栃木)현의 현청 소재지이다. 우쓰노미야시는 도시의 발전과 함께 순환 도로를 적극적으로 정비해 왔으나 예외 없이 도시가 교외화되었고, 한편으로 중심 시가지가 쇠퇴했다. 도시 전체가 자동차 사회가 되는 가운데 새로운 교통 도입 논의가 된 계기는 시 동부 및 인접 하가마을의 공업 단지로 향하는 도로 정체이다. 중간에 강을 건너는 구간이 있어 교통량이 특정 도로에 집중되지만, 근본적인 문제는 2만 명이 넘는 사람이 자가용차로 출근하는 것이었다.

우쓰노미야시는 1990년대부터 정체 대책으로 새로운 교통 시스템 검토를 시작했다. 이 시점에서 유럽과 미국에서 주목받던 LRT 도입 이야기가 나왔고, 공업 단지가 있는 동부에서 구시가지 역 서쪽까지를 잇는 계획이 구체화했다. LRT는 노면을 달리기 때문에 정체 해소와 함께 중심 시가지를 활성화하는 도시 만들기 도구로 자리 잡았다. 다만, 개업까지의 과정은 우여곡절이 많았다. 도로 위를 달린다는 이유로 오히려 정체를 악화시킬 우려가 있다는 목소리가 있는 가운데, LRT와 경쟁을 꺼리는 기존 버스사업자, LRT를 추진하는 여당에 맞서는 정치인 그리고 공적 자금을 사용하는 것에 반대하는 LRT 주변이 아닌 시민 등이 당초 LRT 건설에 반대했다. 하지만 버스 회사가 LRT는 경쟁이 아니라 오히려 버스와 상호 보완함으로써 공공교통 전체가 편리해지고, 자가용에서 전환을 촉진할 수 있다는 이해를 보이며 분위기가 바뀌고, 일반 시민을 포함해 LRT를 중심으로 한 새로운 교통 도시 만들기에 대한 기대가 높아졌다. 2015년 우쓰노미야시와 하가마을이 51%를 출자한 우쓰노미야라이트레일주식회사가 설립되고, 지역 공공교통법에 따라 국가에서 자금 지원을 받아 8년 만에 개업에 이르렀다.

LRT는 건설이 결정된 시점부터 도시를 바꾸었다. 'LRT 정류장 도보 1분!'이라는 맨션이 즉시 완판되었고, LRT 노선 주변에 사무실을 옮기는 사업자도 나타났다. 2020년에는 우쓰노미야시 지가의 톱이 중심 시가지의 우쓰노미야역 서쪽이 아니라 LRT 개업 예정인 역 동쪽이라는 현상도 일어났다. 도시 내 지가가 상승하면 고정자산세 등 시의 세수 증가에도 기여했다. 또한 노선 주변에 개발된 유이노모리 주택지에는 우쓰노미야시에 26년 만에 초등학교가 신설되었다. 참고로 우쓰노미야역 동쪽은 한때는 조용한 역 뒤편이었지만 LRT 개업에 앞서 호텔 등 재개발이 이루어졌고, 개업 후에는 많은 사람이 오가고 있다.

개업 후에는 라이프스타일도 변화하고 있다. LRT와 함께 설치된 파크 앤드 라이드 주차장은 당초 어느 정도 사용될지 불안해하는 목소리도 있었지만, 실제 개업 후 "주차할 수 없다."라는 불만이 나올 정도로 활성화되고 있다. LRT 전체는 개업 후 첫해 시점에서 평일은 수요 예측의 약 1.3배인 하루 약 1.6만 명, 토요일과 공휴일은 예측의 2.5배에 해당하는 약 1.1만 명이 이용했다. LRT 노선 주변의 도로 교통량 감소도 보고되었다.

자가용차 보급과 코로나19 팬데믹 등으로 인해 지역 철도는 어려운 상황에 처해 있지만, 새로운 교통정책하에 국가와 지방자치단체가 사업자와 일체가 되어 양질의 서비스를 제공함으로써 이동 수단을 자가용에서 공공교통으로 전환하는 것은 결코 불가능하지 않다. 우쓰노미야의 사례는 이러한 것을 어느 정도 입증했다고 할 수 있다.

제2절

일본 철도의 해외 진출

이용상(李容相)

1. 일본 해외철도기술협력협회의 발전과정과 활동

1) 해외철도기술협력협회의 출범

철도의 위상과 기술을 배경으로 세계적으로 높은 평가를 받는 일본 철도는 철도기술협력을 바탕으로 해외 진출에 많은 힘을 기울이고 있다. 특히 사단법인인 '해외철도기술협력협회(Japan Railway Technical Service, 약칭 JARTS)'는 운수성(현재 국토교통성)의 협력과 일본국유철도, 일본철도건설공단과 제도고속도교통영단 등의 지원을 받아 철도에 관한 모든 기술을 축적하는 기관으로, 1965년 9월 1일 운수대신의 허가를 받아 설립되었다.

출범 당시 이 협회는 소규모 조직이었지만 운수성으로부터의 위탁 연구와 (사)일본트럭협회, (재)일본선박진흥회 등의 보조금에 의한 연구사업을 수행하면서 발전의 기틀을 마련하였다. 그 후 한국의 지하철건설과 철도전철화계획 그리고 아르헨티나국철의 전철화계획, 이란국철의 전철화계획 등 해외프로젝트에 참여하면서 비약적으로 발전하였다.

그런데 '해외철도기술협력협회'의 주요 업무인 기술컨설팅이 상대국의 사정이나 국제 사정 등에 의해 수차례 어려움을 겪었다. 먼저 1975년 전후에 현지사무소까지 설치한 콩고공화국(당시 자이르공화국) 철도건설계획이 석유 위기에 의한 콩고의 국가적인 경제 악화로 인해 당초 계획이 변경되어 거액의 부채를 떠안게 되었다. 또한 1987년 일본국철 민영화에 의해 '해외철도기술협력협회'의 조직과 인원은 확충된 반면, 해외프로젝트는 감소하여 경영이 악화되었다. 그러나 운수성, (재)일본선박진흥회, 철도업계와 재계 등의 협력에 의해 협회에 기금이 설치되고, 기금의 증액에 의해 재정이 안정되었다.

'해외철도기술협력협회'는 사단법인으로서 해외 철도에 관한 조사와 정보 수집, 철도 전문가의 파견과 영입, 외국 철도산업에 대한 소개 등의 홍보활동과 외국 철도와 도시철도에 관한 컨설턴트업무 등을 실시하여 왔다. 이러한 업무와 관련 운수성, 국제협력사업단(JICA), 해외경제협력기금(OECF), (재)일본선박진흥회 등으로부터 많은 수탁연구를 받았고, 업무 수행에 있어서도 국철(현재 JR그룹), 일본철도건설공단, 제도고속도교통영단 등의 적지 않은 지원과 협조를 받았다. 그 결과 일본 '해외철도기술협력협회'는 60여 국가의 프로젝트를 실시할 수 있었고, 기술협력은 400건을 넘고 있다.

2) 발전과정

(1) 해외철도간담회 발족

일본은 1960년 12월 국민소득배가계획이 각의에서 결정되면서 고도 경제성장기를 맞이하게 되었다. 당시 해외와의 경제나 교통분야의 교류가 활발해지면서 철도 관계의 유력자와 전문가가 모여 철도산업의 해외 진출과 철도기술의 해외협력에 대한 의견 교환의 장으로서 '해외철도간담회'를 1961년 6월에 발족하였다.

이 회의는 매월 1회씩 회합을 하고, 해외기술협력 경험자의 의견을 듣기도 하고, 자료를 수집, 검토하는 일을 수행하였다.

한편, 일본 정부는 수출 촉진과 자원 확보, 평화 등을 목표로 개발도상국에 대해 경제 및 사회개발의 원조프로그램을 추진하였다. 초기 정부 차원에 의한 자금협력은 식민지시대의 과오에 대한 배상의 형태였지만, 1958년부터는 정부의 직접 차관이라는 새로운 형태로 자금협력이 진행되었다.

정부 직접 차관의 실시기관으로서 일본수출입은행 이외에 1961년 3월 해외경제협력기금이 설치되고, 기술협력에 대해서는 1962년 6월 해외기술협력사업단(OTCA)이 발족되어 정부 차원의 기술협력을 일원화하였다.

그런가 하면 국철에서는 소고(十河) 국철 총재의 주장으로 1957년~1958년에 걸쳐 개최된 네 번의 아시아철도수뇌회의의 영향으로 철도기술의 필요성이 높아져 1962년 4월 '해외철도간담회'를 개칭하여 '해외철도협의회'로 명칭을 바꾸고, 정보 교환과 강연회 등을 활발하게 진행하였다.

한편, 1964년 10월 도카이도(東海道)신칸센의 개통은 개발도상국뿐만 아니라 선진국에도 그 기술의 우수성이 알려져 수출 진흥을 추진하였던 정부 관계자는 이 기회에 철도컨설팅에 관한 상설기관을 설치하여 우수한 철도기술을 기반으로 관련사업의 시장 개척과 적극적인 수출을 추진하고자 하였다. 또한 국철은 철도기술의 해외 진출을 위한 단체가 없었기 때문에 이러한 단체의 설립을 바라고 있었다.

이러한 상황에서 '해외철도협의회'는 프랑스 등을 참고로 하여 기술협력을 추진하기 위해 공공과 민간부문이 일체가 된 철도컨설턴트의 설립을 목표로 정하고, 이 협의회를 법인 격의 해외기술협력 실시기관으로 발전시키기 위해 관계기관에 진정서를 제출하였다. 그리고 운수성과 국철의 지도에 기초해 정관의 검토, 회원의 선정, 기존 컨설팅회사와의 조정을 통하여 1965년 4월 발기인대회와 같은 해 7월 7일 창립 총회를 개최하였다. 총회에서는 '해외철도기술협력협회'의 설립이 결정되어 회장으로 전 운수장관인 나가노(永野) 씨가 임명되었다.

법인 격으로서는 운수성으로부터 1965년 9월 1일 사단법인으로의 설립 허가를 받았다. 피로연은 총리, 운수장관, 국철 총재, 해외기술협력사업단 이사장, 경단련 부회장 등의 축사를 받는 등 성황리에 개최되었다.

(2) 초기 성장기(1965년~1970년)

초기 사무국은 사무국장 아래에 총무부와 기술부를 두고 사무국원 7인, 회원 85인, 찬조 회원 12개 회사로 출발하였다.

최초의 해외조사사업은 (사)플랜트협회가 실시한 멕시코시 지하철계획 기초조사에 참여한 것이었다. 이 조사에 전문가를 파견하였고, 이와는 별도로 매년 해외조사사업을 실시하였다. 초기에는 협회 독자적으로 전문가를 파견하여 조사를 수행하였다.

초창기 활동에 있어 중요한 위치를 점한 것은 운수성으로부터 위탁된 1967년~1971년까지의 연구로, 연구 테마는 '아시아 간선철도망계획에 관한 예비조사(조사 대상국 : 태국, 말레이시아, 싱가포르, 인도네시아, 방글라데시, 파키스탄, 아프가니스탄, 이란)'와 해외철도기술협력연구(태국, 대만, 이란의 속도 향상, 말레이시아의 낙뢰 대책)가 실시되었다.

그 후 1970년 1월에 나가노(永野) 회장의 서거로 신칸센의 전 사장이었던 시마(島)당시 부회장이 회장으로 취임하였다. 시마 회장은 해외로부터의 기술협력 요청이 점점 더 증가하자 협회 체제의 강화를 확신하고, 상근 임원과 사무국 인원의 증원, 기획위원회 등을 설치하였다. 자금 면에서는 회비만으로는 부족하여 해외기술협력사업단으로서의 수주, (사)일본플랜트협회, (재)일본선박진흥회 등으로부터의 수탁사업, 보조사업을 좀 더 적극적으로 요청하게 되었다.

이 결과 (재)일본선박진흥회로부터는 1970년 12월부터, 그리고 해외기술협력사업단으로부터는 1971년 11월부터 수탁을 받아 연구가 시작되었다.

이렇게 진행된 이 협회의 해외기술협력은 정부의 개발도상국 원조정책의 강화와 관계기관의 이해와 협력에 의해 급증하게 되었다. 창립 후 10년간(1965년

~1975년)에 해외 협력은 100건에 이르렀다. 그 가운데에서 서울지하철건설과 국철전철화계획의 컨설턴트업무(64명 파견) 등에 참여하게 되었다.

1974년 8월 해외기술협력사업단이 기관 통·폐합을 통해 국제협력사업단(JICA)으로 개편되었다. 또한 1975년에는 해외경제협력기금(OECF)과 일본수출입은행과의 업무 조정에 의해 신규 차관에 대해서는 원칙적으로 해외경제협력기금이 업무를 수행하도록 되었다. 이러한 변화와 함께 협회는 성장을 거듭하게 되었다.

(3) 재정 위기의 극복(1975년~1985년)

1971년 콩고공화국(당시 자이르공화국)에 대해 일본 정부는 철도건설협력을 약속하고 150km 구간의 신선 건설을 계획하고 있었다. 약 345억 엔의 차관이 공여되는 사업을 위해 이 협회는 사전조사단을 파견하고, 1974년에 현지사무소를 설치, 계약교섭의 촉진과 조사활동을 시작하였다. 그러나 중동전쟁에 의한 오일쇼크는 비산유국인 콩고공화국의 경제를 심각한 국면으로 몰아 결국 철도건설계약은 파기되었다. 이로써 협회는 콩고로부터 철수하였고, 이 결과 많은 손실을 입게 되었다. 이러한 심각한 국면에서 (재)일본선박진흥회와 국철관련업계, 경제계로부터 협력을 얻어 3년 만에 15억 엔의 기금을 마련하게 되었다. 재정적인 기반이 마련된 후 가장 중요한 사업은 이란 철도사업이었는데, 약 30명의 전문가가 상주하여 철도컨설팅업무를 수행하였다.

석유 위기 이후 세계 각국은 전철화를 서둘러 진행하였다. 이와 함께 협회는 조직을 정비하였으며, 사업 실시에 있어 국철과 일본철도건설공단, 제도고속도교통영단 그리고 회원사들의 참가 하에 기술진 보강을 꾀하였다.

이러한 노력의 결과 사업 규모는 1982년 23억 엔으로 1981년 7.5억 엔의 3배에 이르게 되었으며, 1983년에는 25억 엔, 1984년에는 20억 엔으로 안정적인 성장을 계속하였다. 이는 1978년 2억 3,000만 엔에 비하면 놀라운 성장이었다.

그 후 JICA의 수주와 OECF의 차관에 따른 상대국과의 계약이 늘어남과 동시에 민간의 요구도 늘어 업무량이 증가하였다. 직원 수도 1983년 35명에서 1985년에는 정부기관으로부터의 파견을 포함해서 70명으로 두 배로 증가하였다. 기금 또한 1984년 말 현재 21억 엔으로 증가하였고, 회원 수는 개인이 39명, 단체회원이 133개 회사로 증가하였다.

2025년 4월 1일 현재 회원사는 193개사, 2024년 수입은 15억 5천만 엔이었다.

(4) 조직 및 활동

'해외철도기술협력협회'는 사단법인의 형태로 운영되며, 회원 수가 2003년 3월 31일 현재 단체 120개 회사, 개인 67명이다. 임직원은 회장 1명, 이사장 1명, 상무이사 4명, 이사 33명(회장, 이사장, 전무이사 포함), 감사 3명이며, 직원은 90명(국토교통성 등으로부터 직원 파견 포함)에 이르고 있다.

임원의 구성은 2004년 3월 31일 현재 회장에 이마이(今井) 일본경제단체연합회 회장, 전무이사는 마쓰모토(松本) 전 국토교통성 심의관, 이사는 각 철도회사와 철도건설공단, 철도관련협회 등에서 참여하고 있다. 구체적으로 JR히가시니혼 등 JR 각 회사와 철도건설운수시설정비지원기구, 일본통신주식회사, (사)일본철도기술협회, 정보통신네트워크산업협회, (사)일본철도차량공업회, (사)일본철강연맹, (재)철도종합기술연구소, (사)일본전기공업회, (주)도쿄지하철, (사)일본건설업단체연합회, (사)일본철도전기기술협회, 일본교통기술주식회사, (사)일본무역회, (사)해외운수협력협회, (사)일본민영철도협회 등이 참여하고 있다. 단체회원은 철도 운영업체와 관련기업이 참여하고 있으며, 개인회원의 경우에도 일반인이 아닌 철도 관련 기업이나 관련 단체의 장이 참여하고 있는 특징을 가지고 있다. 단체회원의 경우는 이사회의 승인을 얻어 가입이 가능하며, 입회비는 12만 엔, 그리고 연간 1구좌당 12만 엔의 회비를 내도록 규정되어 있다.

재정 규모를 보면 2003년 현재 기금이 25억 8,687억 엔, 당기수입이 23억 8,085억 엔이다. 수입내역을 보면 사업금 수입이 91.8%로 대부분을 차지하고 있으며, 회비 수입이 2.4%, 단기차입금이 2.1%를 차지하고 있다.

<표 4-1> 수입 내역(2002년 4월 1일~2003년 3월 31일 결산 기준)

(단위 : 천 엔)

과목	수입	비율(%)
기본자산운용 수입	41,287	1.7
입회금 수입	480	0
회비 수입	56,253	2.4
사업 수입	2,184,876	91.8
부담금 수입	34,724	1.5
잡수입	8,813	0
특정예금 수입	4,416	0
단기차입금	50,000	2.1
합계	2,380,851	100

*자료 : 해외철도기술협력협회(2003), <2003년도 사업보고>를 참조하여 재작성

정부로부터의 수의계약에 의한 보조금 성격의 사업비는 59,123천 엔으로 전체 수입 중 2.48%를 차지하고 있다. 보조금의 선정 이유는 해외 철도에 관한 기술협력을 70개국 이상과 실시하는 등 기술과 노하우를 가진 유일한 기관으로 인정되고 있기 때문이다.

2003년에 실시한 주요 사업을 보면 국제협력사업단(JICA)의 개발조사사업으로 인도네시아 '자바 간선철도전철화 실시 설계조사', 폴란드 '국철 민영화계획 조사' 등 3건에 참여하였다. 국제협력은행(JBIC) 차관 공여사업으로는 인도, 인도네시아, 태국 등의 간선철도 개량사업과 중국 '중경시의 모노레일건설사업' 등 6건, 국제협력은행의 조사사업으로는 인도네시아, 이란 등의 사업, 경제통산성사업으로는 인도네시아 '자카르타 MRT고가화계획 조사'를 수행하였다. 일본무역진흥회(JETRO)와 관련된 사업으로는 '베트남의 철도와 물류망 정비사업', (사)해외운수협력협회(JTCA)의 보조사업으로는 인도네시아와 터키 철도 정보 수집에 참여하였다. 그리고 대만 고속철도건설계획 참여와 중국 고속철도건설계획 협력, 국제협력사업단의 위탁에 의해 외국의 철도 관련 요인과 연수생을 6건에 44명을 초청하여 시찰과 연수업무를 수행하였다. 또한 단기전문가를 3개국에 5명을 파견하고, 홍보책자 발간(<JARTS> : 격월간 발행), 국제회의 출석 등 다양한 해외 철도 업무 활동을 전개하였다. 특히 해외 철도로부터의 요청에 의한 연구가 눈에 띄는

데 '미국 캘리포니아 고속철도계획 조사'를 캘리포니아 주정부가 설치한 캘리포니아고속철도위원회로부터 위탁을 받고 과제를 수행하고 있으며, 영국 '런던~글래스고우 간 고속철도계획 조사'는 영국 정부인 SRA로부터 요청을 받고 조사업무를 진행하고 있다.

2. 해외철도기술협력협회의 활동 : 일본 철도의 대만 진출

대만의 고속철도는 1985년부터 계획이 수립되어 2000년 3월에 토목공사가 착수되었는데 2000년 12월에 일본연합(컨소시엄)이 차량과 전기설비를 수주하였으며, 2002년 7월에는 일본연합이 궤도와 역의 건설도 수주하여 2005년 10월 개통을 목표로 공사를 진행하였다. 건설 경위를 간단히 살펴보면 다음과 같다.

대만의 타이베이~카오슝 345km 구간의 고속철도는 현재 4시간이 소요되는 운행시간을 최고 속도 300km/h로 1시간 30분에 주행하여 무려 2시간 30분을 단축하게 된다. 차량 편성은 12량, 좌석은 986석, 차량 길이는 최장 300m, 회전 가능한 좌석은 900석, 최소 곡선반경은 R=6,250m, 축중은 25.5톤, 터널 단면적은 90m^2로 일본의 신칸센 60.4m^2보다 크다.

〈표 4-2〉 대만 고속철도에 대한 일본의 진출 경위

시기	추진 내용
1990년 3월	교통부에 의해 타당성조사 완료
1997년 9월	대만고속철도연맹이 BOT사업으로 우선 교섭권을 받음.
1998년 7월	대만고속철도연맹 사업권 계약 체결 (대만고속철도연맹은 사업권 계약 체결 후 채용시스템을 재검토하였고, 일본연합은 JR, 해외철도기술협력협회 등의 협조를 받아 대만고속공사에 신칸센의 기술 설명)
1999년 12월	대만고속철도연맹이 일본연합에 우선 교섭권 부여
2000년 12월	일본연합 차량, 전기시설에 대하여 대만철도공사와 계약 체결
2002년 7월	일본연합 궤도 2공구 계약(전체 5공구 중)
2003년 1월	일본연합 궤도 2공구 추가 계약

*자료 : 해외철도기술협력협회(2003), 〈2003년도 사업보고〉를 참조하여 재작성

이 구간은 1일 수송인원이 개통시에 17만 명, 2033년에 35만 명으로 예상하고 개통되었다. 차량운행 간격은 피크시 10분, 수요 유발시 6분 간격으로 운행할 예정이다. 영업시간은 오전 6시부터 24시까지이다. 차량은 신칸센 700계 차량으로, 신호방식은 ATC, 동력분산방식을 채택하고 있다. 열차운행 횟수는 개통 시점에 편도 약 88회이며, 약 30편성이 운행될 예정이다.

대만의 인구밀도는 620인/km²로 일본 338인/km², 우리나라 467인/km²보다 높아 수송효율성이 매우 높을 것으로 판단된다.

대만의 고속철도는 총 345km에 16조 원이 투자되고 있는데, 일본 기업연합이 차량부문 등을 포함해서 5조 3천억 원을 수주하였다. 일본 기업은 미쓰비시중공업과 가와사키중공업, 미쓰이물산 등 7개 기업 등 서로 경쟁관계에 있는 회사가 결속하여 수주하였다.

운영은 BOT방식으로 대만의 5개 기업(전기, 해운, 보험회사 등)과 일본 기업 등이 투자한 대만고속철도공사에서 35년간 고속철도를 운영하고, 50년간 역세권을 개발·운영하게 된다.

이러한 대만고속철도에 일본 신칸센이 진출한 경위를 자세하게 살펴보면 다음과 같다.

1990년 6월 대만 교통부 교통연구소의 타당성 조사를 바탕으로 교통부는 대만 서부고속철도 건설을 정식으로 인가하였다. 원래 1992년 7월경 착공하여 1999년에 완성할 예정으로 계획을 수립하였으나, 1992년도 예산에 조사비용만 포함되어 있었던 관계로 본격 착공은 지연되었다. 1994년 12월, 대만 정부는 자국의 재정 상황을 감안하여 고속철도 프로젝트를 BOT방식에 의해 추진하기로 결정하고 교통시설에 대한 BOT사업법을 제정하였다.

1996년 10월 BOT사업자의 사전 자격심사가 고시되었고, 1997년 3월 중화고속철도연맹과 대만고속철도연맹 등을 후보자로 선정하였다. 중화고속철도연맹은 중화개발신탁을 간사로 하고 영민(榮民), 중화강철(中華鋼鉄), 중화공정(中華工程), 원동항공(遠東航空) 등과 같은 대만의 주요 기업으로 구성하였고, 일본의 미쓰이(三井)물산, 미쓰비시(三菱)중공업, 가와사키(川崎)중공업, 도시바(東芝) 등이 일본의 신칸센시스템을 공급하는 형태로 참여하였다.

한편, 대만고속철도연맹은 대륙공정(大陸工程)과 장영해운(長榮海運), 부방산보(富邦産保), 동원전기(東元電氣), 태평양전선전기(太平洋電線電氣)의 5개 기업으로 구성되었고, 여기에 GEC Alstom과 Siemens가 TGV와 ICE시스템을 공급하는 형태로 참여하였다.

1997년 8월 두 그룹은 투자계획서를 대만 교통부에 제출하였다. 1997년 9월 평가조사 결과 정부 부담을 줄이는 방식으로 계획서를 제출한 유럽연합(대만고속철도연맹) 시스템이 우선 교섭대상으로 선정되었으며, 1998년 7월 사업권에 대한 교섭이 진행된 후 대만 교통부와 유럽연합간에 사업권 계약이 성립되었다.

〈표 4-3〉 JR과 '해외철도기술협력협회'의 참여 내용

시기	주요 내용
1999년 1월 7일	일본과 대만의 기술교류회
1999년 4월 20일	일본차량수송협회 주관으로 타이베이에서 기술교류회 개최, JR도카이(東海) 다나카 부사장이 강연
1999년 8월	대만의 6개 신문사 기자를 일본으로 초청하여 신칸센 시승
1999년 12월 1일	대만 지진 이후 지진 세미나 개최, JR도카이(東海) 가사이 회장과 다나카 부사장이 이등휘 총통과 회담
2000년 7월 7일	일본연합과 해외철도기술협력협회는 도쿄에 대만신칸센프로젝트 사무소 개설
2002년	해외철도기술협력협회의 전 회장 시마히데오가 컨설턴트로서 참여

*자료 : 〈요미우리신문(読売新聞)〉 중부사회부(中部社会部)(2001), 《바다를 건너간 신칸센(海を渡る新幹線)》, 주코신쇼(中公新書) 61을 참조하여 작성

그 후 일본 측은 대만고속철도연맹이 채용예정인 시스템에 대해 다시 교섭에 들어갔고, 그 결과 일본 측 시스템도 선택에서 배제하지 않겠다는 의향을 얻어내는 데 성공하였다. 이후 신칸센 건설·운영 관계자인 JR회사와 '해외철도기술협력협회' 전문가들의 참여로 대만에서의 기술 교류회 및 세미나를 개최하고 대만 측 고속철도 관계자 및 언론 관계자들에 대한 신칸센 시찰 등을 통해 대만 측의 신칸센 기술력에 대한 이해도 제고에 심혈을 기울였다. 이와 더불어 일본연

합에 미쓰비시상사와 마루베니, 스미토모상사 등을 가세시켜 수주를 위한 다각적이며 전략적인 노력을 시도하였다. 이러한 노력의 결과 1999년 4월 대만 정부(대만고속철도주식회사)로부터 유럽연합 및 일본연합 양측에 정식으로 제안서를 제출해 달라는 요청서가 발부되었다. 1999년 12월 28일 대만 정부(대만고속철도주식회사)는 일본연합에 우선 교섭권을 부여하여 2000년 12월 대만 정부와 일본연합 측이 최종 계약을 체결하였다. 2003년 1월 일본연합 측은 궤도공사부문에 있어서도 전 5공구 중 타이베이 지하 구간을 제외한 4공구를 수주하는 데 성공하였다.

한편, 이러한 과정에서 JR 관계자와 '해외철도기술협력협회'의 참여가 매우 큰 역할을 하였는데, 기술 교류회뿐만 아니라 신칸센 시승식 그리고 기술자로서 대만의 이등휘 총통과의 회담 등에 참여하는 등 적극적인 홍보가 수주에 큰 힘이 되었다.

일본 철도를 통해 본 한국 철도의 발전 방안

제1절

철도를 통해 본 동아시아의 교훈

이용상(李容相)

19세기 말, 20세기 초반에 걸쳐 세계 여러 곳에서 변화의 파고가 밀려왔다. 특히 1830년 초 수운과 마차를 대신하여 출현한 철도혁명은 속도 면에서 교통의 패러다임을 완전히 바꾸어 버렸다. 말과 수운에 의존하였던 운송이 이제 증기라는 새로운 동력으로 빠른 속도를 통해 원하는 곳으로 이동할 수 있었다. 경제활동의 영역도 하루에 이동할 수 있는 거리의 제한으로 자급자족경제에 머물렀지만, 이제 활발한 물자 교류를 통해 가격도 저렴해지면서 새로운 시장이 개척되었다. 1862년 미국의 대륙횡단철도 건설의 시작도 그러한 예의 하나이다. 철도를 통해 공간과 시간의 지도는 다시 작성되었다.

철도의 출현은 근대 서구에 있어서는 산업혁명에 더욱 박차를 가하는 계기가 되었고, 동양 사회에서는 근대화를 견인하였다. 유럽에서 시작된 근대화와 산업화는 서구 문명의 우월주의, 새로운 시장의 개척, 미개한 지역의 개화라는 제국주의 명분을 통해 급속하게 동아시아에 영향을 미치게 되었다.

중국은 1840년 아편전쟁을 통해 강력한 서구의 힘을 경험하게 되면서 큰 충격에 빠지게 되었다. 유럽 각국은 앞을 다투어 동양에 진출하게 되었고, 철도는 첨병 역할을 하게 되었다. 인도에서 영국의 철도건설이 그러한 예이기도 하다.

그 주요한 예로 유라시아를 횡단하는 시베리아철도는 구간별로 1905년에 완성되었는데, 구간은 모스크바로부터 블라디보스토크까지 9,289km였다. 궤간은 1,520mm의 광궤로 모스크바로부터 폴란드, 슬로바키아, 독일, 프랑스까지 연결되었고, 당시 동청철도를 통해 하얼빈과 당시 만주 그리고 한반도, 일본까지 철도로 연결되었다.

당시 동아시아 정세는 1894년의 청일전쟁으로 타이완이 일본의 식민지가 되었고, 1905년 러일전쟁으로 일본은 한반도를 시작으로 대륙으로 진출하는 계기가 되었다. 철도는 그 중심의 하나였다. 시베리아철도와 동청철도와 만주 철도를 둘러싼 치열한 각축전이 전개되었다. 러시아와 중국, 미국, 일본 그리고 영국, 프랑스 등이 동아시아의 철도 주도권을 놓고 경쟁하였다.

그러나 이때에도 우리나라에서는 철도를 우리 손으로 건설하려는 노력이 있었다. 유길준은 호남철도주식회사, 박기종은 대한철도주식회사, 이용익은 경의선 철도를 우리 자본과 기술로 건설하려고 하였다.

호남철도주식회사의 취지문을 보면 다음과 같이 기술하고 있다.

"철도는 전신, 체신, 신문, 기선과 함께 국가의 5대 기관이며, 문명과 강한 나라를 만드는 데 중요한 수단이다. 그간 외세가 우리나라의 주권을 빼앗고 있어 우리의 독립을 찾기 위해서는 우리 스스로 철도를 부설하여야 하므로 이에 호남철도를 우리 손으로 만들어야 한다. 1908년 2월 3일 대표 장박, 유길준, 최문식"

후에 우리는 제국주의의 힘을 경험하게 되고, 이후 철도는 전쟁 수송에도 이용되었다. 냉전의 시기를 지나 이제 경제협력과 최근 각국 간의 경쟁이 치열해지는 시기가 이어지면서 동아시아는 19세기 말의 모습이 재현되고 있는 느낌이다.

동아시아와 우리나라를 둘러싸고 미국과 러시아, 중국, 일본 등의 견제와 균형 그리고 주도권을 잡으려는 노력이 치열해지고 있다. 각국은 특히 대륙을 연결하는 철도의 이니셔티브(Initiative)를 잡으려고 하고 있다.

역사는 모든 것이 의미가 있으며, 이를 통해 우리는 현재를 진단하고 미래를 함께 전망해 볼 수 있다. 특히 19세기 말과 유사하게 전개되는 최근의 상황을 볼 때 더욱 그러하다. 당시의 상황을 조명해 보면 우리는 현재 다음과 같은 교훈을 얻을 수 있다.

첫째, 가장 중요한 것이 국력이기는 하지만 당시 국제정세를 볼 때 각국의 철도를 둘러싼 구체적인 정책과 이를 추진하기 위한 조직, 연구 등이 체계적으로 진행되었다. 상대국의 정세를 철저히 분석하여 조사 자료를 축적하고 경쟁우위에 있는 새로운 기술을 개발하려고 하였다. 예를 들면 최고속력을 가진 차량을 개발하였고, 항만과 철도를 연결하는 인프라를 건설하는 노력을 기울였다.

둘째, 해외자료 등도 입수하여 분석하고 '관련된 사전'을 만들 정도로 지식을 축적하고, 이를 집적하였다. 당시 자료를 살펴보면 최소한 30년 이상의 전망 시나리오를 작성하여 여러 가지 상황을 가정하고, 분석하고, 이를 신중하게 추진하였다.

셋째, 정부와 학자, 기업 간의 끊임없는 공동 논의와 모임 등을 가지고 대비하였다. 여러 가지 연구회라는 이름으로 수시로 접촉하면서 이해의 폭을 넓혀갔다.

마지막으로는 구체적인 이니셔티브의 구현을 위한 노력을 기울였다. 예를 들면 국제 열차운행을 통해 각국을 연결하는 노력을 계속 시도하였다.

이제 우리는 역사의 검증을 통해 당시 상황을 철저하게 분석하고 객관적으로 이해해야 한다. 우리가 현재 간과하고 있는 것은 없는지를 살펴보고 후손들이 볼 때 부끄러움이 없는 현재를 만들어가야 한다.

제2절

탄소 중립 실현을 위한 철도 역할 증대

이용상(李容相)

최근의 이상기후의 원인은 과도한 탄소배출에서 기인하고 있다. 우리나라의 상황은 심각한 편이다. 우리나라 기후변화행동연구소가 분석에 사용한 글로벌 카본 프로젝트와 네덜란드 환경평가청(PBL) 자료를 보면, 2019년 한국의 1인당 이산화탄소 배출량은 11.93t이었다. 선진국 10개 국가 가운데 미국(16.06t)과 캐나다(15.41t)에 이어 세 번째로 많은 양이다. 일본(8.72t)과 독일(8.4t) 순이었다. 이대로 갈 경우 2030년에는 우리나라가 1인당 배출량 1위가 되는 전망도 있다. 이에 대해 심각성을 인식한 우리나라는 2021년 탄소 중립·녹색 성장기본법을 제정하여 2030년까지 2018년 국가 온실가스 배출량 대비 35% 이상 감축을 목표로 설정하였다.

이러한 세계적인 과다 탄소배출에 전문가들은 교통 부분의 영향이 크다고 분석하고 있다. 유럽환경청(EEA)에 따르면 1km당 탄소 배출량은 버스가 68g, 일반 승용차는 55g이고, 기차는 가장 작은 14g인 반면, 비행기의 경우 285g으로 가장 많은 탄소를 배출한다. 철도가 항공의 20분의 1인 셈이다. 이를 심각하게 인식한 선진 각국은 새로운 조치를 내놓고 있다. EU는 유럽 기후법으로 2030년 목표로 1990년 대비 이산화탄소 배출량을 55% 감소하는 것을 정했다. 영국은 2019년 기후변화법을 최초로 법제화하였다. 미국의 주요 탄소 중립 대응전략은 에너지 효율화, 전력부문의 탈 탄소화, 수송 및 산업부문의 연료전환, 비 탄소 배출량 감축, 탄소흡수 기술개발이다.

　프랑스는 더욱 구체적인 조치를 내놓았다. 2023년 5월 '2021년 프랑스 기후법'이 의회를 통과한 지 2년 만에 공식 발효했다. 2021년 5월 프랑스 의회는 기후변화 문제를 해결하는 차원에서 비행시간이 2시간 30분 이내인 단거리 국내선 중 대체 철도편이 있으면 해당 항공 노선을 금지하기로 했다. 이에 따라 이날부터 프랑스 파리~낭트(약 350km), 파리~리옹(약 390km), 파리~보르도(약 500km)를 잇는 여객기 노선의 운항이 중단된다. 이 법은 여러 교통수단 가운데 탄소배출이 가장 많은 항공기 운항을 줄이겠다는 취지로 추진됐다. 이날 발효한 기후법은 또 여객기 운항이 중단된 노선에 열차가 자주 그리고 적절한 간격으로 투입돼 여행객의 불편이 없도록 할 것도 규정하고 있다. 또 여행객이 목적지에서 8시간 머물며 일을 본 뒤 출발지로 하루 만에 다녀올 수 있게 보장할 것도 요구하고 있다. 애초 2019년 에마뉘엘 마크롱 대통령이 만든 논의기구 '프랑스 시민의 기후회의(FCCC)'에서는 4시간 이내 열차 여행이 가능한 노선에서 여객기 운항을 금지할 것을 권고했다.

　이번 프랑스의 조치를 한국에 적용하면 서울·부산 등에서 제주도를 오가는 노선을 빼곤 국내선 여객기 대부분이 여기에 해당한다.

　우리나라는 탄소 중립을 실현하기 위해서는 탄소 기본법 제32조 5항에 "정부는 철도가 국가 기간교통망의 근간이 되도록 철도에 대한 투자를 지속적으로 확대하고 버스·지하철·경전철 등 대중교통수단을 확대하며, 철도수송분담률, 대중교통수송분담률 등에 대한 중장기 및 단계별 목표를 설정하고 관리하여야 한다."고 정하고 있다. 이에 근거하여 최근 국가철도공단에서는 탄소 감축과 사회적 비용 감소를 위해 철도분담률을 적극적으로 제시하고 있다. 수송분담률은 여객의 경우 2030년에 35%, 2050년에 40%를 담당해야 하고, 화물수송은 2030년에 15%, 2050년에 17%를 달성해야 하는 분석을 내놓았다. 이러한 것을 달성하기 위해서는 철도의 역할이 획기적으로 증가해야 할 것인데, 이를 위해서는 지역 내 철도교통은 통합화, 급행화, 연계화, 자동화가 추진되어야 하며, 지역 철도의 경우 고속화, 선점화, 거점화, 연계화를 추진하여야 한다. 단기적인 전략으로는 스마트 도심 급행철도 운영, 모빌리티 스테이션 환승 플랫폼 구축, 철도역사 중심의 입체적 거점 개발이 중기적으로는 디지털 기반 철도운영 자동화, 국가철도교통 간선과 지선망구축, 장기적으로는 미래 초고속철도 서비스혁신이 추진되어야 할 것이다.

제3절

지속 가능형 교통체계 구축을 위한 철도 물류의 활성화

이용상(李容相)

철도 물류는 우리나라 철도수송의 여객과 화물의 하나의 축을 형성하고 있으며, 우리나라 고속철도 건설 시에 기존선을 철도화물 중심으로 운영해 국가의 전체적인 물류비와 사회경제적 비용을 감소하여 우리나라의 철도 발전을 견인하는 하나의 축으로 획기적인 발전이 예상되었다. 고속철도개통 후 20년이 지난 시점에서 이를 다시 한번 검토해 보고 그 실현을 제안해 보고자 한다.

해방 이후 우리나라의 철도 발전을 시기별로 구분해 보면 1945년~1960년은 한국전쟁 이후 폐허가 된 우리나라는 철도를 중심으로 복구되어 철도수송량은 점차 회복되었다. 1961년까지는 여객과 화물수송량이 증가하였다.

이후 1961년~1980년 시기는 철도성장과 이후 침체 시기가 도래하였다. 1961년부터 수송량은 증가하였지만, 도로교통의 성장으로 분담률은 낮아지기 시작하였다.

여객 수송의 경우 인 기준으로 1966년에 여객 분담률이 8.4%에서 4.6%로, 인·km 기준으로 1966년 42.5%에서 1970년에 32.3%로 감소하였다.

한편, 1981년~1988년도는 철도의 쇠퇴기였다. 이 시기에는 철도의 투자 감소와 인프라의 정체로 수송량이 정체되고 도로수송에 비해 상대적으로 철도수송량이 더욱 감소하는 시기였다. 1980년에는 여객의 경우 인 기준 분담률이 더욱 감소추세를 보여 1988년에 4.2%, 인·km 기준으로 21.2%까지 감소하였다.

그 후 1989년~2018년은 철도 르네상스 시기로 1989년 이후 약간의 회복세를 보이고 고속철도개통 이후 그 수준이 유지되고 있으며, 철도수송분담률이 서서히 증가하고 있다. 다만, 2011년부터 통계에서 자가용차를 통계에 추가하여 철도수송분담률이 더욱 감소한 것으로 나타난다. 여객수송량은 2007년에 인 기준으로 8.0%까지 회복되었고, 인·km 기준으로 2005년에 20.2%를 기록하였다.

한편, 철도화물 수송량의 추이를 보면 1945년~1960년 철도의 복구 및 회복기의 경우는 1946년 3,045천톤, 톤·km 기준으로 631백만 톤·km에서 1960년에는 연간 14,423천톤, 3,283백만 톤·km로 증가하였다.

이 시기에는 한국전쟁으로 일시적으로 수송량이 감소하였지만, 전후 회복기를 맞아 함백선 등이 개통되었다.

1961년~1980년의 경우 철도성장과 이후 침체 시기는 1961년의 경우 15,393천톤, 3,486백 만 톤·km으로 증가하였다. 1970년 초반 석유파동 등으로 일시적으로 감소하였고 그 후 증가와 감소를 반복하다가 1991년에 최고치를 기록 후 계속 감소추세를 보이기 시작하였다.

2015년의 수송량은 톤 기준으로 1973년 수준으로 감소하였다. 최고치는 1991년으로 그 이후 감소를 하고 있다. 1989년~2018년 철도 르네상스기의 경우는 2009년 리먼 쇼크로 일시적인 감소가 있었고 도로와의 시간과 가격 경쟁력 등에서 열세로, 철도를 통한 화물수송은 지속적인 감소추세이다.

화물수송분담률을 보면 톤 기준으로 1966년에 철도가 47.3%, 공로가 48.2%로 비슷한 수준이었다. 이후 철도수송의 분담률은 감소해 1976년에 28.9%, 1989년 18.7%, 1995년 9.7%, 2015년 1.6%까지 감소하였다.

톤·km 기준으로 철도화물은 1966년에 81.5%, 1976년 49.5%, 1986년

37.8%, 1996년 16.5%, 2011년 7.0%, 2017년 4.5%까지 감소하였다.

한편, 화물수송량은 계속적으로 감소하고 있다. 특히 2009년 이후 더욱 감소추세를 보인다. 2000년에 45,240천톤에서 2017년에 31,670천톤으로 30%나 감소하였다. 특히 2009년 이후 더욱 감소추세를 보이고 있다. 이는 도로수송에 비해 철도수송이 시간과 거리 면에서 경쟁력이 떨어지기 때문이며, 철도 물류시설에 대한 투자 부족 및 도로수송에 대한 유가 보조금, 고속도로통행료 할인 등의 혜택으로 철도화물 수송량이 더욱 감소하였기 때문이다.

운임의 경우 인천에서 부산까지 철도화물은 도로에 비해 20피트는 2천~20천원 경쟁력이 있지만, 만약 트럭의 경우 할인을 한다면 철도가 결코 우위에 있지 않다. 40피트의 경우에는 7천~14천원 비싼 실정으로 도로에 비해 경쟁력이 없다. 다만, 유가 보조금, 고속도로통행료할인 등의 정부 지원요인을 제외하면 실제로 장거리의 경우 철도화물경쟁력이 결코 낮은 것이 아니다.

해외와도 비교해 보면 우리나라 철도화물의 톤·km 분담률은 2017년에 4.5%로, 미국 35%, 독일 23%, 프랑스 15%, 영국 12%에 비해 매우 낮은 수준이다.

고속철도개통 이후 여객수송량이 증가하고 화물수송량이 감소한 것을 살펴보면 고속철도개통을 통해 여객통행은 고속철도 위주로 화물수송은 기존선 위주로 수송하여 여객과 화물수송을 함께 성장시킨다는 정책 방향을 추진하였으나, 화물부문에 대한 실효적인 투자가 부족함에 따라 현실과는 어느 정도 거리가 있다고 하겠다.

왜 철도화물 수송이 어느 정도 성장해야 하는가를 논해 보고자 한다.

첫 번째로는 철도화물 수송은 장거리수송에 적합하여 매우 효율적이라는 것이다. 2015년 철도통계자료를 보면 1톤의 평균 이동 거리는 262.8km로 자동차에 비해 훨씬 장거리로 수송하고 있어 교통체증이나 에너지 절감 등 사회적 비용을 절감할 수 있다는 것이다.

두 번째로는 자동차수송에 한계가 있는 품목인 위험물, 폐기물, 중량화물, 기타 수송 등에 적합하여 이를 유지하여야 한다.

세 번째로는 남북통일 등에 대비하여 철도화물 수송은 장기적으로는 대륙 물류의 중추적인 역할을 해야 한다. 부산에서 시작하여 동해선으로 북한과 러시아와 유럽을 직접 연결할 수 있으며, 서해안선으로 경의선을 통해 중국과 대륙으로도 직접 연결이 가능하다는 것이다.

따라서 기존선 화물수송에 우선순위를 두고 고속화물 열차, 화물열차 장대화, 속도향상, 실효적 물류시설 개량 등 철도화물의 경쟁력인 비용 절감과 대량수송에 더욱 노력해야 할 것이다.

철도 물류사업이 과거 철도청 당시보다 더욱 어려워진 사유는 다음과 같다. 철도 물류시설에 대한 근본적인 투자의 부족이다. 철도청 당시 연간 50억 원 범위 내에서 물류 역 시설개량 등을 통한 시설 개량 부분이 진행되었으나, 공사화 이후에는 해당 예산도 현재는 사라져서 최소한도의 시설개량도 어려운 상황에 처해 있다. 기존선 개량사업이 진행되는 경우, 기존의 철도 물류시설도 이전대상에 당연히 포함되어야 하나 현실적으로는 지자체 기피 등과 맞물려서 기존시설이 개량되는 노선에 철도 물류는 오히려 폐쇄되어 철도 물류가 악화되는 경우가 발생하고 있으며, 민간이 철도 물류시설에 투자하는 경우로서, 특히 창고시설 등을 투자하는 경우 과거에 적용받던 철도 물류시설 세금감면 조항도 현재는 사라져서 더욱 철도 물류가 위축되는 결과를 낳고 있다.

또한 철도 물류사업의 경우 사업 포트폴리오 전략이 상당히 제한적인 상황으로, 이는 철도사업을 추진하는 주체로 하여금 매출 확대와 수익성 창출을 통한 미래 경쟁력 확보를 위한 사업 다각화의 필요성을 요구하는 이유이다. 사업의 부진과 누적되는 적자를 해소하기 위해서는 일본이나 독일 등 선진 철도 각국의 철도사업자들처럼 여객 및 화물 운송의 정형적인 사업방식에서 벗어나 다양한 형태의 사업 다각화를 통한 21세기 수익 창출의 기회를 마련해줘야 한다. 그런데 이 또한 현재 철도공사법 시행령에 철도와 연계된 사업만 가능하다는 한정된 울타리 안에 갇혀서 사업 다각화를 제한하는 조항으로 작용하고 있으므로 관련 조항을 개정하여 철도 물류 부문의 사업 다각화를 다양하게 추진할 수 있도록 정부 차원의 정책적인 지원이 필요하다.

 향후 정부는 우리나라 철도화물수송의 사회경제적 가치를 고려하여 현재 분담률의 2배 이상 철도화물 수송이 가능하도록 정책목표를 수립하고 이를 시행하여야 할 것이다. 이를 위해서는 해외에서도 많이 사용하고 있는 복합운송 시 운송보조금 지급, 유가 보조금 제도를 개편하여 철도 및 도로 복합운송용 셔틀 차량에 대한 유가 보조금 지원제도 마련, 화물선로사용료 대폭 감면, 철도화물지원 인프라 투자를 위한 개량비 지원 확대, 물류시설 감면제도 부활, 고중량 트럭의 운행규제 등 종합적인 시책을 추진하여 철도 물류사업이 성장할 수 있는 정책이 필요하다.

 아울러 고속선의 확충에 따른 철도화물 차량의 활용 가능성도 검토해 보아야 할 것이다. 이를 통한 택배 물량의 수송도 가능할 것이다.

제4절

지방자치단체의 역할과 책임 체계 구축

이용상(李容相)

우리 철도는 이제 선진적인 철도교통체계로 나아가야 한다. 현재 철도에 대한 투자와 운영 모두를 중앙 중심으로 하는 체제는 변해야 한다. 철도가 건설되고 운영되는 단계에서 실제적으로 지방자치단체와의 협력과 참여 등이 매우 중요하다. 이에 지방자치단체가 적절한 책임과 역할을 수행해야 한다.

선진국도 초기에는 중앙정부가 철도를 건설하고 운영하였지만, 점차 지방화를 추진해서 지방철도에 대해서는 지방의 책임이 강화되고 있다. 여기서 문제가 되는 것이 지방의 재원인데, 이는 중앙 재원의 이전 혹은 도로에 투자하는 재원을 철도에 투자하도록 재원 사용을 다변화하도록 법과 제도를 개정해야 한다. 향후 지방자치단체는 건설에 있어 재원(지방교부세의 교통비 항목) 부담과 운영에 있어 일정한 책임(지방 적자선 운영)을 져야 한다. 이와 관련하여 해외 사례를 살펴보면 독일과 프랑스, 일본의 사례가 있다.

독일의 공공 근거리 여객 수송을 위한 철도 정비는 1971년에 제정된 '지역의 교통 사정 개선을 위한, 연방에 의한 조성에 관한 법률'에 근거하고 있다. 조금 지난 자료이기는 하지만 지금도 시행되고 있는 제도라 인용해 보고자 한다.

지역교통조성법(Gemeinde Verkehrs Finanzierungs Gesetz : GVFG)에 기초하는 것과 지방분권화법에 따른 조성의 2가지가 있으며, 모두 재원은 유류세금이다. 이들 2개의 법률에 근거하여 2001년에는 합계 83억 유로의 교부금이 연방정부로부터 주정부에 지원되었다.

지역교통조성법은 다음과 같은 내용을 담고 있다.

'공공 근거리 여객수송'의 이용을 촉진하여 도로 혼잡을 해소하고, 도시 기능의 개선을 도모하기 위해 수송시설의 확충 도모 필요(지역교통조성법 제2조)
① 교통상 중요한 지역 내 도로(거주자용, 개발용 도로를 제외한다)
② 버스를 위한 특별 레인
③ 간선도로로의 접근 도로
④ 미개발 지역 내의 교통상 중요한 지역 간 도로
⑤ 철도 폐지와 관련된 도로
⑥ 자가용 교통을 감소시키기 위한 교통 유도시스템 및 Park & Ride용 주차장
⑦ 화물센터를 위한 공공교통 공간
⑧ 노면전차, 고가철도, 지하철
⑨ 공공여객교통용으로 제공하는 비연방철도
⑩ 공공여객교통용으로 제공하는 버스터미널, 정류소, 영업소 및 정비장소
⑪ 전산 제어 운행시스템, 신호시스템 등 근거리 공공교통수송의 속도 향상 시설
⑫ 철도, 내륙 수로와의 교차로
⑬ 노선버스의 유지 개선에 필요한 버스 차량, 근거리 공공교통수송용으로 제공하는 철도 차량의 조달

지방분권화법은 1996년에 DB AG(철도 운영체)의 근거리 여객 수송의 운영책

임이 주정부로 이관됨에 따라 투자 및 운영비 보조로서 석유세 수입 중 일정액을 주정부에 교부하게 되었으며, 2001년에는 66.5억 유로가 교부되었다. 이 제도에 근거하는 조성금의 용도에 대해서는 주정부에서 맡고 있다.

독일 지방철도 건설 재원 분담 구조를 보면 연방정부(Bund)가 30~50%를 부담하여 대형 철도 인프라 건설 등 재정 지원(연방 교통재정법 GVFG)을 하고 있다. 주정부(Länder)는 30~40%로 운영보조금, 철도 유지보수, 신규프로젝트를 지원하고 있다. 지방자치단체(Kommune)는 10~20%로 지역 철도역 건설, 역세권 개발, 도로 및 연결 교통망을 조정하고 있다. 마지막으로 민간 투자(PPP, Private-Public Partnership)는 0~20%로 일부 민간철도 운영사 투자, 역 주변 부동산개발을 하고 있다.

독일 고속철도 건설 재원 분담 구조를 보면 연방정부(Bund)가 50~60% 철도 건설(노선, 교량, 터널), 고속철도차량 구매를 지원하고 있다. 주정부(Länder)는 20~30%로 운영비 보조, 일부 역 및 지역 철도 연계 투자, 지방자치단체(Kommune)는 5~15%를 철도역 개발, 역세권 정비, 도시 대중교통과 연결에 참여하고 있다. 민간 투자(PPP, Private-Public Partnership) 5~15%는 역 주변 부동산 개발, 상업 시설 투자 등이다.

다음으로는 프랑스이다. 지방철도 운영은 지방과 철도 운영자와의 맺은 계약에 근거한다. 근거법은 LOTI(프랑스 국내 교통기본법, 1982. 12. 30. 법률 제82-1153호) 제21-4조(신설 2000. 12. 13.)이다.

주요한 내용을 보면 지방 차원의 철도서비스 활용 및 재정 조건은 지방과 SNCF 사이에 맺은 협약으로 규정한다. 국가는 지역권에 대하여 ① 지역권 철도 여객수송서비스의 운영, ② 차량의 갱신, ③ 역의 개량, ④ 사회적 운임의 보상에 대하여 보조금을 교부한다.

지방자치단체의 책임을 보면 재정 조달 및 비용 분담으로 프랑스에서는 철도 인프라 개발 비용이 중앙정부, 지방자치단체, 유럽연합(EU), 민간 부문(PPP, 공공–민간 파트너십) 간에 분담한다. 예를 들어, LGV Sud Europe Atlantique(남유럽 대서양 고속철도, 파리~보르도 구간) 건설 당시 프랑스 중앙정부(50%), 지방자치단체(25%), 민간 및 EU(25%)의 형태로 재정을 분담하였다.

다음은 일본의 사례이다. 지방철도는 1960년경부터 시작된 자동차의 증가 및 인구의 도시 집중에 따른 과소화 등에 의해 이용자 수가 계속 감소하고 있으며, 그중 2006년에는 약 3분의 2가 적자(2006년 기준으로 지방철도사업자는 121개, 그중 흑자는 47개사, 적자는 74개사)이다. 구 국철의 적자 지방선의 경영을 인계한 제3섹터 철도 등 및 지방철도 신선에 대해 개업으로부터 5년간에 걸쳐 손실의 2분의 1 또는 10분의 4를 보조하고 있으나, 지방철도의 경영에 대한 직접적인 보조제도는 없다(지방자치단체에서 손실을 보전하기 위한 기금을 마련한 사례나 단독으로 결손을 보전하고 있는 사례는 없음).

그러나 지방철도는 극히 어려운 경영 환경하에 있기 때문에 안전성의 향상, 업무운영의 효율이나 여객 편리성 향상을 도모하기 위해 실시하는 개량공사에 대하여 정부와 지방자치단체에서 각각 3분의 1, 5분의 2 또는 10분의 2를 조성하고, 그 외에 대규모 재해를 입었을 경우에는 정부와 지방자치단체에서 각각 복구비의 4분의 1을 지원하고 있다.

한편, 일본의 정비 신칸센(整備 新幹線) 사업에서 지방자치단체(지자체)의 부담의 예이다. 정비 신칸센은 일본의 기존 신칸센(도카이도, 산요 등)에 이어 지방 도시 간 연결을 강화하기 위해 1970년대부터 추진된 신칸센 건설 사업이다. 현재까지 정비 신칸센으로 개통된 노선은 호쿠리쿠신칸센(北陸新幹線), 도호쿠신칸센(東北新幹線), 홋카이도신칸센(北海道新幹線), 규슈신칸센(九州新幹線), 나가사키신칸센(長崎新幹線) 등이다. 정비 신칸센의 건설 비용은 국가와 지방자치단체(현 및 시정촌), 그리고 JR이 일정 비율로 부담한다. 일본 정부가 정한 기본적인 건설 비용의 부담 비율은 국가(일본 중앙정부)가 약 3분의 2, 지방자치단체(현 및 시정촌)가 약 3분의 1이다. 즉 정비 신칸센 건설에 필요한 총비용 중 약 3분의 1을 지자체(현·시정촌)가 부담하게 된다. 지방자치단체의 부담금 조달 방법은 현(県) 및 시정촌(市町村) 지방세, 지방채 발행 등을 통해 조달하거나 국가 보조금 지원으로 지원하고 있다.

우리나라의 경우는 이를 위해 지방교부세 중 교통부문에 사용되는 금액을 철도에도 사용될 수 있도록 하는 방안을 생각할 수 있다.
지방교부세법에 의하면 다음과 같은 규정이 있다.

지방교부세법의 내용

제3조(교부세의 종류) 지방교부세(이하 '교부세'라 한다)의 종류는 보통교부세·특별교부세·분권교부세 및 부동산교부세로 구분한다.

제4조(교부세의 재원) ① 교부세의 재원은 다음 각호로 한다.
1. 해당 연도의 내국세(목적세 및 종합부동산세와 다른 법률에 따라 특별회계의 재원으로 사용되는 세목의 해당 금액은 제외한다. 이하 같다) 총액의 1만 분의 1,924에 해당하는 금액
2. '종합부동산세법'에 따른 종합부동산세 총액
3. 제5조 제2항에 따라 같은 항 제1호의 차액을 정산한 금액
4. 제5조 제2항에 따라 같은 항 제2호의 차액을 정산한 금액

교부세의 종류별 재원은 다음 각호와 같다.
1. 보통교부세 : (제1항 제1호의 금액 + 제1항 제3호의 정산액 − 분권교부세액) × 100분의 96
2. 특별교부세 : (제1항 제1호의 금액 + 제1항 제3호의 정산액 − 분권교부세액) × 100분의 4
3. 분권교부세 : (해당 연도의 내국세 총액 + 제5조 제2항 제1호의 내국세 예산액과 그 결산액의 차액) × 1만 분의 94
4. 부동산교부세 : 제1항 제2호의 금액 + 제1항 제4호의 정산액

최근 5년간의 지방교부세의 총규모를 보면 2010년에 263,459억 원(26.3조 원), 2011년에 291,223억 원, 2012년에 319,664억 원, 2013년에 344,469억 원, 2014년에 345,590억 원의 예산이 책정되어 있다. 2024년에는 59.9조 원 규모이다. 지방교부세의 경우 내국세 총액의 법정률이 내국세의 19.24%로, 이 중 도로 관리비가 2022년 4.5조 원, 2023년에 5.6조 원을 사용하고 있다. 우리나라도 이제 지방 재원 중 도로에 투자하는 것을 철도로 전환할 필요가 있다.

선진국인 독일, 프랑스, 일본 등에서도 지방재원 중에서 지방의 교통을 담당하는 철도 분야에 투자하고 있는 것이 일반적인 예이다.

제5절

미래철도 노선 및 제안

이용상(李容相)

　고속철도는 2004년 개통되어 2024년에 개통 20주년을 맞이하였다. 고속철도의 개통으로 여객의 빠른 이동과 함께 정차역 중심으로 지역이 발전하였다. 그럼에도 우리는 많은 과제를 가지고 있으며 해결을 위한 발전지향적인 시각이 필요한 시기이다.

　첫 번째로는 한국 철도는 국내를 벗어난 좀 더 국제적인 시각이 필요한데 환경적으로 중국 고속철도의 발전 등 동북아는 급격하게 변하고 있다. 탄소 제로 사회 구현을 위해서도 철도산업 발전이 중차대한 일이라고 할 수 있다.

　이제 국제무대에서 치열한 경쟁에서 살아남고 국력 신장을 위한 주요산업으로 발돋움하기 위해 기존의 틀에서 벗어나는 혁신적인 사고가 적극적으로 요청된다.

　또한 장차 남북과 대륙과의 연결을 위한 대비하는 정책 수립으로 우리 철도는 새로운 도약을 맞이할 수 있다. 혁신적인 안으로는 전 국민의 90%가 30분 이내의 고속열차 정차역에 접근할 수 있도록 네트워크를 구성하고, 모든 고속열차의 운행 시격을 30분 이내로 하며, 좌석의 충분한 공급으로 원하는 시간에 열차를 이용할 수 있도록 해야 할 것이다.

두 번째로는 국내 전체 네트워크의 효율성 향상을 위한 노력과 미래계획의 수립이다. 현재 숙제로 되어 있는 서울~금천구청 간의 기존선의 고속선 개량, 수도권 우회 노선, 기존선 활성화를 위한 노력 등이 필요하다. 2021~2030년까지의 제4차 국가 철도망 계획에 의하면 우리나라 철도 노선의 경우 총 44개 노선 1,448.4km가 확장될 예정이다. 고속선의 경우 경부고속선(수색~광명 복선전철, 광명~평택 2 복선전철화) 등이 추진될 것으로, 고속철도와 기존철도 연결로 향후 우리나라 철도 영업거리 연장은 2019년 4,274km에서 2030년 5,341km로 125% 증가할 것이다. 이 기간 동안 철도에 92.1조 원이 투자되고, 이를 통해 경제적 파급 효과는 255조 2,533억 원, 고용유발 효과는 469,961명으로 예측되어 우리나라 산업발전에도 크게 기여할 것으로 예상된다.

〈표 5-1〉 한국 철도 미래 사업(출처 : 국토교통부 제4차 국가 철도망 확장사업)

	노선명	사업 구간	사업내용	연장(km)	총 사업비(억 원)
① 운영 효율성 제고 사업					
고속	경부고속선	수색~서울~광명	복선전철	26.6	22,285
		광명~평택	2 복선전철화	66.3	56,942
일반	문경·점촌선	문경~점촌~김천	단선전철	70.7	11,437
	경북선	점촌~영주	단선전철화	55.2	2,709
	공항철도	서울역~인천국제공항	급행화	63.9	4,912
광역	분당선	왕십리~청량리	단선전철	1.0	820
소계(6개 사업)				283.7	99,105
② 주요 거점 간 고속연결 사업					
고속	서해선~경부고속선 연결선	화성 향남~경부고속선	복선전철(직결선)	7.1	5,491
일반	광주~대구	광주송정~서대구	단선전철	198.8	45,158
	평택부발선	평택~부발	단선전철	62.2	22,383
	원주연결선	원주~만종	복선전철(직결선)	6.6	6,371
	동해선	삼척~강릉	단선전철(고속화)	43.0	12,744
	전라선	익산~여수	복선전철(고속화)	89.2	30,357
	호남선	가수원~논산	복선전철(고속화)	17.8	7,415

소계(7개 사업)	424.7	129,919
③ 비수도권 광역철도 확대 사업		
소계(11개 사업)	444.3	121,074
④ 수도권 교통혼잡 해소 사업		
소계(15개 사업)	229.4	216,405
⑤ 산업발전 기반조성 사업		
소계(5개 사업)	66.3	21,094
총계(44개 사업)	1,448.4	587,597

　최근 유럽의 교통정책은 주요 공항과 항만은 모두 철도로 연결하여 그 효과를 극대화하고 있다. 아울러 인구감소에 대비하여 역세권 개발과 TOD 방식의 개발로 이를 극복해야 할 것이다.

　이러한 여러 과제를 담을 수 있는 한국 철도 미래청사진과 노선망과 고속전용선의 신설, 표정속도 향상, 다양한 운영방식, 정비창의 위치, 역사개발방식, 차량개발계획, 부품의 해외인증 노력, 획기적인 서비스 개선, 해외 진출 등을 담은 마스터플랜의 마련이 요청된다.

　세 번째로는 새로운 기술에 대한 적극적인 개발이 필요하다. 철도기술은 시스템을 선도하는 엔진이며 종합적인 지식체계라고 할 수 있는데, 우리는 스마트 모빌리티를 통해 안전한 이동과 편리함을 매 순간 경험하고 있다.

　고속철도의 기술개발은 진행형이다. 최근 일본은 자기부상열차를 2027년에 개통을 예정하고 있으며, 중국의 경우는 최근 발표에 의하면 비 진공상태에서 자기부상열차가 최대시속 623km를 기록하였는데 향후 상하이~항저우 간 150km 구간에 시속 1,000km의 하이퍼루프 열차를 검토한다고 발표하였다. 우리는 차세대 고속차량 개발과 함께 국제 특허를 가진 부품 개발 등을 지속해서 추진해야 할 것이다. 최근에 하이퍼루프 차량에 대한 개발이 추진되는 것은 미래 선점적인 연구로서 가치가 있다고 하겠다.

　철도 R&D 기술의 상용화를 위해서는 발주처가 더 자유로운 환경에서 구매 등을 할 수 있도록 해 주어야 한다. 신기술 개발품을 구매했을 경우 인센티브를 제

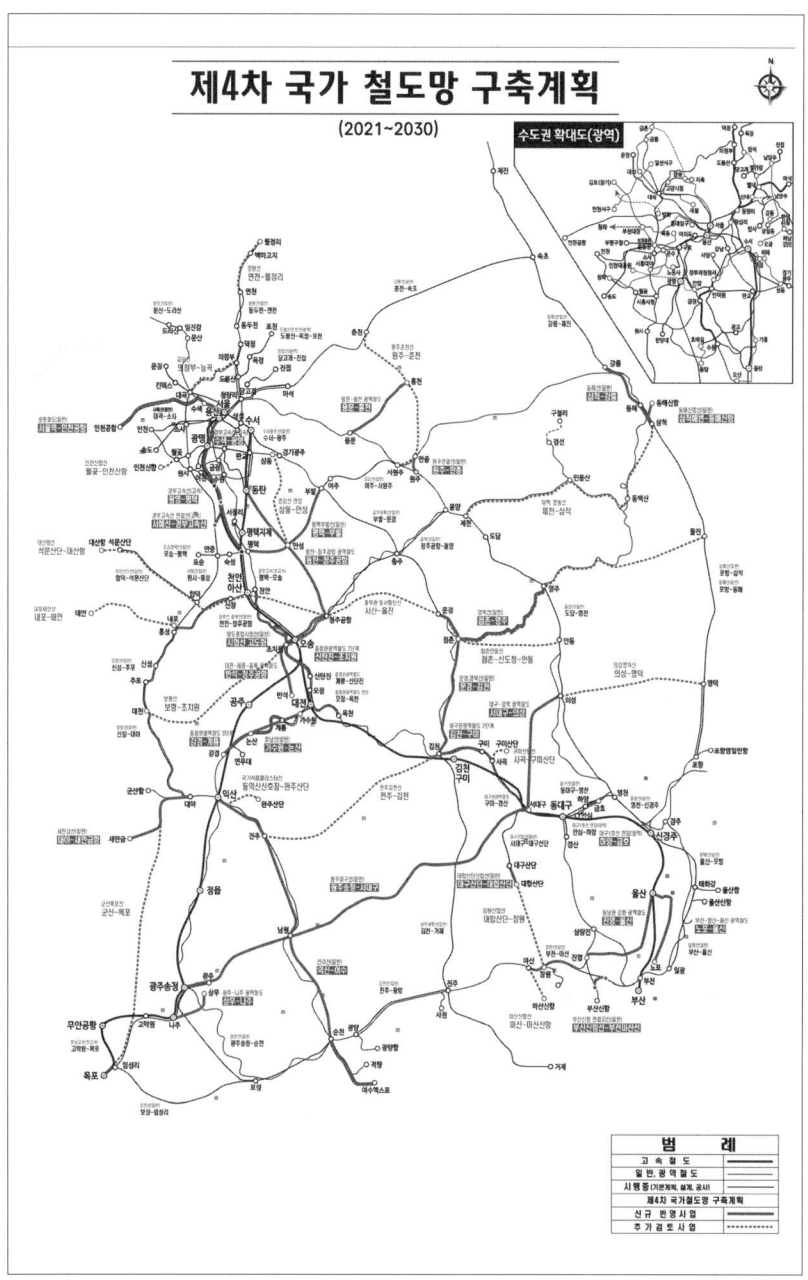

〈그림 5-1〉 우리나라 미래 철도망(제4차 국가 철도망 계획, 2021~2030)

공하고 구매 조건부 연구의 활성화, 우리나라에서 개발기술 보호 육성과 구매 시 실적 인정 범위를 확대하는 등의 노력이 요구된다. 설계기준의 변화를 통한 역설계의 변화, 다양한 차량도입 등도 추진되어야 할 것이다.

철도산업 육성기반을 위해서는 안정적인 내수시장 기반조성과 중소업체 지원 강화를 위해 핵심부품개발과 모듈화 및 표준화에 대한 지원이 필요하다.

현재 개발이 필요한 핵심부품 기술은 민간기업의 경우 수익성 때문에 개발에 어려움이 있어 어느 정도 기초기술은 정부 주도형으로 이루어져야 한다. 이를 위해 철도협력을 강화하고 정책결정자, 연구자 모임을 활성화하고 우리나라가 해외 진출에 강점이 있는 건설 부문, 운영부문과 O&M 부문 등에 집중하여 참여할 필요가 있다.

이러한 철도기술의 자립화와 국제적 역량 제고로 철도산업의 경쟁력이 경제를 견인하는 신성장 동력이 될 것이다. 이를 위해 정부와 기업, 연구소, 대학 등의 협력이 어느 때보다 요구되고 있다.

네 번째는 철도산업발전과 해외 진출이다. 매일 국민의 약 26%인 1,350만 명이 이용하는 철도는 안전하고 편리하며 탄소 제로의 사회 구현을 위한 공공적인 성격을 가진 사회의 중요한 라이프라인으로 그 가치와 그 영향력이 점차 증대하고 있다. 이를 선도하는 철도산업은 국내 핵심 산업으로 자리매김하고 수출 증대 등 경쟁력을 높여야 하는 과제를 안고 있다.

고속철도는 전국의 주요 도시를 2시간 내 이동이 가능하게 하여 생활과 경제 그리고 사고를 크게 바꾸어 놓았다. 산업혁명 시기에 철도가 가져온 이동 기술의 혁명이 20세기에 그 꽃을 활짝 피우고 있다. 세계의 철도시장은 240조 원(2020년 기준) 규모이며, 우리나라는 고속철도차량 제작을 세계 4번째로 성공한 나라로 이러한 역량을 바탕으로 하여 해외로 진출해야 할 것이다.

우리 철도는 현재 자타가 공인하는 철도 최강국인 중국의 일대일로(一帶一路,), 또 세계 최장노선인 시베리아 횡단철도(TSR)를 운영 중인 러시아의 '신동방정책'과 경쟁해야 하는 그야말로 전시상태이다. 국제무대의 치열한 경쟁에서 살아남고 국력 신장을 위한 주요산업으로 발돋움하기 위해 기존의 틀에서 벗어나는 신사고가 적극적으로 요청된다.

그러나 현재 우리가 해결해야 할 국내외적인 과제는 녹록하지 않다. 우리나라의 6년간 국내에서 발주된 철도 차량(전동차) 물량은 연평균 530량 정도로 금액은 약 5,140억 원 규모이며 연간 철도 완성차 생산능력의 약 40% 수준에 불과한데 이마저도 3사가 경쟁하고 있다. 철도부문의 R&D는 2013년 이후 정체된 상태이며, 철도기술력은 선진국의 80%로 최고 수준인 일본, 프랑스, 독일에 비해 5년 정도 격차가 있다.

더욱이 기술 개발된 제품이라 할지라도 국내의 많은 부분에서 상용화되지 못하고 있고, 핵심부품은 수입에 의존하는 등 국제 경쟁력에 밀려 세계 철도시장에서의 점유율이 2% 정도에 머무르고 있다. 그동안 철도기술에 관한 다양한 논의와 발전에 대한 제안이 있었지만, 추진이 더딘 이유는 철도의 가치와 중요성을 국내외적으로 깊이 인식하지 못한 것에도 그 원인을 찾을 수 있다.

해외에서는 철도산업을 국민의 안전과 직결되는 국가기간산업으로 분류하고 내수산업 보호와 자국 업체 육성을 위해 온 힘을 기울이고 있다.

철도 후발주자였던 중국은 자국 내 기업 간 경쟁을 부추기는 한국과 달리 내수를 기반으로 한 기업들의 해외경쟁력 강화에 힘을 쏟고 있다.

유럽에서도 중국의 저가 공세에 대응하기 위한 국가 간 합종연횡이 추진되고 있다. 프랑스 철도 차량 제작사인 알스톰은 캐나다 봄바르디어에 철도사업 부문을 인수 합병했다. 합병으로 중국에 이어서 또 다른 거대 공룡이 탄생하게 되어 내수 기반이 취약한 한국 철도산업은 해외시장에서 위치가 녹록하지 않다.

선진 철도로 도약하기 위해서는 기술의 개발과 철도산업 발전이 핵심인데 몇 가지 새로운 대안이 필요하다. 해외 진출 경쟁력 강화를 위해서는 단순 감리, 엔지니어링 중심에서 벗어나 대규모 해외수주 능력제고를 위한 국제적인 민간업체 육성 및 정부의 적극적인 지원과 부품회사의 규모 확대, 글로벌화 등이 요구된다. 해외 진출을 위해 예를 들면 Rate Differentiation 전략이 필요하며 이는 수출 제품 제작에 있어 80%는 규모의 경제성이 있는 부문으로 각 회사가 공동으로 제작하고 나머지 20%만 지역별로 차별화하는 전략을 구사하는 것이다. 이렇게 할 때 비용이 절감되고 해외가 원하는 제품을 만들어질 수 있을 것이다. 운영 및 유지보수 분야도 지금까지 공기업 운영에 의존하던 체계에서 벗어나 민간과의 다양한 교류를 통해 경쟁력을 확보해서 해외철도 운영사업 입찰에 참여하는 기반을 마련해야 할 것이다.

마지막으로 제안사항으로는 우리나라에 고속철도 20년을 기념하는 국가가 운영하는 철도박물관의 건립계획이 수립되었으면 한다. 일본도 1964년 고속철도개통을 기념하여 각종 박물관의 건립계획과 함께 2015년 신칸센 50주년에는 차세대 고속철도인 리니어신칸센의 건설계획을 승인 발표하였다.

이제 우리도 향후 50년, 100년을 내다보고 국립철도박물관 건립 등의 논의가 본격화되어야 할 것이며, 특히 고속철도의 발전과정과 내용을 담을 필요성이 있어 미래지향적인 박물관 건립이 그 핵심이 될 것이다.

〈표 5-2〉 각국 비교

구분	한국	일본	중국	비고
수송량 (고속철도)	수송 인원 : 94,181천명 수송인·km : 21,390백만 인·km 1일 평균 수송 인원 : 258,030명	수송 인원 : 370,441천명 수송인·km : 99,343백만 인·km 1일 평균 수송 인원 : 1,014,434명	인원 : 2,358,330천명 수송 인원km : 774,700백만 명 1일 평균 수송 인원 : 6,461,178명	3국 모두 2019년 기준
영업거리	596.3km(3,104.5km, 2021년 말)	2,830.8km(27,719km, 2021년 말)	40,139km, 2021년, 37,929km, 2020년 (139,006km, 2020년)	( ) 안은 전체 영업거리
영업수지	손실 1조 1,685억 원 (2020년)	9,241억 엔 흑자(2019년)	손실 16조 2,300억 원 (2020)	철도
부채	18조 6,608억 원(2021년)	4조 8,520억 엔(동일본 2021년)	1,200조 원(2021)	철도
운영	공익과 경영합리화	이익추구	공공재	철도
주요사고	2022년 1월 5일 탈선 7명 부상 2022년 7월 1일 탈선 11명 부상	개통 이래 신칸센 사망사고 0	2011년 탈선사고 사망 40명, 부상자 192명 2022년 탈선사고 기관사 1명 사망 부상 8명	고속철도

구분	한국	일본	중국	비고
기술	동력 집중식	동력 분산식	동력 분산식	
1개 열차수송인 원	20량 934명(KTX)	18량 1,323석 (도카이도신칸센)	17량 1,283명(징후고속철도)	
정시성	99.55	평균 지연시간 : 0.9분	고속철도 출발 정시율 : 98%, 도착률 : 95%. 이중 시속 300~350km의 부싱호(复兴号) 출발 정시율 : 99%, 도착률 : 98%(2019년 기준)	한국 : 2022년 UIC 기준 (도착지 기준 15분 이내)
기존선 활용	활용	일부(미니 신칸센)	활용 안 함.	
해외 진출	탄자니아(컨설팅)	대만, 인도, 방글라데시 서비스까지 수출	터키 사우디아라비아 모로코 헝가리~세르비아 중국~라오스 중국~태국 인프라 차량 수출	일본은 가격이 비싸고 다양한 제안을 하지 않고 있음.
고속철도의 비중	철도 총 영업거리 중 비중 : 15.5% 철도 총여객 수송량 중 비중 : 44% 2019년 (인 기준)	철도 총 영업거리 중 비중 : 14.9% 철도 총여객 수송량 중 비중 : 36.6% (인·km, 2019년)	철도 총 영업거리 중 비중 : 26.6% 철도 총여객 수송량 중 비중 : 73.6%(2021년 인 기준)	
투자비	연간 5조 원(일반철도 포함)	신칸센 2019년 4조 원	연간 140조 원 (일반철도 포함)	철도
조직	상하 분리 국가철도공단	상하 일체 상하 분리(정비 신칸센)	상하 일체 국가철도국 지주회사	한국 동일 노선 경쟁
운영	특실과 일반석 2종류	특실, 1등석, 일반석 3종류	특실, 1등석, 2등석 3종류	
국토 영향력	인구 50% 이상 영향력	인구 약 50% 이상 영향력	서부 쪽의 고속철도 비중이 약함. 전국 철도 네트워크 밀도는 156.7km/만 평방 킬로미터(2021년 기준)	
인구당 1일 고속철도 여객 이용 비율	0.5%	0.8%	0.45%	철도
고속철도경쟁력 거리	150~400km(2019년)	150~600km(2019년)	150~800km(2019년)	

구분	한국	일본	중국	비고
국가지원 체계	국가철도공단과 철도공사, SR	민간회사	China Railway(China State Railway Group Co., Ltd.)	
철도계획	제4차 국가 철도망	정비 신칸센법	중국 14차 5개년 철도 과학기술 혁신 계획(2021년 발표)	철도
건설특징	국가지원형	민간주도 + 국가지원형	국가 주도형	한국 : 재정 지원+공채발행 중국 : 재정 지원
건설 동기	경제 활성화 지역균형	경제성장과 지역발전	경제성장 민족통합	
특징	영향력 극대화 통근수요 등	안전과 정시성 부대사업 연계	최장노선 고속철도 이용비중 최대	
개선점	해외 진출 전략	높은 운임	안전 민간의 참여부족 연계수송 불편 보안 검사 자유석도 동일요금	
향후 발전	기존선을 활용한 고속철도망의 확대	정비 신칸센의 확장	고속철도망(2035년) 70,000km 확대	
운임 수준	1	2.38	0.79	300k 한국을 1로 할 경우
경제 수준 (1인당 PPP, 2020년)	47,027달러	44,585달러	18,930달러	
도입 경위	경부축의 용량 포화	동해선의 용량 포화와 역사적 배경	1. 여객열차의 최고 속도는 시속 120km 2. 베이징~상하이 철도는 극도의 포화 상태	
기술협력	프랑스 TGV	독자개발	봄바르디어, 가와사키 중공업, 지멘스, 알스톰과 기술 협약, 봄바르디어가 레지나, 가와사키가 신칸센 E2계, 지멘스가 ICE 3 베이스의 차량을 제공 알스톰은 TGV 베이스가 아닌 구 피아트의 펜돌리노를 제공	2010년 한국 독자 기술개발 (산천) 2017년 중국 기술 자립

구분	한국	일본	중국	비고
소득대비 운임	서울~부산의 고속철도운임은 60,000원으로 연평균소득의 0.2%	도쿄~오사카를 운행하는 신칸센 요금은 1만 4천50엔으로 일본인 연평균소득의 0.3%	베이징~푸저우(福州) 고속철의 경우 침대칸 일등석 요금이 1천185 위안으로 중국 도시 거주자 연평균소득의 5%	중국 계절별 요금제
정기권운영	정기권 승객 : 7.2%	일본 정기권 승객 : 약 4.4% 44억 인·km	청두~푸싱 299.8km (1시간 소요) 30일, 60일 정기권 운영(2020)	

에필로그

근·현대 우리 철도와 과제

우리나라 철도는 1899년 9월 18일 노량진에서 인천 간에 첫선을 보였다. 원래 철도부설권을 미국의 모스가 획득해서 건설을 시작했으나, 건설자금이 모자라 권리를 일본에 양도하였다. 일본은 경인철도합자회사를 통해 은행과 민간을 통해 자본을 조달하였다. 이 회사는 물론 일본 정부가 보증하였다. 이후 일본 자본으로 경부철도주식회사가 설립되어 부산과 서울 간의 철도건설이 시작되었다. 이즈음에 일본과 러시아 간에 전쟁이 일어나고 경부선을 통해 전쟁이 수행되었다. 승리한 일본은 1906년에 일본 철도의 국유화를 단행하고 본격적인 만주 경영을 위해 남만주철도주식회사(이하 만철)를 만들고, 경부철도 국유화에 대한 법률을 통과시켰다. 같은 해에 일어난 세 개의 사건은 동아시아에 있어 중요한 사건이 되었다. 일본 철도 국유화로 사철이 합병되어 일본 정부의 통일적인 철도 경영으로 대륙 진출의 기초가 마련되었다. 경부철도는 합병에 의한 국유화의 길을 걷게 되었고, 만철은 대륙경영의 핵심적인 조직이 되었다. 일본은 영국의 인도 경영에서 동인도회사의 경험을 참고하여 '반관반민'의 남만주철도주식회사를 설립한 것이다.

만철은 그 후 동아시아 역사에 큰 영향을 미치게 되었다.

한편, 우리나라는 일본에 합병되고 철도는 일본의 식민지 경영의 수단으로 전락하게 되었다. 일본은 토지와 재정, 철도의 3개 분야에서 철저히 식민지적 경영을 수행하였다.

합방 후 일본은 철도를 대륙과 연결시키는 데 주력하였다. 우리 철도는 1911년 만주 철도와 연결되었고, 철도는 일본과 만주를 연결하는 통로가 되었다. 1917년 일본은 만주와 우리나라의 일체적인 경영을 위해 우리 철도를 만철에 위탁 경영을 시키고 1925년까지 만철이 운영하게 되었다. 그동안 우리나라 철도는 대륙전쟁을 위한 군사적인 목적으로 사용되었고, 일본 군부의 대륙정책에 이용되었다. 1925년 다시 조선총독부에 철도가 환원되지만 1927년 '조선 철도 12년 계획'을 통해 북쪽의 함경선과 두만강을 통해 만주 철도와 연결되는, 이른바 동해의 일본 호수화 정책이 실현되었다. 이를 위해 철도는 만철 쪽에서 길회선이 부설되고, 항만으로 나진항이 개발되고, 청진과 나진항이 만철에 위탁 경영되었다. 이러한 과정에서 동아시아는 국제적인 분쟁지가 되었다. 만주를 둘러싸고 중국과 러시아, 미국 그리고 일본의 치열한 각축전이 벌어지고, 그 중심에 철도가 있었다. 교통로를 확보하는 것이 전쟁과 자원, 사람 이동의 필수조건으로, 이를 확보하기 위해 각국은 치열한 경쟁을 하게 되었다. 1931년 만주사변과 1937년 중일전쟁으로 철도는 전쟁 수행의 수단이 되었고, 결국 제2차 세계대전을 통해 그 소용돌이에 들어가게 되었다. 우리나라 철도는 전쟁 수행을 위해 이용당하게 되고, 이러한 과정을 거쳐 우리나라는 해방을 맞이했다. 일제강점기 우리 철도는 대륙과의 연결 그리고 만주와 일체적인 경영전략, 동해의 호수화 전략, 전쟁 수행의 도구로 이용되었다.

당시 철도는 제국주의 수단으로 운영되었는데 가장 먼저 식민지화된 타이완과 사할린, 만주, 우리나라 등이다. 동아시아에 있어서 철도가 가져온 변화, 그 역할에 대해 좀 더 조명해 볼 필요가 있다. 그리고 각국의 비교를 통해 공통점과 차이점, 제국주의가 가져온 영향을 구체적으로 볼 필요가 있다. 또한 토지와 자본, 철도와 관련성 그리고 지역에의 영향력도 살펴볼 필요가 있다.

해방 이후 철도가 다시 어려움에 처하게 된 것이 1950년 한국전쟁이다. 이를 통해 철도는 기관차 26%와 화차 78% 이상이 파괴되었다. 한국전쟁으로 철도는 큰 어려움을 겪게 되었고, 철도는 부흥을 위해 몸부림치게 되었다. 당시 철도 부흥을 위해 많은 사람들이 노력하였는데 향후 이들에 대한 연구와 평가도 함께 이루어져야 할 것이다.

교통부 내의 조직으로 출발한 철도는 1963년 철도청으로 독립된 외청으로 출범하게 되었다. 특별회계로 자립이 요구되는 상황이었다. 철도는 초기 대량의 투자비가 소요되고 수익성을 확보하기 어렵기 때문에 정부에서 주도적으로 건설하는 것이 일반적인 현상이다. 이러한 공공성의 경제학적인 근거는 시장의 실패와 사업의 자연 독점, 도로와의 동등 경쟁 등의 요인이 있었다. 정부 주도형 건설과 운영이 세계적으로 일반적인 현상이었다. 다만, 사철이 발달한 일본만이 예외였다. 이러한 공공성과 함께 효율적인 경영의 요구는 그 후 우리나라 철도의 쟁점이 됐다. 1960년부터 1970년 중반까지 철도는 우리나라의 고도 경제성장에 크게 기여하였다. 효율성이 높은 전철이 산업선에 부설되어 석탄과 시멘트 등 원료수송과 통근·통학으로 철도는 어느 정도 수익성 확보가 가능했다. 철도 경영에 있어 수익성 확보는 보통화물 3, 여객 1의 비율로 수입이 확보되면 어느 정도 경영이 정상화된다. 당시 철도는 이러한 수준을 어느 정도 만족시켰다고 할 수 있는데, 앞으로 철도가 가져온 사회경제적인 영향력 등에 대한 연구와 함께 자료와 흔적 등을 발굴할 필요성이 있다.

이 시기인 1974년에 수도권 전철과 서울의 지하철이 개통되었다. 이는 서울 인구의 급격한 증가 및 도시화와 그 맥락을 같이한다. 도시철도도 우리나라 도시 교통에 큰 역할을 담당하게 되었다. 원래 우리나라 전차는 19세기 말 서울에 등장하여 1968년까지 운행되었는데 자동차 교통이 발달하기 전까지 어느 정도 역할을 했다. 전차는 최근 각국에서 부활하여 환경문제를 해결하는 수단이 되고 있다. 그러나 우리나라에서는 아쉽게도 1968년도부터 전차는 자취를 감추었다.

1980년 중반부터 자동차의 급격한 증가로 교통 지체가 사회적인 문제가 되었고, 물류비도 국가 경제에 큰 부담이 되었다. 이때부터 경부축의 물류비를 절감하기 위해 경부고속철도 건설에 대한 논의가 시작되었다. 문제는 경제성의 확보였다. 막대한 투자비에 비해 편익과 국가적 경제성을 확보하는 것이 관건이었다. 경제성 확보의 주요한 논리는 고속철도를 통해 도로교통의 원활화와 물류비 절감이 가능하다는 것이었다. 경제성을 확보하기 위해 기존선을 일부 활용하고 안정성과 기술 자립을 위한 여러 가지 노력을 통해 경부고속철도 1단계 구간은 2004년 개통되었고, 전국은 1일생활권 시대에 들어가게 되었다. 초기 이용실적이 예상수요 예측보다 낮아 어려움을 겪었지만, 빠른 속도를 통해 시간 단축 효과로 이제 1일 탑승객이 23만 명에 이르는 세계에서도 수송 밀도가 매우 높은 구간이 되었다. 2015년 4월에는 서울에서 광주까지 호남고속철도가 개통되어 국토의 균형발전과 함께 고속철도시대를 맞이하게 되었다. 고속철도의 개통으로 우리나라는 큰 변화를 겪게 되었다. 고속철도의 최고속도 300km/h라는 속도를 통해 지역 간에 빈번한 교류와 이동에도 변화가 생겼다. 예를 들면 천안은 통근권으로 변화하였고 주요 거점 간에 2시간이면 이동이 가능하기 때문에 지역 간의 경쟁력, 특히 문화적으로 경제력이 우위에 있는 지역이 그렇지 못한 지역을 흡수하는 현상도 생기게 되었다. 고속철도는 분명 우리 사회를 변화시켰고, 향후 동서축의 고속철도 건설 등으로 앞으로 철도를 통한 사회 변화는 매우 클 것으로 전망된다. 특히 우리나라는 작은 국토와 높은 인구 밀도로 경제력이 집중되어 있어 철도가 가진 대량수송 등의 효과가 발휘되기 쉬운 여건을 가지고 있다. 일본과 타이완 등에서도 같은 현상을 발견할 수 있다.

  여기서 철도가 120년 이상 발전해 오면서 논란이 되었던 쟁점과 과제를 소개하고, 현재에 대한 평가 그리고 향후를 생각해 보고자 한다.

  첫 번째로는 우리나라 철도사를 재정립할 필요가 있다. 일제강점기 철도를 어떻게 볼 것인가, 다른 나라와의 비교를 통해 우리 철도를 어떻게 볼 것인가이다. 해방 후 철도가 가져온 사회적인 변화는 무엇인가, 혹시 간과하고 있는 것이 없는

가를 새롭게 검증해 보아야 한다. 사회간접자본은 가치 중립적인 것이다. 누가 어떤 목적으로 어떻게 사용하느냐에 따라 그 결과가 달라진다. 또한 우리가 간과해서는 안 되는 것 중의 하나가 인물이다. 물론 인물로 현상이 모두 설명될 수는 없지만 중요한 역사적인 고비에서 큰 족적을 남긴 사람들이 있다. 이제 우리가 해야 할 일들 중의 하나는 우리나라 초창기의 인물 등에 대한 자료 발굴과 소개 등이다. 예를 들면 유길준은 철도를 우리나라에 소개하고 호남철도주식회사를 장박, 최문식 등과 함께 설립해 우리 손으로 호남선을 건설하려고 노력하였다. 박기종은 자신의 돈으로 부하철도회사, 대한철도회사, 영남지선철도회사를 설립하여 철도건설을 추진한 인물이다. 이용익은 1902년 8월 경의철도 부설 허가권을 정부로부터 받고 이를 추진한 인물이다.

또한 철도사에서 중요한 점의 하나는 구체적인 효과분석과 함께 너그러움의 확보이다. 아직 연구가 좀 더 진행되어야 할 분야로 철도 부설에 따른 지역의 영향과 정책 결정 과정 그리고 이를 둘러싼 갈등, 정책의 일관성과 변화, 투자된 자본, 수익을 통한 사회적인 변화 등 다양한 측면과 철도와 다른 학문과의 대화가 필요하다. 철도는 그 시기에 있어 사회를 변화시키고 또한 영향을 받으면서 발전하였다. 철도는 다양한 분야와 이제 대화를 나누어야 한다. 건설과 기술 분야뿐만 아니라 다른 교통수단과 역사, 문화, 법과 경제, 건축과 예술 등 다양한 시각과 각도에서 이를 바라볼 필요가 있다. 또한 철도를 통해 역사와 사회를 조명해 보는 노력도 필요하다. 철도라는 사회 변화의 매체를 통해 근현대사를 조명해 보고 해석하는 작업이 그것이다. 이 경우 항상 생각해야 하는 것이 과거를 볼 때 객관성과 자료 발굴 그리고 생략되는 것, 없어진 것을 어떻게 볼 것인가를 해석할 공간으로 남겨두는 여유와 너그러움일 것이다.

두 번째로는 철도와 관련된 정책과 논의들이다. 특히 그동안 철도운영에 쟁점이 된 것이 철도를 어떻게 볼 것이냐로 귀결된다. 공공재로 볼 것인가, 아니면 수익성 확보를 위한 어느 정도의 사적재로 볼 것인가의 논쟁이다. 철도가 독점적인 교통수단일 경우에는 이것이 별로 문제가 되지 않았다. 철도가 높은 수송분담률을 차지한 1950년대~1960년대에 철도는 공공재로 인식되는 경우가 많았고, 수익성도 확보되어 크게 문제가 되지 않았다. 후에 과도하게 철도망이 부설되지 않았는가에 대한 논의가 있을 정도였다. 문제가 발생한 것은 바로 자동차와의 경쟁으로 철도수송량이 감소한 이후이다. 이 시기는 1960년대 말부터 시작되었다. 이 시기 각국은 철도사업이 적자로 들어서게 된다. 이를 만회하기 위해 각국은 경쟁 개선 노력과 함께 국유철도가 가진 문제점 등을 이야기하기 시작하였다. 1980년대 신자유주의 흐름과 함께 철도는 새로운 국면을 맞이하게 된다. 규제 완화와 민영화의 흐름이다. 이를 반영한 것이 일본과 영국이다. 각국은 자국의 정치적인 여건에 따른 철도문제를 다르게 해석하고 처방책을 내놓았다. 프랑스는 중앙집권적인 자국의 정치 환경에 따라 공영화의 길을 걸었다. 유럽은 유럽 통합의 운영이라는 명분으로 상하 분리 정책을 채택하고 선로와 하부시설은 자국이 건설하지만, 운영에 대해서는 열차 상호운행이 가능한 시스템으로 바뀌어 각국은 어느 정도 자유로운 운영 참여가 가능하게 되었다. 이러한 논의를 진행하는 데 있어 생각해야 하는 것은 '철도가 무엇인가'라는 철학이다. 시간이 지나도 변하지 않는 철도의 의미는 무엇인가를 간과해서는 안 된다. 여기에는 우리나라의 역사와 문화, 정치적인 환경이 함께 작용함은 물론이다. 이를 통해 우리 철도에 대한 특징과 정체성 확보가 가능하다고 하겠다. 아울러 교통 시스템 전체를 통해 철도정책을 보는 노력이 필요하다. 아울러 철도가 가진 안전성, 에너지와 환경문제에 대한 사회경제적 우위성을 어느 정도 반영한 교통정책과 시각이 필요하다.

세 번째로는 철도라는 사회간접자본을 통한 지역과 세계와의 연결이다. 최근 남북철도연결과 대륙철도연결 그리고 이를 통한 경제와 평화의 확보가 논의되고 있다. 최근 중국의 '일대일로 정책'에서도 보듯이 육상 실크로드를 통한 동아시아와 유럽 연결은 가시화되고 있다. 그동안 철도는 역사의 현장을 목격하고 또한 사용되어 왔다. 이는 19세기 말부터 러시아와 미국, 중국, 영국, 프랑스, 독일, 일본 등이 철도를 통해 각축을 벌인 역사적 사실의 현재진행형이다. 그 당시에는 제국주의가 있었다. 전쟁과 아픔이 얼룩진 철도였다. 철도는 번영과 함께 많은 상처를 입었다. 이제 철도는 경제와 협력, 평화의 열차가 되어야 한다. 이러한 것을 담보하려는 노력이 필요하다. 여기서 간과해서는 안 되는 것이 우리 철도의 경쟁력과 국제화이다. 이제 머지않아 국제열차에 대한 논의가 될 것이다. 이제 폐쇄성을 지닌 각국 철도는 상호 간에 평가를 받고 상호운행이라는 논의가 진행될 것이다. 이때 운영 수준, 기술 수준, 각국이 가진 철도정책의 수준은 재평가받을 것이다. 이 또한 후발 개도국이 이를 지켜보고 자국 시스템으로 채용할 것이 분명하다. 고속철도를 개통하고 이제 20년이 더 지났고, 각국은 고속철도와 도시철도를 개발도상국에 수출하려는 치열한 노력을 기울이고 있다. 이제 우리 철도도 객관적인 평가를 받을 날이 머지않았다.

마지막으로 우리나라 철도의 미래에 대한 논의이다. 이제 지역 간 철도는 고속철도로, 수도권은 GTX로, 광역권은 광역권 급행철도로, 지방 도시는 트램교통으로 자리매김할 것이다. 2024년에 개통된 철도는 신규노선이 10개였다. 주요한 것으로는 GTX-A노선 수도~동탄 구간이 개통되었고, 서해선과 장항선 그리고 중부내륙선 충주~문경과 연말에 GTX-A노선의 운정중앙~서울역이 개통하였다. 2025년 초에는 동해선 포항~삼척이 개통하였다. 2025년 말에는 경전선의 보성~임성리 구간이 개통을 목표로 하고 있다. 이제 우리 철도망은 경부축, 호남축, 내륙축 그리고 동해안, 서해안, 남해안 등으로 확장되고 있다. 철도망의 확장으로 이동이 편리해지면서 지역이 발전하여 정주 여건이 좋아지면서 철도를 통한 지역소멸이 해결되기를 기대한다. 또한 역세권이 발전하여 노령인구들의 이동을 단축시켜 역 중심의 삶이 되어 편리성을 더해 줄 것이다. 또, 지방 도시의 경우 이제 버스 등의 대중교통이 한계에 이르러 이를 대체할 트램교통이 활성화될 것이다. 트램은 도시경관에도 도움이 되고 노약자가 편리하게 이용이 가능하여 도시의 활력에도 도움이 될 것이다.

또한 학문적으로 철도의 동아시아 모형과 비교연구에 대한 깊은 고찰이 필요하다. 한국, 일본, 중국 등 동아시아는 인구가 조밀하고 도시가 회랑형으로 입지하여 대량수송이 가능한 철도가 발전하기 매우 유리하다. 영국에서 1825년 개통된 철도가 200년이 되어 이제는 그 열매가 동아시아에서 결실을 보고 있다. 1964년 일본의 신칸센 개통, 2004년 한국의 KTX 개통, 2008년 중국 철도 개통이 있었다. 이제 중국은 철도연장 16만 km, 고속철도 4만 km를 운영하고 있으며, 일본은 세계 최고의 안전과 운영으로 그리고 시속 500km의 자기부상열차를 건설 중에 있다. 우리나라도 2024년에 우즈베키스탄에 고속철도차량을 수출하는 쾌거를 이루었다. 동아시아의 철도 부설은 서구로부터 이를 받아들였지만, 그 후 토착화, 자립화를 거쳐 자국에서 성장과 발전을 거쳐 수출하고 있다. 이러한 동아시아 3국의 철도 발전과정은 세계 철도사에 모델이 될 것이며, 우리나라 철도의 정체성을 확보하는 것에도 도움이 될 것이다. 일본은 1872년 신바시~요코하마 구간에 영국으로부터 철도를 도입했으며, 중국은 1876년 상하이에서 영국 자본으로 건설되었다. 우리나라는 1899년 경인철도가 부설되었다.

일본은 수입 – 토착화 – 자립화 – 성장과 발전 – 수출의 5단계로 순차적으로 발전하였다. 중국은 수입 – 토착화 – 자립화 – 해외기술로 성장과 발전, 해외 수출까지 하는 4단계 성장모델이다. 한국은 수입 – 토착화 – 해외기술로 자립과 성장과 발전 – 수출의 3.5단계의 혼합형 압축성장모델을 보였다.

2025년은 제2차 세계대전이 끝나고 광복 80년이 되는 해이다. 이러한 역사성을 다시 한번 철도를 통해 해석해 볼 필요가 있다. 그 중심의 키워드는 이 글에서 살펴본 역사성과 산업화, 도시화, 지역발전과 국제화라는 단어가 될 것이다. 이는 우리나라의 근·현대사가 안고 있는 문제였고, 현재에도 고민해야 할 명제들이다.

이제 글을 맺고자 한다. 철도는 지역성과 세계성, 독자성과 보편성, 연속성과 단절을 함께 가지고 있는 사회간접자본이다. 또한 물건이면서 기술과 사회성을 가진 존재이다. 우리나라에 철도가 부설된 지 올해로 126년이 되는 해이다. 철도를 통해 역사가 재해석되고, 철도의 창으로 다시 사회를 조명해 볼 필요가 있으며, 현재의 문제 등을 역사적 사건을 통해 찾아보면서 그 해답을 찾는 진지함과 차분함이 요청되는 시기이다.

연표

일본 철도의 주요 역사

연도 및 날짜	주요 사항
1868년	막부 붕괴, 신정부 수립
1872년 10월 14일	신바시(新橋)~요코하마(横浜) 29km 철도 개통
1873년 9월 15일	신바시(新橋)~요코하마(横浜) 화물수송 개시
1875년 5월	관설 철도 고베(神戶)공장, 객화차 제작 개시
1881년 12월	일본철도주식회사 설립(사철)
1882년 6월 25일	마차철도 신바시(新橋)~니혼바시(日本橋) 개통
1884년	일본철도주식회사의 우에노(上野)~마에바시(前橋) 개업
1887년 5월 18일	사철철도 조례 공포
1889년 7월 1일	도카이도(東海道)선 전선 개통 – 신바시(新橋)~고베(神戶) 605.7km
1891년 9월 1일	우에노(上野)~아오모리(青森) 간 도호쿠(東北) 전선 개통(일본철도주식회사)
1892년 6월 21일	철도부설법 공포, 7월 21일 철도청, 내무성으로부터 통신성으로 이관
1893년 11월 10일	철도청을 철도국으로 개칭, 통신성의 내국으로 위치
1895년 2월 1일	교토(京都)전기철도 개업(최초의 전기철도이며 노면전차)
1900년 3월 16일	사설철도법, 철도영업법 공포
1903년	도쿄(東京), 오사카(大阪) 노면전차 개업
1906년 3월 31일	철도국유법 공포, 주요 사철 17개 철도노선 국유화 국영철도의 노선건설 계속 건설, 그 해에 제국철도회계법 공포
1908년 12월 5일	내각에 철도원 설치

연도 및 날짜	주요 사항
1910년 4월 21일	경편(輕便)철도법 공포(8월 3일 시행)
1911년 4월 6일	광궤철도 개축 준비위원회 발족
1912년	철도원에서 영국, 독일, 미국으로부터 수입한 급행용 대형 증기기관차 배치(이때부터 이를 모방한 차량이 일본에서 국산화 시작)
1914년 12월 20일	도쿄(東京)역 개업
1919년 2월 24일	하라(原) 내각 광궤개축계획 중지 발표
1919년 4월 10일	지방철도법 공포(사설철도법, 경편철도법 폐지)
1920년	철도성 설치, 철도원 폐지
1921년 4월 14일	궤도법 공포
1921년 10월 14일	국유철도건설규정 제정
1922년 4월 11일	철도부설법 공포
1924년 12월 24일	도쿄(東京)역 내 신호기를 처음으로 색신호식으로 채용
1925년 7월 1일	객차의 연결기를 자동연결기로 교체
1925년 12월 30일	도쿄(東京)지하철 아사쿠사(浅草)~우에노(上野) 간 개통(최초의 지하철도)
1930년	자동 브레이크의 채용(화차), 10월 1일 특급 쓰바메(つばめ, 燕)의 운행 개시
1931년	만주사변 발발, 자동차교통조정법 제정(정기자동차 노선면허도 철도대신의 면허가 필요), 자동 브레이크의 채용(객차)
1934년 12월 1일	단나(丹那)터널의 완성
1938년 4월 1일	육운교통사업조정법 공포(교통조정 실시)
1939년 7월 12일	철도간선조사위원회 설치(광궤신칸센)
1940년 2월 1일	육운통제령 공포(교통통제 1941년 11월 15일 전면 개정)
1942년 6월 11일	간몬(.門)터널의 개통, 화물영업 개시, 11월 15일 여객영업 개시
1945년 8월 15일	종전
1949년 6월 1일	공공기업체 일본국유철도 발족
1951년 4월 24일	사쿠라기초(桜木町)역에서 63형전차 소실 사고
1956년 11월 19일	도카이도(東海道) 본선 전선 전철화, 침대특급 아사카제(あさかぜ) 운행 개시
1957년 4월 1일	제1차 장기계획(1957년에서 1961년) 실시, 11월 1일 도쿄(東京)~고베(神戸) 간 전차특급 고다마(こだま) 운전 개시
1958년 5월 20일	이토(伊東)선에서 열차집중제어장치(CTC) 사용 개시
1959년 4월 20일	도카이도(東海道)신칸센 건설 착공

연도 및 날짜	주요 사항
1960년 12월 10일	우에노(上野)~아오모리(青森) 간 특급 하쓰카리(はつかり) 직통운전 개시
1961년 4월 1일	제2차 장기계획(1961년에서 1965년) 실시, 5월 2일 신칸센 건설비의 일부 8,000만 달러(288억 엔)를 세계은행으로부터 차입
1961년 10월 1일	특급망 전국으로 확대(제2차 장기계획 실시)
1964년 10월 1일	도카이도(東海道)신칸센 도쿄(東京)~신오사카(新大阪) 개업, 일본철도건설공단 설립, 1964년부터 국철 영업이 적자로 전락
1965년 4월 1일	제3차 장기계획(1965년에서 1971년) 실시
1966년 4월 20일	국철 전 차량에 열차자동정지장치(A.T.S) 정비 완료
1967년 10월 1일	신오사카(新大阪)~하카타(博多) 침대특급 전차 月光 운전 개시(세계 최초의 침대 특급전차 운전)
1968년 10월 1일	제3차 장기계획 전반의 성과를 기초로 해서 전국 다이어그램 개정
1969년 5월 9일	국철 재정 재건계획 실시
1970년 3월 14일	오사카(大阪)에서 일본 만국박람회 개최, 5월 18일 전국신칸센정비촉진법 공포
1972년 3월 15일	산요(山陽)신칸센 개통(신오사카(新大阪)~오카야마(岡山))
1975년 3월 10일	산요(山陽)신칸센 개통(岡山~博多), 11월 26일부터 12월 3일까지 공로협(公勞協)이 주관이 되어 통일 스트라이크 실시
1979년 12월 21일	미야자키(宮崎) 시험선에서 리니어모터카 ML500, 517km/h의 세계 기록 수립
1980년 4월 1일	국철 경영 개선계획 수립, 12월 27일 일본국유철도경영재건촉진특별조치법 공포, 시행
1981년 6월 10일	특정지방교통선 제1차 40선구 지정
1982년 6월 23일	도호쿠(東北)신칸센(大宮~盛岡) 개통, 11월 15일
1983년	조에쓰(上越)신칸센(大宮~新潟) 개통 국철재건감리위원회 설치법 제정
1984년	일본 최초의 제3섹터철도 산리쿠(三陸)철도 개업
2005년 4월 25일	JR니시니혼철도주식회사 후쿠치야마(福山)선 탈선사고
2006년 4월 5일	정부 소유의 JR도카이 주식 완전 매각
2007년 1월 5일	일본의 신칸센시스템을 최초로 수출한 대만고속철도 개통
2008년 6월 19일	교통정책심의회에서 '환경 신시대를 여는 철도의 미래상' 발표
2009년 3월 20일	한신전기철도주식회사 한신 난바선(오사카 난바에서 니시구죠(西九条) 간) 개통
2010년 12월 4일	도호쿠신칸센 하치노헤(八戸)~신아오모리(新青森) 간 개통
2011년 5월 26일	중앙신칸센의 정비계획 결정

연도 및 날짜	주요 사항
2012년 10월 1일	도쿄역 마루노우치(丸の内) 역사 보존 복원 원형 완성
2013년 10월 15일	JR규슈철도 관광열차 나나쓰 보시 운행 개시
2014년 10월	도카이도신칸센 개통 50주년
2015년 3월	산요신칸센 개통 40주년
2016년 3월 26일	홋카이도신칸센 개통 – 신아오모리(新青森)에서 신하코다테(新函館) 구간
4월 29일	교토철도박물관 개관
10월 25일	JR규슈 주식 상장 및 완전매각
2018년 6월 22일	철도궤도정비법의 일부를 개정하는 법률공포(8월 1일)
2019년 9월 5일 11월 30일	게이힌 급행철도 나가가와역 구내에서 열차탈선사고 발생 사가미철도와 JR 직통선 개통
2020년 12월 22일	도쿄권에 있어서 금후 지하철 네트워크 등에 대하여 교통정책심의회 자문
2021년 3월 31일	일본국유철도청산사업단의 채무 등의 매각 처리에 관한 법률 등의 일부를 개정하는 법률공포(4월 1일 시행)
12월 28일	철도역 배리어프리 요금제도 창설(역의 배리어프리화를 진행시키기 위해 홈이나 엘리베이터 설치 등의 비용을 운임에 추가하여 철도이용자에 부담시키는 제도)
2022년 9월 23일 10월 6일	규슈신칸센, 다카오온천~나가사키 개업 철도 개통 150주년 기념식 개최
2023년 3월 18일	JR히가시니혼 오프피크 정기권 제도 개시(평일 아침의 피크 시간대 이외에 이용객에게 통상의 정기정기권보다 값싸게 이용하는 정기권) 사가미철도와 도큐 직통선 개업
2024년 3월 16일	호쿠리쿠신칸센, 가나자와~쓰루가 개업

참고문헌

|| 제2장 제1절 ||

1. 박흥순 외(2009), '철도역세권 개발 제도의 문제점과 개선방안', 한국철도학회 춘계학술대회논문집
2. 이용상 외(2005), 《일본 철도의 역사와 발전》, 한국철도기술연구원, pp.121-125
3. 하라다 가쓰마사 외(1986), 《일본의 철도》, 일본경제평론사
4. 국토교통성(2010), 《숫자로 보는 일본 철도》
5. 이태식 외(2006), '도시철도 역세권 개발방안', 한국철도학회 논문집 Vol.9 No.2
6. 위정수 외(2009), '역세권 활성화 방안에 관한 국내외 사례 비교연구', 2009, 한국철도학회 가을 학술대회 발표대회 논문집, pp.636-647
7. 성봉현(2009), '호남고속철도 개통에 대비한 광주권 고속철도역의 운영 및 역세권 개발 방향 지역개발연구', 전남대학교 지역개발연구소, pp.123-144
8. 김신(2007), '고속철도의 역세권 개발과 그 영향에 관한 연구', 서울산업대학교 철도전문대학원 석사학위 논문
9. 조남건 외(2005), '일본의 고속철도 역세권 개발사례', 국토연구원, pp.114-123
10. 추준섭 외(2007), '고속철도 역세권 개발 방향에 관한 연구', 한국철도학회 춘계학술대회 논문집
11. 大宮市(1980), '大宮の昔と現在', pp.12-13
12. 니시니혼철도주식회사 자료(교토역 개발, 오사카역 개발)
13. 히가시니혼철도주식회사(1991), '鉄道ルネッサンス', 丸善
14. 일본정책투자은행(2006), '今日の注目指標 No.101-1, p.1
15. www.dft.gov.uk
16. http://www.georgetowntrainstation.org/TrainStationHIstory.htm

|| 제3장 제1절 ||

1. 安部誠治, '事故調査の意義と課題', 《日本機械学会誌》 vol. 124
2. 運輸省鉄道局(1992), '信楽高原鐵道事故の原因調査結果について'
3. 久保田博(2023), 《鉄道重大事故の歴史 – 鉄道事故に見る安全技術の進化》, グランプリ出版
4. 国土交通省, '交通関連統計資料集'
    (https://www.mlit.go.jp/common/001384352.pdf)
5. 国土交通省, '数字で見る自動車2022'
    (https://www.mlit.go.jp/jidosha/content/001484015.pdf)
6. 鉄道弘済会(1983), 《五十年史 鉄道弘済会》
7. 日本鉄道運転協会(2013), 《重大運転事故記録・資料(復刻版)》, 静和堂

|| 제3장 제2절 ||

1. Allen, J.E., (1982), 《Public Transport : Who Pays?》, in Young, T. and Cresswell, R. (eds), The Urban Transport Future, Construction Press
2. House of Commons(1983), Fifth Report from the Transport Committee, Session 1981-82, Transport in London, Vol.1, (ordered by HoC to be printed July 1982), HMSO, 127-1
3. Mizutani, F.(1994), Japanese Urban Railways : A Private-Public Comparison, Avebury, Ashgate Publishing
4. Mizutani, F. and Shoji, K.(1997), 《A Comparative Analysis of US-Japanese Urban Railways : Why are Japanese Railways more Successful?》, International Journal of Transport Economics, 24(2), 207-239
5. Pucher, J. and C. Lefevre(1996), The Urban Transport Crisis in Europe and North America, Macmillan Press(木谷他譯, 《都市交通の危機》, 百桃書房, 1999)
6. Shoji, K.(2001b), 《Lessons from Japanese Experience of Role of Public and Private Sectors in Urban Transport》, Japan Railway & Transport Review, 29, pp.12-18

7. Shoji, K. and Killeen, B.J.(2002), The Japanese Experience with Non-Verticalised Urban Private Railways : An Analysis of Strategy and Performance of the 'Minor' Companies, Transporti Europei, Ⅷ(20/21), 2002, 89-95, (2003)
8. Van de Velde, D. ed.(1999), Changing Trains-Railway Reform and the Role of Competition : The Experience of Six Countries, Ashgate Publishing
9. 森谷秀樹(1991), 《私鉄運賃の研究 : 大都市私鉄の運賃改正1945-1995年》, 日本経済評論社
10. 中西健一(1979), 《日本私有鉄道史研究(増補版)》, ミネルブァ書房
11. 斎藤峻彦(1991), 《交通市場政策の構造》, 中央経済社
12. 斎藤峻彦(1993), 《私, 産業 : 日本型鉄道経営の展開》, 晃洋書房
13. 正司健一(1986), '都市交通事情の運輸をめぐる議論', 〈国民経済雑誌〉, 153(4), pp.97-122
14. 正司健一(1995), 《鉄道輸送》, 金本良嗣・山内弘隆編, '講座 : 公的規制と産業・交通', NTT出版, pp.97-150
15. 正司健一(2001a), 《都市公共交通政策 : 民間供給と公的規制》, 千倉書房
16. 正司健一・Killeen,B.J.(2001a), '大手私鉄の多角化戦に関する一考察 : 多角化の程度と収益性の関係', 日本交通学會, 《交通学研究2000年研究年報》, pp.185-194
17. 正司健一・Killeen,B.J.(2001b), '中小私鉄の多角化戦略について : 予備的考察', 〈国民経済雑誌〉, 184(5), pp.1-16
18. 吉原英樹・佐久間昭光・伊丹敬之・加護野忠男(1981), 《日本企業の多角化戦略》, 日本経済評論社

|| 제3장 제3절 ||

1. 井口慶一郎(2005년), 《整備新幹線の建設過程と地域振興効果》, '立命館法政論集' 제3호, PP.406-448
2. 石井昌平(2015년), 《整備新幹線 新規着工 3区間の開業時期の前倒しについて》, '運輸政策 研究' vol.18No.1, PP.40-43
3. 今橋隆(1996년), 《新幹線鉄道保有機構の成立と沿革》, '経営志林'33(3), PP.69-78

4. 久野万太郎(1992년), 'リニア新幹線物語', 同友館
5. 臧世俊(2014년), 《中国の高速鉄道建設の発展と世界的展開》, '千葉商大論叢' 52(1), PP.355-388
6. 鯉江康正(2011년), 《新幹線整備が地域経済に与えた影響事例》, '長岡大学地域研究センター年報' 11호, PP.51-83
7. 交通協力会(2015년), 《新幹線50年史》, 交通新聞社
8. 交通新聞社(2016년), 'JR時刻表' 6월호
9. 国土交通省鉄道局監修, 《建設を開始すべき新幹線鉄道の路線を定める基本計画》, '鉄道六法' 平成23年版, 第一法規, P.1893
10. 国土交通省ホームページ, 《鉄軌道輸送の安全にかかわる情報》
11. 高速鉄道研究会(2003년), 《新幹線-高速鉄道の技術のすべて-》, 山海堂
12. 角一典(2007년), 《国鉄改革と整備新幹線》, '北海道教育大学紀要(人文科学・社会科学編)', 제57권제2호, PP.87-102
13. 高井秀行(2014년), 《新幹線を実現したキーテクノロジーと今後の研究課題》, 'RRR' 제71권제10호, PP.4-7
14. 高田直樹・奥村誠・塚井誠人(2009년), 《支社配置モデルによる整備新幹線ストロー効果の検討》, '日本機械学会 鉄道技術連合シンポジウム講演論文集' 제16회, PP.453-456
15. 地田信也(2014년), 《弾丸列車計画》, 成山堂書店
16. 鉄道・運輸機構(2008년), '北陸新幹線(高崎・長野間)事業に関する事後評価 対応方針'
17. 鉄道・運輸機構(2012년), '北陸新幹線(長野・金沢間)事業に関する対応方針'
18. 鉄道総合技術研究所(2006년), 《ここまで来た!超電導リニアモーターカー》, 交通新聞社
19. 中村泰之(2010년), 《FASTECH360による技術開発》, 'JR EAST Technical Review' No.31, PP.5-10
20. 原禎幸(2014년), 《九州新幹線開業から10年のあゆみ》, 'JR gazette' 2014-10, P.27
21. 前間孝則(2014년), 《戦前の広軌新幹線『弾丸列車計画から学ぶもの》, '鉄道がつくった日本の近代', 成山堂書店, PP.129-141
22. 三石剛弘(2014년), 《東海道新幹線開業50周年~輸送の50年~》, 'JR gazette' 2014-10, PP.13-18
23. ミニ新幹線執筆グループ(2003년), 'ミニ新幹線誕生物語-在来線との直通運転, 交通

研究協회

24. 宮越宏幸(2014년), 《北海道新幹線の開業に向けた取り組み》, 'JR gazette' 2014-10, P.6

‖ 제3장 제4절 ‖

1. 国土交通省, '貨物鉄道事業者の概況'
    (https://www.mlit.go.jp/tetudo/tetudo_tk2_000017.html)(2024년 9월 15일 확인)
2. 国土交通省, '鉄道輸送統計調査'
3. 国土交通省, '鉄道統計年報(令和3年度)'
4. 日本貨物鉄道株式会社ホームページ, '貨物鉄道輸送150年の歴史'
    (https://www.jrfreight.co.jp/event150/history.html)(2024년 9월 15일 확인)
5. 日本貨物鉄道株式会社ホームページ, '経営諸元'
    (https://www.jrfreight.co.jp/about.html)(2024년 9월 15일 확인)
6. 日本貨物鉄道株式会社ホームページ, '国際物流'
    (https://www.jrfreight.co.jp/service/transport/international.html)
7. 日本貨物鉄道株式会社News Release(2022년 7월 13일), '環境長期目標 JR貨物グループ カーボンニュートラル2050について'
    (https://www.jrfreight.co.jp/info/2022/files/20220713_03.pdf)(2024년 9월 15일 확인)
8. 日本貨物鉄道株式会社(2007년), 《貨物鉄道130年》
9. 日本貨物鉄道(2021년), '貨物グループ長期ビジョン2030'
10. 日本フレートライナー株式会社ホームページ
    (https://www.f-l.co.jp/about/about.html)(2024년 9월 15일 확인)
11. 貨物鉄道協会(2023년), '貨物時刻表'
12. 日本内航海運組合総連合会, '環境にやさしい内航海運'
    (https://www.naiko-kaiun.or.jp/about/about04/)(2024년 9월 15일 확인)
13. 全国通運連盟ホームページ, 'IT-FRENS&TRACEシステム'
    (https://www.t-renmei.or.jp/contena/introduction/system.html)
14. NIPPON EXPRESS, '日本と韓国・中国を結ぶコンテナ輸送'

(https://www.nittsu.co.jp/rail/asia.html)
15. 坪山雄樹(2024년), 《国有貨物鉄道の栄枯盛衰》, '運輸と経済' 제84권 제5호, PP.53-62
16. 栗原景(2023년), 《国有鉄道時代の貨物列車を知ろう》, 実業之日本社
17. 梅原淳(2021년), 'JR貨物の魅力を探る本', 河出書房新社
18. 中垣勝臣・土井義夫(2023년), 《JR貨物における情報システムの変遷》, '朝日大学経営論集' 제37권, PP.47-65
19. 遠藤元(2023년), 《貨物鉄道輸送の現状と'今後の鉄道物流の在り方に関する検討会'中間とりまとめへの対応状況》